沖縄返還後の日米安保

米軍基地をめぐる相克

野添文彬

吉川弘文館

目次

序章　本書の課題と分析の視角

一　問題の所在

本書の目的は、一九七〇年代を中心に、沖縄の日本への施政権返還後、沖縄米軍基地がどのように維持されたのかを、米国・日本・沖縄の相互関係から明らかにすることである。

二〇一五年の資料によれば、沖縄には、約二万六〇〇〇人の米軍人と、総面積一万三〇九八・四ha、三三施設もの米軍基地が存在し、それは、在日米軍の兵力の七〇・四％、米軍専用施設面積の七三・七％を占めている[1]。米軍基地が密集している結果、沖縄では米軍による事故・犯罪・騒音・環境破壊といった様々な問題が生じてきた。それらは「沖縄基地問題」と総称される。

いうまでもなく、戦後日本の安全保障政策の機軸は、日米安全保障体制に置かれてきた。日米安保体制の基礎となっているのが、一九五一年に締結され、一九六〇年に改定された日米安全保障条約であり、その下で、日本政府は米軍に「施設・区域」、すなわち基地を提供している。このように日本が米国に基地を提供し、米国が日本に米軍と安全保障を提供するという、日米安保条約の基本的構図は「物と人との協力」と呼ばれてきた[2]。今日においても「物と人との協力」は日米安保体制の中核的要素であり続けているが、そのうちの「物」、つまり米軍基地の大部分が沖縄に存在している。このことは、沖縄の米軍基地が、日米安保体制や日本の安全保障政策を支えていることを意味して

図1 在沖米軍人数の推移

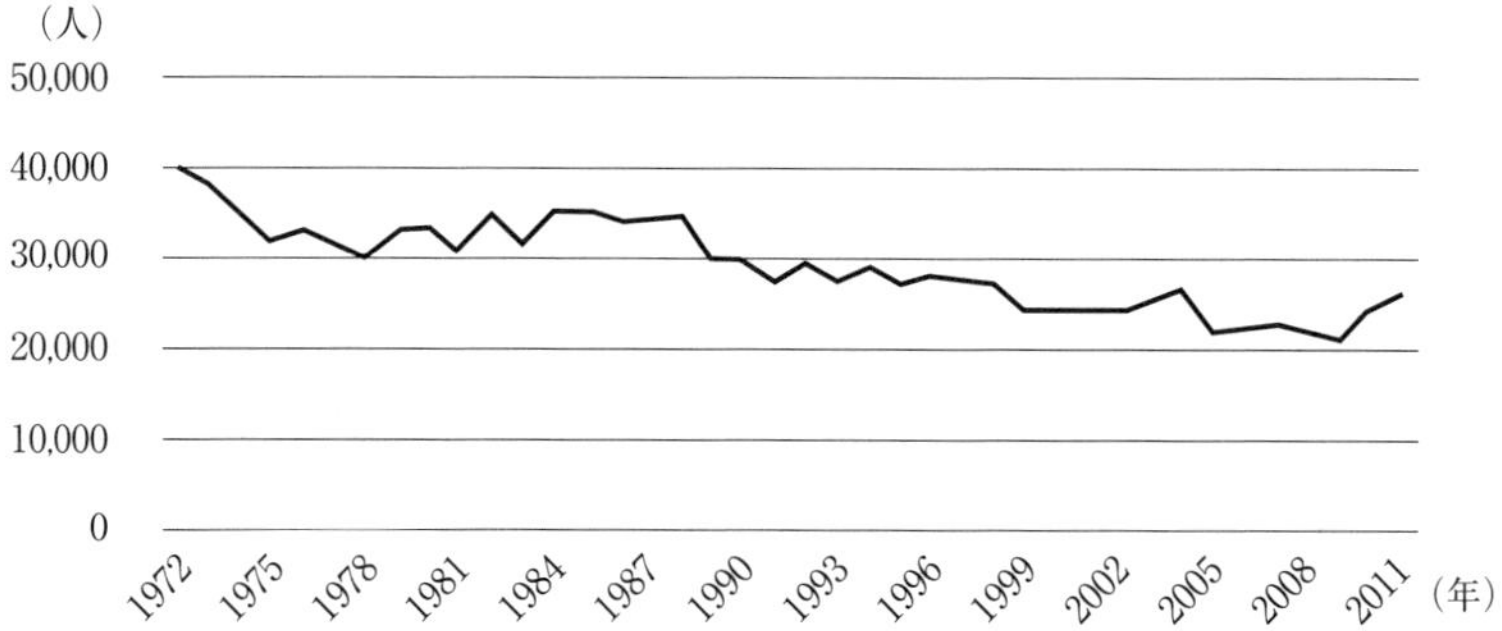

出典：沖縄県知事公室基地対策課『沖縄の米軍及び自衛隊基地（統計資料集）』2015年，18－21頁より筆者作成.

図2 日本全体の米軍基地面積と沖縄の米軍基地面積

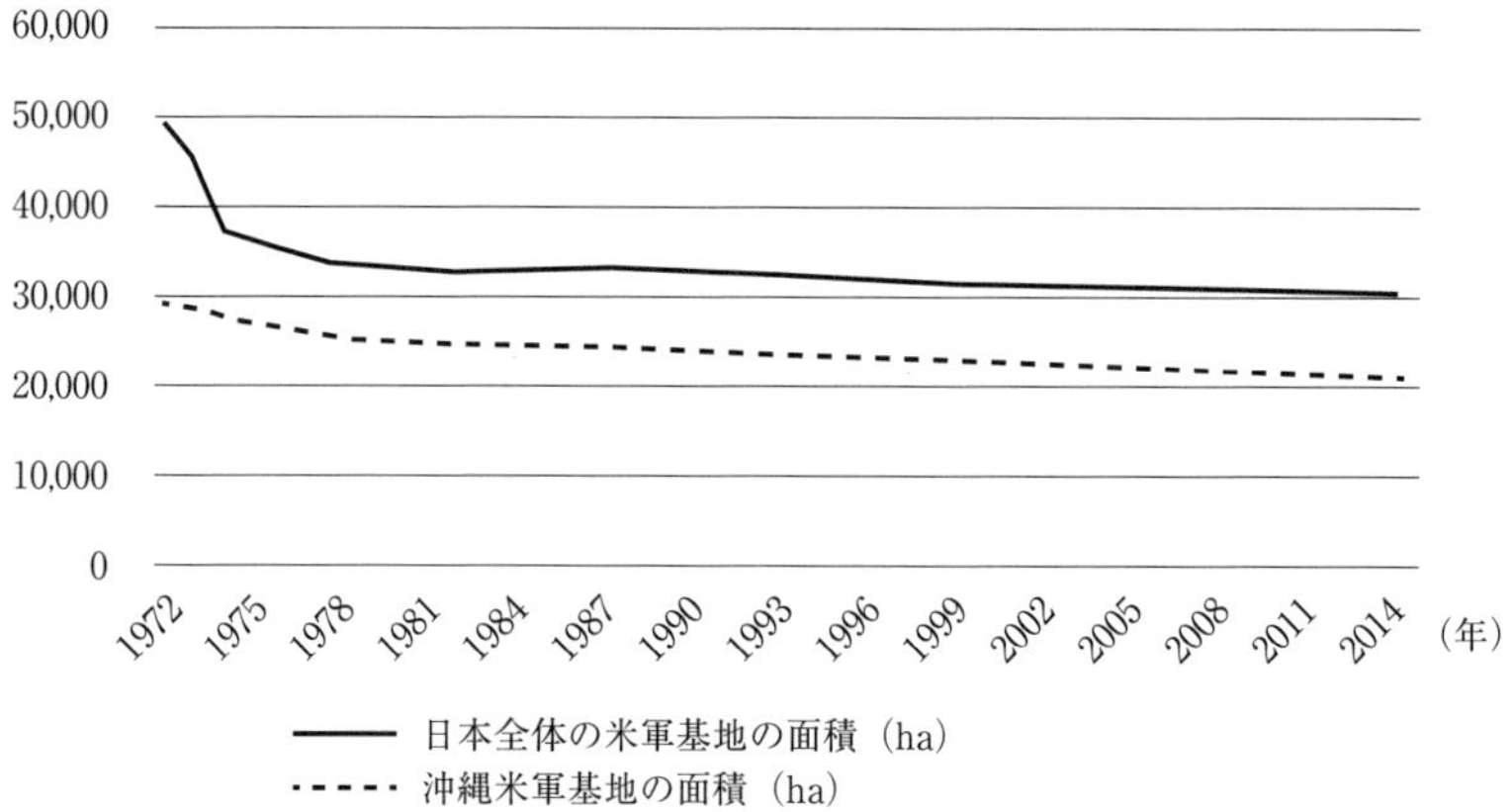

出典：同上，8・110頁より筆者作成.

図３　沖縄に占める在日米軍基地面積の割合

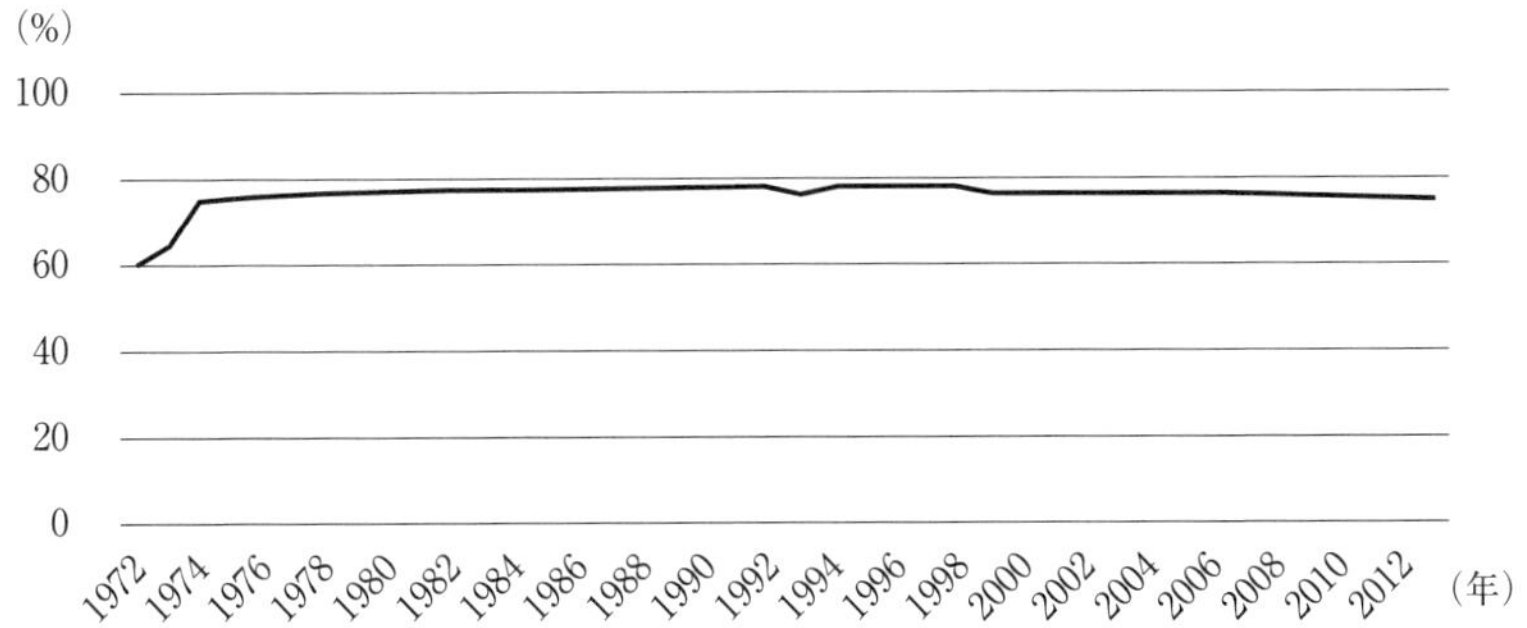

出典：沖縄県知事公室基地対策課『沖縄の米軍及び自衛隊基地（統計資料集）』2015年，8・110頁より筆者作成.

いる。逆に言い換えれば、沖縄への在日米軍基地の集中とそれによって生じる「沖縄基地問題」は、日本の安全保障政策や日米安保体制の構造的な矛盾となっているといえよう。

　それでは、なぜ、そしてどのように沖縄への在日米軍基地の集中が進み、その状態が現在まで維持されるに至っているのか。そもそも沖縄の米軍基地の構築は、一九四五年、アジア太平洋戦争末期の悲惨な地上戦が繰り広げられた沖縄戦の最中に開始された。さらに戦後まもなく米ソ冷戦が本格化し、中国の共産化や、朝鮮半島の分断と朝鮮戦争の勃発など、アジアにも冷戦が波及する中、沖縄は米国の重要な軍事拠点と位置付けられ、基地が次々に建設されていく。一九五一年九月に調印されたサンフランシスコ講和条約によって日本が国際社会に復帰することになった際も、沖縄は同条約第三条によって引き続き米国の排他的統治下に置かれ続けることになった。一九五〇年代には、反基地運動が盛り上がる日本本土で米軍基地が大幅に縮小される一方で、沖縄には核兵器が配備されたり、日本本土から海兵隊が移駐したりしたことで、米軍基地がさらに拡大していく(3)。

　その後、ようやく一九七二年五月十五日、沖縄の施政権が日本に返還された。沖縄返還時、依然として沖縄には四万人もの米軍人と、八七施設、面積にして二万八六六〇・八haにのぼる米軍基地が残された。(4) 在沖米軍の兵力はその後徐々に減少したものの（図1参照）、より重要なことは、米軍基地の縮小が、施政権返還後あまり進まなかったことである。すでに一九六〇年代には、日本本土と沖縄にほぼ同じ規模の米軍基地が存在するようになった。しかし沖縄返還前後の一九七〇年代初頭、沖縄の米軍基地の削減がわずかなものにとどまった一方で、日本本土の米軍基地が大幅に縮小される（図2参照）。その結果、沖縄返還直後の一九七〇年代前半に、むしろ沖縄への在日米軍基地への集中が進み、沖縄には在日米軍基地面積の約四分の三が占めるようになる。(5) その後、この構造は、ほとんど変わらずに、現在まで続いているのである（図3参照）。

このように、沖縄返還直後の一九七〇年代は、在日米軍基地の沖縄への集中が進み、その状態がこの後も維持されていく上で極めて重要な局面であった。この時期、こうした現象がなぜ起こったのかを解明することは、「沖縄基地問題」の歴史的展開、ひいては日米安保体制の構造を考える上で無視できない重要性を有している。

本書はこのような問題意識から、施政権返還後の沖縄の米軍基地に対し、日本政府、米国政府、そして沖縄の人々が、どのような姿勢で臨んできたのかを検討する。

二　先行研究と本研究の視角

これまで、沖縄米軍基地についての多くの歴史研究の関心は、沖縄戦から一九七二年の沖縄返還実現までの時期に集中してきた。この間、沖縄米軍基地がどのように形成され、日本・米国・沖縄の間でいかなる相互関係が展開されたかについての代表的研究として、宮里政玄(6)や平良好利(7)の著作を挙げることができる。

また沖縄返還実現に至る日米関係についても、膨大な外交史研究の蓄積がある。特に一九九〇年代には米国政府の史料が、二〇〇〇年代には日本政府の史料が、それぞれ公開され、河野康子[8]・我部政明[9]・中島琢磨[10]らの研究によって、その全体像が明らかになりつつある。また沖縄返還時の核兵器持ち込みや財政取り決めについての、いわゆる「密約」についても、多くの研究がある。[11]

しかし沖縄返還実現以降の時期については、これまで本格的な歴史研究はほとんど存在しなかった。戦後直後から、沖縄返還を経て、その後二〇〇〇年代までの沖縄米軍基地をめぐる日米関係を包括的かつ実証的に検討している数少ない研究として、我部政明『戦後日米関係と安全保障』を挙げることができる。しかし同書は、個別の論文を再構成したものであるため、必ずしも一貫した視座によって議論を展開している訳ではない。[12]明田川融も、沖縄戦から現代までの沖縄米軍基地の歴史を論じているが、やはり施政権返還以降の時期は実証的に論じていない。[13]施政権返還直後の沖縄米軍基地の整理統合をめぐる動きについては、小山高司の研究がある。[14]沖縄米軍基地の軍事的役割の変遷については、西脇文昭が分析している。[15]とはいえ、これらの研究も、施政権返還以降の時期について、史料に基づいて日米両政府の政策決定にまで踏み込んだ分析をしてはいない。

一方、一九九〇年代以降の時期の沖縄米軍基地については、一九九六年に合意された普天間基地返還とその後の経緯を中心に、ジャーナリストによる著作や研究者による現状分析が多く存在する。つまり、沖縄返還から一九九〇年代までの間の時期の沖縄米軍基地についての歴史は、これまで研究史上の「空白」となっていたといえよう。

しかしこのことは、沖縄返還直後の時期が重要でないことを意味しない。むしろ、前述のように、今日まで続く「沖縄基地問題」を理解する上で、一九七〇年代から一九八〇年代の時期を分析の射程に組み込み、その歴史的意味を考えることは、学術的な意義だけでなく、社会的にも意義のある作業だといえよう。

近年の海外米軍基地に関する国際政治学研究では、基地設置国である米国の戦略とともに、基地受け入れ国の政策、さらにその国内政治や社会の動向をも分析の射程に組み込んでいく傾向にある。(16)実際、沖縄の米軍基地をめぐる政治力学も、基地を設置した米国政府、基地を受け入れた日本政府、そして基地が置かれた沖縄の三つのアクターが絡み合っている。(17)このような点を踏まえつつ、本章では、米国政府・日本政府・沖縄について次のような視角から分析を進める。

第一に、ベトナム戦争終結前後に行われた米軍の再編が、沖縄の米軍及び米軍基地にどのような影響をもたらしたのかについて検討する。一九六五年以降、ベトナム戦争に本格的に軍事介入した米国は、同戦争の泥沼化によって軍事的・経済的に疲弊し、一九六〇年代末から冷戦戦略の見直しを開始する。その結果、米国政府は、ソ連や中国との関係改善、いわゆるデタントや、「ニクソン・ドクトリン」と呼ばれる対外関与の抑制と同盟国への防衛上の負担分担の推進を行った。こうした戦略見直しの一環として、米国政府は、グローバルな米軍プレゼンスの見直しにも取り組んだのである。

歴史的に見て、戦後世界秩序を主導する米国の戦略の変化とともにグローバルな規模で米軍の再編が行われ、沖縄米軍基地もその影響を受けてきた。一九五〇年代後半には、朝鮮戦争後、核兵器を重視するとともに同盟国の軍事力を増強させるという「ニュールック戦略」の下で米軍再編が進められ、沖縄には核兵器が配備されるとともに、海兵隊が日本本土から移転された。一九七〇年代には、ベトナムからの撤退や米国経済の悪化に伴って米国の戦略の見直しが進められ、その一環として日本本土の米軍基地の縮小などが進められたのである。(18)この時期行われた、日本本土の米軍基地の整理縮小については、いくつかの先行研究があり、沖縄米軍基地について論じているものもある。しかし、施政権返還後の沖縄米軍基地を正面から検討したものはない。(19)「ニクソン・ドクトリン」の下でアジアから米軍が撤退する中で、沖縄の米軍基地はむしろ重要性が高まったと指摘する研究もあるが、米国政府内の政策決定にまで踏み込んだ分析はなされていない[20]。

本書では、施政権返還直後の沖縄米軍基地を当時の米軍再編の文脈に位置付けて分析する。その上で、当時米国政

図４ 在沖米軍各部隊の推移

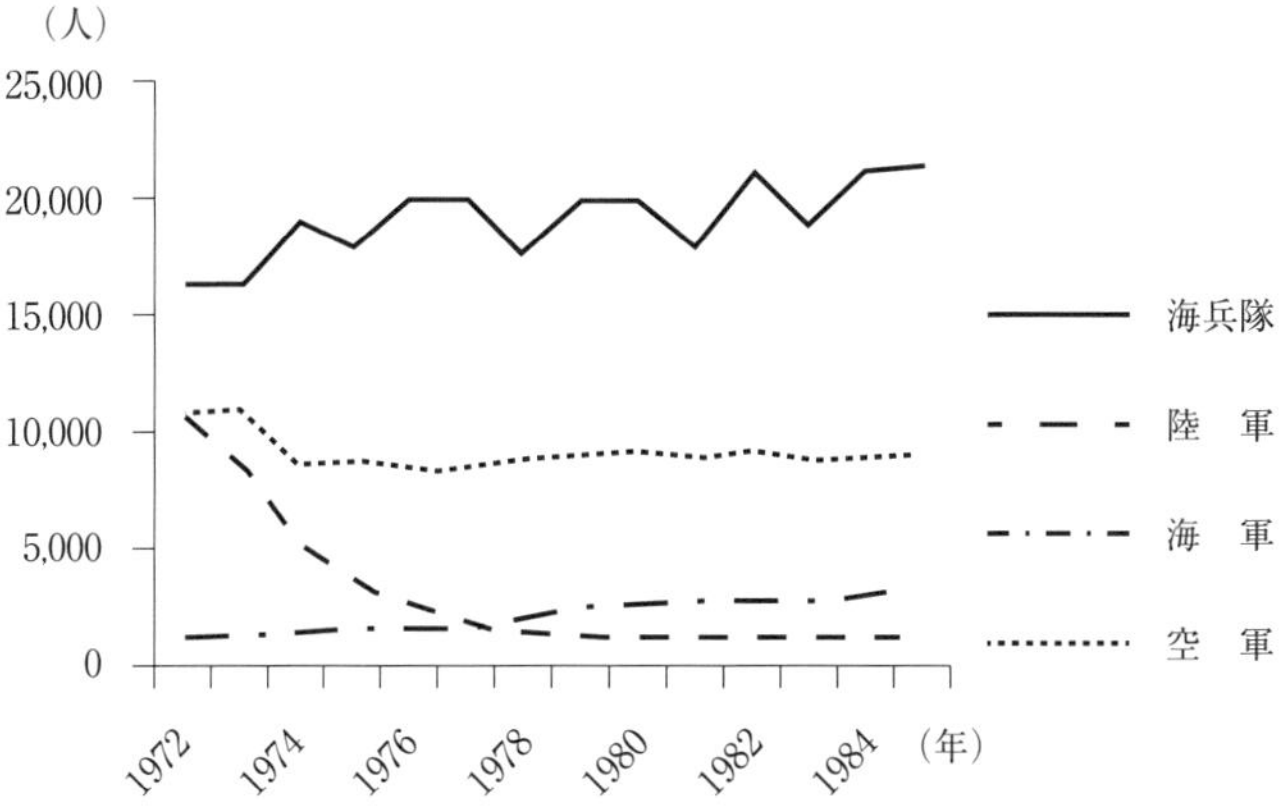

出典：沖縄県知事公室基地対策課『沖縄の米軍基地及び自衛隊基地（統計資料集）』2015年，3・18－21頁より筆者作成.

図５ 1972 年と 1982 年の在沖米軍基地軍別分布状況

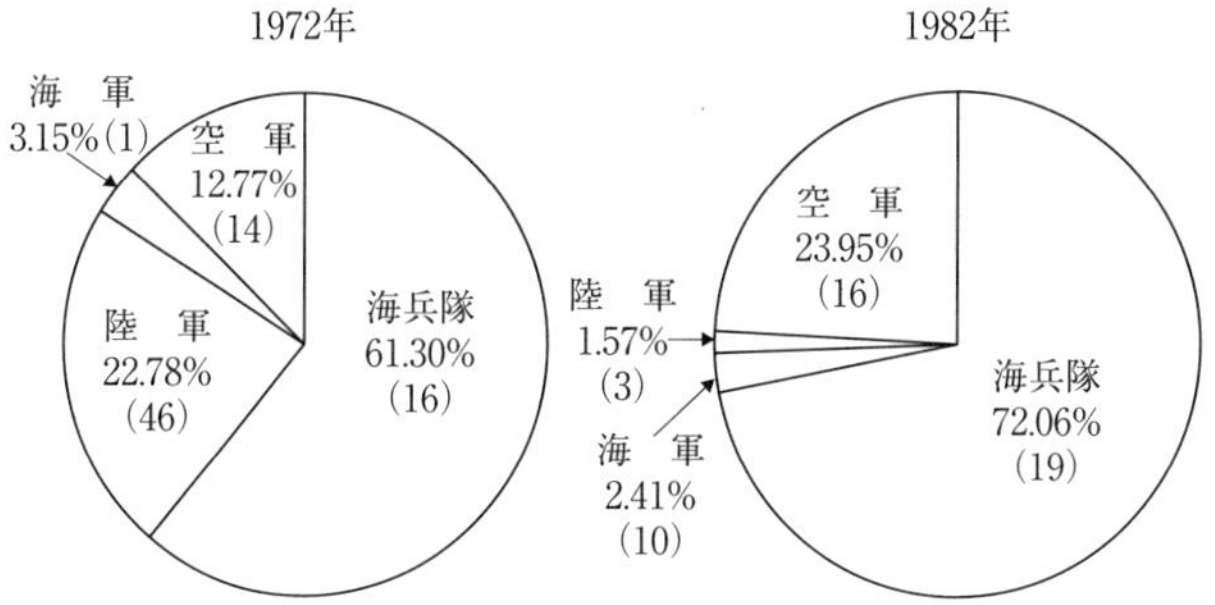

注：（　）内は施設数
出典：沖縄県総務部知事公室『沖縄の米軍基地（増版）』1983年，7頁.

府内では、沖縄米軍基地についても大幅な縮小が検討されていたことを明らかにする。特に海兵隊の沖縄からの撤退・縮小が、米国政府内外で繰り返し提起されていたのである。

ところが、結果として、沖縄米軍基地のほとんどは維持され、米海兵隊も沖縄にとどまった。むしろ、一九七〇年代を通して、沖縄では、米陸軍部隊の兵力・基地が削減される一方で、米海兵隊の兵力・基地が増強された（図4・5参照）。その結果、全体として沖縄の米軍基地のほとんどが維持されることになる。そして海兵隊は、現在でも在沖米軍の兵力の五七・二％、基地の七五・七％を占める主力部隊であり続けている。[21]それゆえ本書では、特に海兵隊に注目し、在沖米軍の兵力と基地が、ベトナム戦争終結前後の米軍再編の中でどのように扱われたのか検討する。

第二に、日本政府が、沖縄米軍基地に対し、安全保障政策上どのような姿勢をとったのかを分析する。沖縄返還は、日本にとって「戦後処理」問題の解決というだけでなく、安全保障上も重要な意味を持っていた。それまで米国統治下にあった沖縄の基地は、日米安保条約の枠外にあり、米軍の自由な使用が可能であった。ところが、少くとも表向きには、沖縄からの核兵器の撤去と沖縄への日米安保条約の適用という、いわゆる「核抜き・本土並み」で沖縄返還が実現すると、沖縄米軍基地は日米安保体制に組み込まれることになった。いわば、沖縄返還後、沖縄米軍基地は、日本の安全保障政策の対象になったのである。

また、一九六九年の沖縄返還合意以降の一〇年間となる一九七〇年代は、「日米防衛協力の指針（ガイドライン）」が策定されたり、在日米軍駐留経費の日本政府による負担、いわゆる「思いやり予算」が本格化したりするなど、日米安全保障関係の歴史の中でも重要な転機だった。[22]「ガイドライン」の形成過程や「思いやり予算」が開始される過程など、この時期の日米安全保障関係ついては、多くの研究蓄積がある。[23]しかしこれらの研究では、沖縄米軍基地についてはほとんど言及されていない。とはいえ、「ガイドライン」であれ、「思いやり予算」であれ、米軍の基地使用の問題と密接にかかわっており、その際、米軍基地の多くが存在する沖縄とは無関係ではあり得なかった。

それゆえ本書では、一九七〇年代、日米安全保障体制が変容する中で、日本政府が、沖縄の米軍や米軍基地をどのように認識し、いかに対応したのかについて検討する。その上で当初、沖縄米軍基地の縮小を求めていた日本政府が、やがてその維持を目指し、米国政府との安全保障協力を推進していったことを明らかにする。

第三に、米軍基地をめぐって、日本への施政権返還後の沖縄ではどのような動きがあったのかを分析する。日本への「復帰」は、沖縄の政治・経済・社会にとって大きな転機だった。しかし、沖縄政治史の研究では、これまで圧倒的に米国占領・統治時代が検討されてきた(24)。沖縄返還以降の沖縄政治を検討したものは、通史的研究の他には(25)、江上能義(26)、エルドリッヂ(27)、佐道明広(28)、島袋純(29)らの研究がある。特に沖縄返還後の米軍基地をめぐる問題については、沖縄の保守政治家の姿勢や(30)、革新勢力を支持基盤としていた屋良朝苗沖縄県知事について検討したものがある(31)。

これらの先行研究に対して本書では、施政権返還後の沖縄と米軍基地について、歴代県知事の姿勢とともに、日米関係の文脈や社会アクターの動向を踏まえつつ幅広く分析する。特に社会アクターとしては、米軍基地と密接に関係のある、沖縄県祖国復帰協議会（復帰協）、軍用地主の団体である沖縄県軍用地等地主連合会（土地連）や基地従業員の団体である全沖縄軍労組合（全軍労）を取り上げる。その上で、沖縄において、米軍基地をめぐって様々な葛藤が生じていたことを明らかにする。

以上の分析を通して、本書は次のような議論を展開する。沖縄返還とその直後、日米それぞれの政府内では沖縄米軍基地の見直しが検討され、その大規模縮小の可能性もあった。しかし、米国政府・日本政府・沖縄の相互関係の中で、その可能性は潰え、沖縄米軍基地の大部分が維持されていく。しかしこのことは、日米安保体制の構造的不安定要因となっていくのである。

三　本書の構成と使用した史料

本書は、五つの章の本論と序章及び終章から構成される。

第一章では、沖縄返還合意に至る日米交渉を扱う。一九六七年に日米間で沖縄返還問題が争点化した後、一九六八年の国内外の様々な事件を経て米国政府が軍事プレゼンスの見直しを含めた政策転換を開始し、一九六九年に日米間で沖縄返還が合意されるまでの時期を検討する。

第二章では、一九七〇年から一九七二年に沖縄返還が実現するまでを分析する。この時期、日本本土で米軍基地の縮小が進むと同時に、沖縄返還協定交渉の中で沖縄米軍基地の整理縮小がようやく議論の俎上に上げられた。しかし、沖縄返還実現までに米軍基地はほとんど縮小されなかった。本章ではこの過程を明らかにする。

第三章では、施政権返還直後に行われた沖縄米軍基地の整理縮小をめぐる日米協議のプロセスを検討する。この過程では、日米両政府内では、沖縄米軍基地の大規模な縮小も検討されていたが、安全保障上の理由や経済的・社会的理由のため、それが挫折したことを明らかにする。

第四章では、ベトナム戦争におけるサイゴン陥落後の在沖縄米軍の再編と日本政府や沖縄社会の反応を検討する。サイゴン陥落前後、さらに米軍の再編が進められる中、沖縄では、陸軍が大幅に削減される一方で、海兵隊が強化された。この間、日本政府や沖縄社会の米軍基地への姿勢には変化が生じていたのである。

第五章では、「ガイドライン」策定や「思いやり予算」開始など、日米防衛協力が進展する中、沖縄米軍基地がどのように扱われたのかを検討する。また、一九七〇年代後半以降、沖縄では「保守化」が進み、米軍基地が受け入れられる傾向が進んでいく。その一方で、一九九〇年代以降に爆発することになる沖縄県民の不満がこの時期に徐々に醸成されていったことを明らかにする。

本書の分析にあたっては、米国国立公文書館・ニクソン大統領図書館・フォード大統領図書館・カーター大統領図書館・外務省外交史料館・国立国会図書館憲政資料室・沖縄県公文書館・豪州国立公文書館に所蔵されている公文書・私文書に加え、外務省への情報公開請求によって入手した文書を主に使用している。その他、民間研究団体ナショナル・セキュリティ・アーカイブが編纂した史料、石井修らが編纂した『アメリカ合衆国対日政策文書集成』（柏書房）、オーラルヒストリーやインタビュー、当時の新聞・雑誌、米海兵隊の準機関誌ともいえる米海兵隊協会発行の *Marine Corps Gazette* を活用した。

注

（1）沖縄県知事公室基地対策課『沖縄の米軍基地及び自衛隊基地（統計資料）』二〇一五年、一・三頁。

（2）「物と人との協力」としての日米安保条約については、西村熊雄『サンフランシスコ講和条約・日米安保条約』中央公論新社、一九九九年。「物と人との協力」という観点から旧安保条約の締結から安保改定までを論じたものとして、坂元一哉『日米同盟の絆―安保条約と相互性の模索』有斐閣、二〇〇〇年。

（3）沖縄返還までの沖縄米軍基地の歴史についての近年の研究として、平良好利『沖縄と米軍基地―「受容」と「拒絶」のはざまで一九四五―一九七二年』法政大学出版局、二〇一二年・林博史『米軍基地の歴史―世界ネットワークの形成と展開』吉川弘文館、二〇一二年・NHK取材班『基地はなぜ沖縄に集中しているのか』NHK出版、二〇一一年・明田川融『沖縄基地問題の歴史―非武の島、戦の島』みすず書房、二〇〇八年・ロバート・D・エルドリッヂ『沖縄問題の起源―戦後日米関係における沖縄 一九四五―一九五二』名古屋大学出版会、二〇〇三年・宮里政玄『日米関係と沖縄―一九四五―一九七二』岩波書店、二〇〇〇年。海兵隊の沖縄移駐についての最新の研究として、山本章子「極東米軍再編と海兵隊の沖縄移転」『国際安全保障』第四三巻第二号、二〇一五年。

（4）沖縄県知事公室基地対策課前掲書、二頁。

（5）新崎盛暉『沖縄現代史 新版』岩波新書、二〇〇五年、二〇・三七頁。

（6）宮里前掲書。

（7）平良前掲書。

（8）河野康子『沖縄返還をめぐる政治と外交―日米関係史の文脈』東京大学出版会、一九九四年。

（9）我部政明『沖縄返還とは何だったのか―日米戦後交渉史の中で』ＮＨＫブックス、二〇〇〇年。

（10）中島琢磨『高度成長と沖縄返還 現代日本政治史三』吉川弘文館、二〇一二年・同『沖縄返還と日米安保体制』有斐閣、二〇一二年。

（11）豊田祐基子『日米安保と事前協議制度―対等性の維持装置』吉川弘文館、二〇一五年・信夫隆司『日米安保条約と事前協議制度』弘文堂、二〇一四年・波多野澄雄「『密約』とは何であったか」波多野澄雄編『冷戦変容期の日本外交―「ひよわな大国」の危機と模索』ミネルヴァ書房、二〇一三年・信夫隆司『若泉敬と日米密約―沖縄返還と繊維交渉をめぐる密使外交』日本評論社、二〇一二年・太田昌克『日米「核密約」の全貌』筑摩選書、二〇一一年・波多野澄雄『歴史としての日米安保条約―機密記録が明かす「密約」の虚実』岩波書店、二〇一〇年。

（12）我部政明『戦後日米関係と安全保障』吉川弘文館、二〇〇七年。

（13）明田川前掲書。

（14）小山高司「沖縄の施政権返還前後における米軍基地の整理統合をめぐる動き」『戦史研究年報』第一六号、二〇一三年。

（15）西脇文昭「米軍事戦略から見た沖縄」『国際政治』第一二〇号、一九九九年。

（16）川名晋史『基地の政治学―戦後米国の海外基地拡大政策の起源』白桃書房、二〇一二年・Andrew Yeo, *Activists, Alliances, and Anti-US Base Protests*, Cambridge University Press, 2011・ケント・E・カルダー（武井揚一訳）『米軍再編の政治学―駐留米軍と海外基地のゆくえ』日本経済新聞社、二〇〇八年・Alexander Cooley, *Base Politics, Democratic Change and the US Military Overseas*, Cornell University Press, 2008など。

（17）「沖縄基地問題」の構造については、上杉勇司・昇亜美子「『沖縄問題』の構造―三つのレベルと紛争解決の視角からの分析」『国際政治』第一二〇号、一九九九年。

(18) 我部『戦後日米関係と安全保障』二頁。

(19) 川名晋史「在日米軍基地再編を巡る米国の認識とその過程」『国際安全保障』第四二巻第三号、二〇一四年・吉田真吾『日米同盟の制度化―発展と深化の歴史過程』名古屋大学出版会、二〇一二年、第三章・小山高司「『関東計画』の成り立ちについて」『戦史研究年報』第一一号、二〇〇八年・我部政明「在日米軍基地の再編―一九七〇年前後」『政策科学・国際関係論集』第一〇巻、二〇〇八年。

(20) 吉次公介「アジア冷戦史のなかの沖縄返還―『ニクソン・ドクトリン』と沖縄返還の連関」粟屋憲太郎編『近現代日本の戦争と平和』現代史料出版、二〇一一年。

(21) 沖縄県知事公室基地対策課前掲書、一〇頁。

(22) 福田毅「日米防衛協力における三つの転機―一九七八年ガイドラインから『日米同盟の変革』までの道程」『レファレンス』二〇〇六年、一四三―一四四頁・渡邉昭夫「日米同盟の五〇年の軌跡と二一世紀への展望」『国際問題』第四九〇号、二〇〇一年、三七頁。

(23) 一九七〇年代の日本の防衛政策や「ガイドライン」の形成過程については、武田悠『「経済大国」日本の対米協調―安保・経済・原子力をめぐる試行錯誤』ミネルヴァ書房、二〇一五年・吉田前掲書・我部『戦後日米関係と安全保障』・佐道明広『戦後日本の防衛と政治』吉川弘文館、二〇〇三年・松村考省・武田康裕「一九七八年『日米防衛協力のための指針』の策定過程―米国の意図と影響」『国際安全保障』第三一巻第四号、二〇〇四年・村田晃嗣「防衛政策の展開―『ガイドライン』の策定過程を中心に」『年報政治学』一九九七年・田中明彦『安全保障―戦後五〇年の模索』読売新聞社、一九九七年など。在日米軍駐留経費、いわゆる「思いやり予算」については、吉田前掲書、第五章・豊田祐基子『「共犯」の同盟史―日米密約と自民党政権』岩波書店、二〇〇八年、二一一―二二〇頁・櫻川明巧「日米地位協定の運用と変容―駐留経費・低空飛行・被疑者をめぐる国会論議を中心に」本間浩ほか『各国間地位協定の適用に関する比較論的考察』内外出版、二〇〇三年・前田哲男『在日米軍の収支決算』ちくま新書、二〇〇〇年、一八〇―一九四頁。また、日本政府による財政面での米軍基地維持政策については、川瀬光義『基地維持政策と財政』日本経済評論社、二〇一三年。

(24) 最新の研究として、小松寛『日本復帰と反復帰―戦後沖縄ナショナリズムの展開』早稲田大学出版部、二〇一五年・鳥山淳『沖縄／基地社会の起源と相克』勁草書房、二〇一三年・櫻澤誠『沖縄の復帰運動と保革対立—沖縄地域社会の変容』有志舎、二〇一二年・平良前掲書など。

(25) 新崎前掲書、第二—三章・櫻澤誠『沖縄現代史—米国統治、本土復帰から「オール沖縄」まで』中公新書、二〇一五年、第五—六章。

(26) 江上能義「五五年体制の崩壊と沖縄革新県政の行方—『六八年体制』の形成と崩壊」『年報政治学』一九九六年・同「沖縄の戦後政治における『六八年体制』の形成と崩壊　上」『琉大法学』第五七巻、一九九六年・同「沖縄の戦後政治における『六八年体制』の形成と崩壊　下」第五八巻、一九九七年・同『沖縄県政と県民意識—復帰二十年を迎えて』『琉大法学』第五二巻、一九九四年。

(27) Robert D. Eldridge, "Post-Reversion Okinawa and US-Japan Relations: A Preliminary Survey of Local Politics and the Bases, 1972-2002", *US-Japan Affairs Series No. 1*, 2004.

(28) 佐道明広『沖縄現代政治史—自立をめぐる攻防』吉田書店、二〇一四年、第一—二章。

(29) 島袋純『「沖縄振興体制」を問う—壊された自治とその再生に向けて』法律文化社、二〇一四年。

(30) 平良好利「地域と安全保障—沖縄の基地問題を事例として」『地域総合研究』第八号、二〇一五年。

(31) 吉次公介「屋良朝苗県政と米軍基地問題—一九六八〜一九七六年」福永文夫編『第二の「戦後」の形成過程—一九七〇年代日本の政治的・経済的再編』有斐閣、二〇一五年。

第一章　米国のアジア戦略再編と沖縄返還交渉　一九六四〜六九年

はじめに

アジア太平洋戦争後、沖縄は、冷戦下における重要な軍事拠点として、米軍によって占領・統治された。一九五三年十二月には、ジョン・F・ダレス（John F. Dulles）国務長官が、「極東に脅威と緊張がある限り」米国は沖縄を保有し続けると宣言する。このように、沖縄の国際的地位は、当時の国際情勢や米国の戦略と密接に連関していた。

一九六九年十一月、佐藤栄作首相とリチャード・M・ニクソン（Richard M. Nixon）大統領との会談によって沖縄の施政権返還が合意される。沖縄返還が合意されたのは、米国政府によってアジア戦略の再編に向けた動きが開始された時期だった。当時、ベトナム戦争による軍事的・経済的疲弊、ソ連の軍事的台頭、日欧の国際競争力の強化によって、米国の国際的優位は揺らいでいた。こうした状況に対し、米国政府は、より効率的に自国の国際的優位を保持すべく、冷戦戦略を見直し、対外関与縮小や、ソ連及び中国といった共産主義国との関係改善を進める。(1)

このような中、沖縄返還は、一義的には日米二国間関係上の争点であったとはいえ、沖縄の戦略的位置付けを踏まえれば、米国のグローバルな戦略見直しと無関係ではあり得なかった。それゆえ日本政府も、最大の「戦後処理」問題である沖縄返還の実現を目指す上で、米国の戦略見直しとそれに伴う国際情勢の変容をにらんで対米交渉を進める必要があったのである。

以上の点を踏まえて、本章では、沖縄返還が合意されるに至る過程を、米国政府のアジア戦略の見直しと日本政府の対応という観点から検討する。どのように沖縄返還が合意されたのかを明らかにすることは、この後、沖縄米軍基地をめぐる日米沖関係がどのように展開されたのかを検討する上でも不可欠の作業となる。

一　沖縄返還問題の論点化

沖縄返還問題の解決を政治課題として掲げる佐藤栄作政権が発足したのは、一九六四年十一月のことである。(2)しかし佐藤政権発足時の国際情勢は、沖縄返還問題に取り組む上で厳しいものであった。

当時、アジアでは緊張・対立が高まっていた。一九六四年十月には中国が核実験を行い、米中対立が深まった。翌年二月には米軍が北爆を開始し、ベトナム戦争に米国が本格的に軍事介入していく。このような国際情勢において、米国にとって沖縄米軍基地の軍事戦略上の重要性は高まった。沖縄米軍基地は、ベトナム戦争では訓練・補給・通信の他、作戦・発進基地としての役割を果たし、中国に対しても、核報復や偵察の役割を担うとともに、緊急時の戦闘即応部隊を配備していた。(3)三月六日には、ベトナムに投入された初めての米陸上実戦部隊として、沖縄の第三海兵師団の部隊約三五〇〇人が南ベトナムのダナンに上陸する。(4)

緊迫した国際情勢の中で佐藤は、沖縄米軍基地の重要性を十分に認めた上で、慎重に沖縄返還問題に取り組んでいく。首相就任直後の一九六四年十二月、佐藤は、エドウィン・O・ライシャワー（Edwin O. Reischauer）大使らとの会談で、「共産中国が核兵器を爆破させたので、軍事安全保障上の目的で琉球を利用することが重要」だと強調した。(5)また翌年一月に訪米した佐藤は、リンドン・B・ジョンソン（Lyndon B. Johnson）大統領に対し、日本国民の沖縄返還への願望を伝える一方で、「沖縄の米軍基地の保持が極東の安全のため重要であることは十分理解している」と述べたのである。(6) 佐藤は八月に沖縄を訪問し、沖縄返還が実現しない限り、日本の「戦後」は終わらないとの考えを示したが、その後は援助増大などを通して、漸進的にこの問題に取り組むという姿勢をとったのだった。

しかし、ベトナム戦争に沖縄の米軍基地が使用されたことへの反感などから、日本国内や沖縄現地では沖縄の日本復帰要求が強まっていく。こうした中、一九七〇年の日米安保条約の期限を前に、外務省内では、沖縄返還問題が日米関係に悪影響を及ぼすことへの懸念が高まった。そして一九六七年二月、外務省事務当局の幹部たちは、佐藤首相に対し沖縄米軍基地の扱いを含め沖縄返還問題解決に向けて米国政府と協議を開始することへの了解を求めた。佐藤は了承したものの、当初、「極東情勢の推移についてもう少し変化を待つ」よう主張し、国際情勢の厳しさゆえに慎重姿勢を崩さなかった。(7)

沖縄返還問題において最大の争点になったのは、沖縄に配備された核兵器をどうするか、及び返還後の沖縄米軍基地に日米安保条約、特に事前協議制度を適用するかどうかという問題であった。八月七日には、外務省北米局は、「施政権返還問題を動かして行くためには、わが方として基地の地位についてなんらかの腹案を持っていることが必要」として、次のような提案を行っている。まず、沖縄に配備された核兵器については、ポラリス潜水艦の登場など軍事技術の進歩により沖縄に核兵器を配備する必要はなくなったので、事前協議の対象とする。その一方で、戦闘作戦行動のための沖縄米軍基地の使用については、「少なくとも極東の情勢が好転するまでは事前協議の要なきこととする」べきだというのである。なぜなら、「極東地域に局地戦争が勃発した場合、海兵隊や戦闘爆撃機が即刻発進しうる態勢にあることが有効な抑止力として存在するためきわめて重要」だからであった。(8)

この外務省の沖縄返還構想は、八月八日、佐藤首相に提示される。しかし佐藤は、「沖縄の施政権返還は高次の政治的判断を要する問題であるので、腹づもりは総理自身が決定すること」だとして、外務省の構想を拒絶した。その上で佐藤は、沖縄米軍基地についての日本側の態度を明らかにせず、米国側の条件を探るよう指示する(9)。この時期、国際情勢が依然として厳しい一方で、日本国内では、本土と同じように沖縄に核兵器とともに基地の自由使用を認めない、いわゆる「核抜き・本土並み」を求める論調が強まっていた。それゆえ佐藤は、外務省の案を受け入れることができなかったのである。

他方、米国政府内でも、この頃、沖縄返還に向けた議論が行われている。すでに一九六五年には、米国政府内では、沖縄返還問題が日米関係に悪影響を及ぼす危険性が懸念され、琉球問題研究グループが設置されている(10)。一九六七年に入ると、国務省内でも基地の自由使用やアジアへの日本の経済援助増大と引き換えに、沖縄返還を受け入れてもよいという議論が提示された(11)。しかし、統合参謀本部（ＪＣＳ）を中心とする軍部は、中国の脅威や東南アジア情勢の厳しさを背景に、沖縄米軍基地の自由使用を保持するため、沖縄返還に強く反対していた(12)。

このように日米両政府内では、厳しい国際情勢の下で、沖縄返還を早期に合意するのは困難だとの見方が広がっていた。こうした中、佐藤は、十一月の自身の訪米時に発表される日米共同声明に、「両三年内」に沖縄返還時期を決定する、という文言を挿入することを目指す。この文言は、佐藤の私的諮問会議である沖縄問題等懇談会が十一月一日に提出した中間報告の中で提案したものだった。日本や沖縄での世論の高まりに対し、佐藤訪米時には、返還に向けた前進が重要である一方で、返還後の沖縄米軍基地についてはまだ十分な検討が必要だとの考えから、この文言の挿入が提案されたのである(13)。佐藤は、若泉敬京都産業大学教授に対し、十一月六日、この文言を日米共同声明に入れるべく、慎重な外務省とは別ルートから米国政府に働きかけるよう依頼する(14)。

渡米した若泉は、旧知のウォルト・W・ロストウ（Walt W. Rostow）大統領補佐官と会談し、「両三年内」の沖縄返還時期の決定、という文言の挿入を要請する。若泉の携えた日米共同声明案は、軍部を含め、米国政府内で好意的に受け入れられた。その理由はまず、この提案は、米国側が沖縄返還にコミットメントすることを回避しているからだった。また、この提案に米国側が応じれば、日本側がより大きな負担を引き受けると若泉が述べたからである(15)。

こうして十一月十五日、ワシントンでの佐藤・ジョンソン会談を経て、日米共同声明が合意される。日米共同声明では、日米両政府が、「沖縄の施政権を日本に返還するとの方針の下に……沖縄の地位について共同かつ継続的な検討を行なうこと」を合意した。そして「両三年内に双方の満足しうる返還の時期につき合意すべき」という日本側の要望が明記された(16)。

このように、一九六七年十一月の日米首脳会談に至る過程で、沖縄返還問題が日米間で重要な外交課題として論点化することになった。またこの日米共同声明において、「極東に脅威と緊張がある限り」米国は沖縄を保有し続けるという米国政府の立場が取り下げられたことも注目すべき成果であった(17)。

その一方で、米国側がこの日米共同声明を受け入れたのは、前述のように、沖縄返還にいかなるコミットメントもしていないからだった。日本政府内でも、日米共同声明が沖縄返還実現にどれだけ有効かという点については、疑問があった(18)。また、沖縄でも、復帰協のみならず、松岡政保琉球政府主席も、沖縄返還の時期と方法が明らかにならなかったことへの不満を示した(19)。実際、軍部をはじめ米国政府内では、実際の返還時期は、ベトナム戦争の動向に依存すると考えられていた(20)。それゆえ、依然として厳しい国際情勢において、いつ、どのように沖縄返還が合意・実現されるかは、この時点では不明確なままだったのである。

二　転機としての一九六八年

1　国際情勢と日本国内情勢

翌六八年は、国際情勢を揺るがす事件が多発した[21]。一月二十一日、北朝鮮の特殊部隊が韓国大統領官邸（青瓦台）を襲撃、その二日後の一月二十三日には、北朝鮮の砲艦が米国の調査船プエブロ号を拿捕するという事件が起こる。さらに一月三十日には、北ベトナム軍がテト攻勢を仕掛け、米国世論に大きな衝撃を与えた。経済的にも、ベトナム戦争の戦費増大や日欧の経済成長によって米国の国際収支は悪化し、三月にはドル危機が生じた。また同年、米国社会では、ベトナム反戦運動が盛り上がった。

一九六八年初頭に連続して勃発したこれらの出来事は、米国は海外に過剰に関与しているのではないかという疑問を米国内で生じさせることになった。このような中、三月三十一日、ジョンソン大統領は演説で、北爆の部分的停止を表明するとともにハノイに対して交渉を呼びかけ、同時に自身の次期大統領選挙不出馬の意向を示す。このジョンソン政権によるベトナム戦争に対する政策の転換は、この後ニクソン政権による米国の冷戦戦略見直しへの端緒となる[22]。同様に、米国政府は、朝鮮半島での大規模紛争に巻き込まれることを懸念し、在韓米軍撤退など対韓政策の見直しを開始している[23]。

一九六八年は、日本国内でも日米関係を揺るがす事件が勃発した[24]。一月には、米原子力空母「エンタープライズ」が佐世保に寄港し、日本国内で反対運動が盛り上がった。同月、プエブロ号事件に対応するため、グアムからB-52が二月以降、沖縄の嘉手納基地に常駐し、ここからベトナムへも出撃して、住民に大きな不安を引き起こす。さらに五月六日、佐世保に寄港した米原子力潜水艦「ソードフィッシュ」の放射能漏れ疑惑が大きく報道された。六月二日には、板付基地を発進したF-4Cファントム戦闘機が九州大学構内に墜落するという事件が起きる。これらの事件によって日本国内や沖縄現地で米軍基地に対する反発が盛り上がった。

前述の三月三十一日のジョンソン大統領演説もまた、日本国内に大きな衝撃を与えた。この声明は、日本国内で「ベトナムに関する米国の政策の敗北と再検討を認めるものであり、アジアからの米国の撤退の前兆」として受け止められたのである。(25)

外務省内では、すでに前年の一九六七年から、ベトナム戦争後の米国のアジア関与縮小について懸念が示されていた。この九月、外務省北米局では、「ヴィエトナム戦争後に当然予想されるべき米国内の反動、すなわち、アジアよりの責任解放への動きをいかにして最少限に止め、もってわが国を含む極東の安全のため米国の抑止力を保持するかを深く考えおかなければならない」と指摘されている。その際、日米安保条約を一九七〇年以降も維持するため、日本側としては、日米安保条約の中でも、「極東の平和と安全のために米軍に日本の基地使用を認めるという第六条」、いわゆる「極東条項」の履行が重要であることが強調された。その上で、日本の国力増強とともに米国による負担分担要求が高まっていくことが予想される中、「沖縄問題も米側の観点よりすればそのような趨勢の一環としてのみ採上げられる」と考えられたのだった。(26)つまり、地域の安全保障のため、日本政府が、沖縄基地を含めた米軍基地の維持と使用について責任を果たすことによって、米国のアジア関与縮小を食い止める必要があると考えられたのである。

こうした中、一九六八年前半は、前述のように「安保関係でいろいろ厄介な問題が続発」し、沖縄返還問題をめぐる日米協議は進んでいなかった。(27)しかし、日米関係の安定化のため、東郷文彦アメリカ局長を中心に、外務省は、七月以降、沖縄返還の早期解決に向けて再び動き始める。注目すべきは、そこには、ベトナム戦争後の米国のアジア関与縮小への不安が反映されたことである。東郷の見方では、ベトナム戦争後、米国が「孤立主義」に向かう可能性があり、日本にも負担分担を期待しているので、「沖縄返還問題解決には、わが方の日本及び極東の安全保障問題に対する積極的な姿勢が重要」だった。それゆえ、対米交渉に際して、返還後の沖縄米軍基地の自由使用を一部受け入れる準備を整える必要があるという。すなわち、核兵器については、国内世論の抵抗が極めて強いので、沖縄への常備配備は不可能だが、「非常事態における持込みに関して事前協議の交換公文に加えてなんらかの保証」をする必要がある。また戦闘作戦行動のための基地使用については、沖縄は、米国側にとって、極東有事、特にまず朝鮮半島有事、次に台湾有事における有力な発進基地であるため、いちいち事前協議が必要になることは軍事的に問題がある。日本側にとっても、朝鮮半島有事のように、安全保障上、「米軍の自由使用を当然に認める場合もありうる」のだった。[28]

しかし、一九六八年には、日本本土と沖縄では、「核抜き・本土並み」返還要求がさらに高まり、日本政府もこれを無視することはできなくなっていた。[29]さらに、国際情勢の変化が沖縄返還問題に影響を及ぼすことも予想された。特に三木武夫外相は、米国のベトナム戦争政策の見直しが沖縄返還問題に影響を与えるのではないかと考えていた。八月十五日、外務省幹部が前述の沖縄返還構想について説明したのに対し、三木は、「米大統領選挙前かつベトナム和平未達成の現在かかる重大問題で米側と話し合うのは時期尚早」だと否定的態度を示した。三木の考えでは、「ベトナム後の米アジア政策の再検討もあり得る」[30]し、逆に「ベトナム戦争中はどうしても軍事優先となって了い、基地の態様も規制されて了う」のだった。三木は、米国側に「核抜き・本土並み」返還要求をぶつけてみたいとも述べている。[31]

佐藤周辺でも、三木と同様、沖縄返還は、ベトナム戦争の動向と密接に関連していると考えられた。それゆえ、米国政府の政策見直しによって、ベトナム戦争終結の見通しが明らかになってきたことは、沖縄返還実現にとって有益だという見方もあった[32]。そして佐藤もまた、前述の外務省による沖縄返還問題に向けた動きに否定的態度を示し、十一月の自民党総裁選挙までこの問題に取り組むつもりはなかった[33]。

2　沖縄情勢と日米両政府の動き

沖縄では、十一月十一日、初の琉球政府行政主席公選が行われる。そこでは、沖縄自民党から出馬し、漸進的な日本復帰を掲げる西銘順治に対し、革新陣営が支援し、沖縄の即時無条件返還を主張する屋良朝苗が勝利した。選挙において屋良は、「基地反対」「安保反対」を掲げた。沖縄は、戦前、日本軍の拠点であったために戦場となった。そして戦後も沖縄の米軍基地は朝鮮戦争やベトナム戦争と直結しているため、「下手をすると、この基地があるゆえに、沖縄は報復を受けるおそれがある」と屋良は考え、基地に反対したのである。また屋良は、沖縄の米軍基地は日米安保の要石になっているため、「米軍基地の存在を許している安保に賛成できない」という立場をとっていた[34]。

米国政府内では、琉球主席公選での結果は、沖縄返還の早期実現への沖縄住民の要求の強さの表れだとして、衝撃をもって受け止められた[35]。そして国務省では、「我々は返還問題について戻ることのできない地点まできてしまった」との印象から、一九六九年末までに返還時期について合意することが不可避だという意見も出されたのである[36]。軍部でも、今や軍事的に最も損失の少ない選択は、現在の基地使用条件を維持しつつ、日本に沖縄の施政権を返還することだとされた[37]。こうして、米国政府内でも、沖縄基地のみならず、在日米軍基地や日米関係を維持するため、沖縄返還に合意することが不可避だと認識されていく。

注目すべきことに、沖縄返還の必要性への認識は、一九六八年を契機とする米国のグローバルな戦略見直しと連動していた。十二月、国防省国際安全保障局のウィンストン・ロード（Winston Lord）は、ベトナム戦争後の米国のアジア戦略を提示する文書を作成している。それによれば、今後、米国は対外的な介入を最小限に抑え、同盟国の自助努力を重視し、対中関係改善を目指しつつ、軍事プレゼンスの再編を進めるべきだというのだった。特に米国の軍事プレゼンスは、ベトナム・タイ・韓国といった大陸部での基地を削減する一方、日本・沖縄・フィリピンといった太平洋沿岸の基地を維持し、戦略的機動性に重点を置いたものであるべきだという。そして、これらの基地を確保する上で、現地の政治問題を回避することが重要であり、沖縄米軍基地を維持するために、核兵器を撤去した上での沖縄返還を一九六九年中に日本政府と合意すべきだとされたのである。(38) ちなみに、ニクソン政権発足後、ロードは、国家安全保障会議（NSC）スタッフとなり、この文書も「刺激的で有益」だと評価された上で、政府内の各部署へ配布されている。(39) このように、沖縄返還は、ジョンソン政権末期から次のニクソン政権に至る、米国のアジア戦略の見直しの中に位置付けられていた。

同時に、この時期、日本や沖縄の米軍基地の見直しについても米国政府内で検討が開始されている。一九六八年、国務省と国防省によって海外の米軍基地に関する特別グループが設置され、日本・沖縄の他、韓国やフィリピンなどの米軍基地が検討された。(40) 特に在日米軍基地の縮小については、日米関係を懸念するU・アレクシス・ジョンソン（U. Alexis Johnson）駐日大使の提案によって、七月に米国政府内で合意がなされた。こうして、一九六八年十二月の日米安全保障協議委員会（SCC）で、米国側の提案により、一四六ヵ所の在日米軍基地のうち五三ヵ所が整理統合されることになる。(41)

重要なことに、この時期、日本本土の米軍基地だけでなく、沖縄の米軍基地についても、国防省内で整理縮小が提案されていた。十二月二日、国防省のシステムアナリシスズはクラーク・M・クリフォード（Clark M. Clifford）国防長官に対し、金の損失と国防予算の制約から、「日本と沖縄における、米国の基地と兵力の大規模な削減が、最も魅力的」だと提言した。[42] これを受けて十二月六日、クリフォードは、日本と沖縄の米軍基地は「現在と将来両方の緊急時の機能のためには不必要に大き」く、米国側にとっては経済的問題、日本側にとっては政治的問題をもたらし、日米関係の摩擦の種になるとして、その削減を検討するようＪＣＳなどに指示した。その上で、在日米陸軍司令部と琉球米陸軍司令部の統合、沖縄の海兵隊支援部隊の米本国への移転などによって日本と沖縄で合わせて約三万人削減することを提案したのである。特に沖縄については、現地での政治情勢が懸念され、「現在、海兵隊の兵力を戦後、沖縄に駐留させるかどうか、議論がある」ので、海兵隊支援部隊を沖縄から撤退させても問題はないと考えられている。[43] そして、普天間基地の閉鎖、在沖海兵隊司令部や第三海兵兵站群の機能の陸軍第二兵站群への統合などが提言されたのである。[44]

しかし、太平洋軍は国防長官の提案に強く反対した。太平洋軍によれば、「日本、沖縄、そしてその他の米国の基地構造の将来的な修正は、太平洋における全体的な要請と関連付けられるべき」であり、ベトナム戦争後のこの地域における米国の軍事プレゼンス全体が検討されるまで、基地削減を行うべきでない。また沖縄からの海兵隊の撤退は、「特に香港、シンガポール、朝鮮といった有事の可能性がある地域における太平洋軍の必要性への対応を大きく低下させる」として強く反対している。[45] さらにジョンソン大統領も、自分の任期の最後に、慎重に検討するべき問題を急いで決定するべきではないと懸念を伝えた。[46]

こうして、一九六八年の時点では沖縄米軍基地の大規模縮小は行われなかった。しかし、すでにこの時期には、米国政府内で、ベトナム戦争後のアジアにおける軍事プレゼンスのあり方についての検討が開始され、その中で沖縄米軍基地の変更も模索されていたのだった。

一方、日本政府内でも、屋良勝利の知らせは衝撃をもって受け止められた。外務省は、沖縄での選挙によって、沖縄住民は、「保守、革新を問わず個々人の生活設計の立場より、返還の時期のメドつけを切実に求め」るだろうと予想した。それゆえ、沖縄住民の要望に応えるため、沖縄返還の時期についてめどをつけられるよう、「米本国との折衝に全力を傾けるべき」だと考えられたのである。(47)

とはいえ外務省は、米国の軍部や議会は「西太平洋及び極東における米戦略の要たる沖縄の米軍基地の機能を維持したい」と考えていると、厳しい見方をしていた。また、ベトナム戦争後の米国のアジア関与縮小の見通しも懸念されている。この時期、米国では大統領選挙が行われていたが、外務省では、次期大統領が誰であれ、「ヴィエトナム後のアジアの安全保障問題が再検討され、米国は一国のみで介入するのを避けるためアジア諸国の自助と地域的責任分担を従来以上に強く要請してくる」と予想されていた。これに対し日本側は、「米国がアジアにとどまることがこの地域全体の安定と発展に寄与」すると米国側を説得する必要があった。そこで日本側は、「沖縄基地を含め在日米軍基地の効果的使用の保障」、「自主防衛努力の増強」、「東南アジアの経済的安定と発展の為の一層積極的な協力」といった「応分の貢献」を行うよう検討する必要があるとされたのである。(48)

十一月二十七日の自民党総裁選挙では、三木武夫と前尾繁三郎が「核抜き・本土並み」返還方針を打ち出して立候補したが、沖縄返還後の米軍基地について「白紙」の態度をとる佐藤が勝利する。佐藤は、内閣改造を行い、側近の愛知揆一を外相に、保利茂を官房長官に配置するなど、沖縄返還問題解決を見据えた陣容を整えるのである。

このように、一九六八年の国際情勢とそれに伴う米国政府の戦略見直しの開始、そして日本や沖縄の政治情勢によって、日米両政府内では、翌六九年中には沖縄返還について合意することが不可欠だと考えられるようになっていた。

三　日米両政府の沖縄返還交渉方針の形成

1　米国政府の方針

一九六九年一月、米国ではニクソン政権が発足する。ニクソン大統領とヘンリー・A・キッシンジャー（Henry A. Kissinger）大統領補佐官は、動揺する米国の国際的優位を維持するため、外交政策の見直しに取り組む。特にニクソン政権は、これまでの欧州とアジアの両方での侵攻に対応するという「二と二分の一」戦略を、欧州とアジアどちらかの侵攻に対応するという「一と二分の一」戦略に見直そうとした。その背景にあったのは、中ソ対立が深刻化する中、「欧州におけるワルシャワ条約機構の攻撃とアジアにおける中国の通常兵力の攻撃は、同時におこりそうもない」という情勢認識であった[49]。

このような戦略の見直しは、二つの点で重要だった。一つは、「わが国の軍事政策は中国を主たる脅威とは見なしてはいないことを知らせる信号」として、これまで対立してきた中国との関係改善を進めることである[50]。もう一つは、米軍の海外プレゼンスを削減することである。中国の脅威が低下する一方で、欧州では米軍兵力を維持する方向がとられていたことを踏まえると、米軍の削減は主にアジアで行われることになっていた[51]。この方針が、後述する「グアム・ドクトリン」及び「ニクソン・ドクトリン」につながっていく。

ニクソン政権は、発足直後から対日政策の再検討に取り組んだ。一月二十一日、沖縄返還を含むすべての日米関係の問題を検討するという国家安全保障検討覚書（ＮＳＳＭ）５がＮＳＣ東アジア省庁間グループに指示された[52]。四月二十八日に提出されたＮＳＳＭ５の最終版では、日本とのパートナーシップを構築するという現在の路線を維持・強化する方針が示されるとともに、沖縄返還問題については、日米関係における緊急の課題であり、今年中に解決に向けた進展がなければ、日米安全保障関係が大きく損なわれると強調されている。(53)

これを踏まえ、ニクソン政権は、五月二十八日、対日政策に関する国家安全保障決定覚書（ＮＳＤＭ）13において、日本のアジア地域における役割増大や漸進的な防衛力増強を奨励することなどとともに、沖縄返還に合意することを決定する。ただし返還の条件として、沖縄基地について、朝鮮半島・台湾・ベトナムに対する基地の最大限の自由使用を確保することが必要とされた。また核兵器については、大統領の最終的判断によって有事における持ち込みの権利を保持する一方で、沖縄から核兵器を撤去すると明記される。さらに、日本における米軍基地については、不可欠の基地機能を維持しつつも、政治的問題を軽減するため、漸進的に縮小する方針も示されている。(54)

沖縄返還問題の解決は、ニクソン政権にとって、対日関係のみならず、そのアジア戦略の見直しと密接にかかわっていた。ニクソン政権は、特に韓国や中国及び台湾への政策の再検討を進める上で、沖縄返還問題解決による在日及び沖縄基地の安定的維持を通して、これらの地域への防衛コミットメントを確実にする必要があったのである。

まず、ニクソン政権は、ジョンソン政権から引き継ぐ形で在韓米軍の削減を目指し、二月二十二日、対韓政策検討作業ＮＳＳＭ27を指示する。その際、沖縄返還や日米安保条約をめぐる日米交渉の結果は、在韓米軍削減問題にも影響を与えると考えられた。(55)このように、沖縄返還によって、朝鮮半島有事において不可欠な役割を有する在日及び沖縄米軍基地を安定的に維持することは、ニクソン政権が在韓米軍削減を進める前提条件となっていた。

さらに、前述のように、ニクソン政権は冷戦戦略見直しの一環として、これまで敵対的な関係が続いていた中国との関係改善を目指した。米国政府内での対中政策検討作業ＮＳＳＭ14では、対中関係を改善した場合、台湾からの米軍基地撤退の可能性を沖縄基地との関係で検討する必要性があることが指摘されている。(56)逆に、「沖縄の決定にとって鍵となる、台湾を基地として使用するという問題」についても議論された。[57]米中関係において、台湾とそこでの米国の軍事プレゼンスは大きな課題となっており、台湾を接点として、対中関係改善と沖縄返還問題は連関していたのである。

2 日本政府の方針

日本では、一九六八年十一月に佐藤が自民党総裁選に勝利し、内閣改造を行って以降、政府内で沖縄返還交渉に向けた作業が本格化する。

この作業にあたって外務省の東郷アメリカ局長は、次のように分析している。東郷によれば、「多くのアジア諸国はヴィエトナム戦後の米軍のアジアからの撤退がアジアの平和と安全を危殆に陥れることを危ぐしている」。それゆえ東郷は、「当面の極東情勢下において、日本及び極東の平和と安全のため米軍の抑止力を是と」し、「在日施設区域は日本を含む極東の平和と安全のために使用されることを是認する必要がある」と主張したのである。[58]また東郷は、沖縄返還問題について、一九六七年十一月の日米共同声明や、沖縄の現地情勢、さらに一九七〇年の日米安保条約の期限を踏まえ、返還実現に向けた実質的進展が不可欠だと主張した。そのために、「返還問題の核心」である返還後の沖縄米軍基地のあり方について、有事における核兵器持ち込みと、戦闘作戦行動のための自由使用の二点について、日本側の基本的態度を決める必要があると論じたのである。[59]

しかし、十二月七日に外務省幹部と協議した佐藤首相は、沖縄返還問題を進展させるべく対米協議を指示したものの、依然として返還後の沖縄基地のあり方についての姿勢を明確にはしなかった。佐藤自身は、外務省同様、「返還の結果基地が弱くなっては困る」と考えていた。[60]しかし当時、日本国内では「核抜き・本土並み」返還要求が高まる中、これを無視して沖縄返還交渉を進める訳にはいかなかったのである。

こうした国内情勢を背景に、一九六九年三月十日、佐藤はついに参議院予算委員会において、「核抜き・本土並み」返還方針で対米交渉に臨むことを明らかにする。この間、注目すべきは、佐藤が、国内情勢だけでなく、日本とアジアの安全保障を踏まえて、沖縄米軍基地のあり方を考慮したことである。前年十一月の自民党総裁選のための演説で、佐藤は「本土基地が軽微なものにとどまっているのは、沖縄に強大な基地があるから」だと述べている(61)。同時期のインタビューでも、沖縄返還問題の解決のためには「沖縄を含めた日本の安全保障と極東の安全保障についてどうあるべきか」考える必要があるとして、「大雑把な本土並みという言葉が使われているが、本土の基地の形態は、沖縄、韓国、そして台湾の基地との関連で決定されるのであり、沖縄の基地の形態は分離して単独で決定されることはできない」と強調した(62)。

一九六九年一月六日には、佐藤は外務省幹部との会議で、世論の「核抜き・本土並み」返還要求を踏まえた上で、「沖縄は極東の米国の抑止力を構成する一環である、全体の中の沖縄の役割をうすめる余地がある筈である」と述べている(63)。同じ時期、佐藤は、「米国の戦力は、日本の基地、第七艦隊、沖縄基地、グアム、米国本土の基地が統合されたもので、それが日本の安全に役立っている」ので、「沖縄返還と日本を含む極東の安全確保は矛盾しない」と強調した(64)。つまり佐藤は、米国のアジア戦略の中で「沖縄の役割をうすめる」、言い換えれば沖縄基地の軍事的役割を低下させることで、「核抜き・本土並み」での沖縄返還実現を模索したのである。その際、佐藤は次の二つの観点から「核抜き・本土並み」返還を目指した。

第一に、米軍による日本本土の基地使用を明確に保証することで、相対的に「沖縄の役割をうすめる」ことである。上述の一月六日の協議で佐藤は、「日本の安全、日本を含む極東の平和と安全と云う見地から、輿論啓蒙が極めて重要」だと指摘し、保利茂官房長官も「本土の基地が充分機能し得る基地たらしめる要あり」と応じている[65]。つまり、日米安保や在日米軍基地の意義について、日本の国内世論の理解を促進し、日本本土の米軍基地の軍事的機能を向上させようとしたといえる。

その際、在日米軍基地の使用を保証することが具体的に想定されたのが、当時、情勢が緊迫化していた朝鮮半島だった。二月二十八日、佐藤は米『フォーリン・レポーツ』誌を主宰するハリー・F・カーン（Harry F. Kern）と会談し、次のような考えを伝えている。それは「①沖縄は核抜き本土並み、②いわゆる戦術核は朝鮮におけばよい、③但し、朝鮮半島で事が起こったら本土基地を使わせる。その際、日本が戦争へ巻き込まれても止むを得ない」というものだった[66]。このように佐藤は、朝鮮半島有事への日本本土の基地の米軍の使用を明確に保証することなどを通して、米国のアジア戦略に貢献し、同時に沖縄基地の軍事的役割を軽減することで、「核抜き・本土並み」返還を実現しようとした。

第二に、佐藤は、長期的にはアジアの国際情勢が緊張緩和の方向へと向かい、その中で「沖縄の役割をうすめ」、結果として「核抜き・本土並み」返還が可能となると見ていた。一月一日、佐藤は記者会見で「ベトナム戦争は和平に向かい、中国の文化大革命は終ろうとしている」という見通しを示している[67]。佐藤はこの後も、「中ソ対立はわが方に有利であり、朝鮮半島の緊張もたいしたことはなく、全体として沖縄返還の条件が変わるほどの変動はあるまい」と考えていた[68]。

国際情勢が緊張緩和へ向かうという見通しは、佐藤の諮問委員会である沖縄問題等懇談会の下に作られた、久住忠男・高坂正堯・永井陽之助・若泉敬ら安全保障専門家による沖縄基地問題研究会の議論とも一致していた。彼らは、ベトナム戦争が終結に向かう中、米国政府によるアジア戦略の再検討や、米中関係改善を予測し、国際的緊張緩和や軍事技術の進展によって、「核抜き・本土並み」返還実現は可能で、返還前にできる限り沖縄米軍基地の整理縮小を進めるべきだとする報告書を、三月八日に佐藤に提出したのである(69)。

このように佐藤は、日本本土の米軍基地の機能強化やアジアにおける緊張緩和の進展によって、沖縄米軍基地の軍事的役割が相対的に低下することを通して、沖縄の「核抜き・本土並み」返還を目指した。もっとも、沖縄では、「核抜き・本土並み」返還論への警戒も強かった。琉球政府の屋良朝苗主席は、記者との座談会で、沖縄は日本本土と比べて米軍基地の密度が高いことから、「本土並み」の内容について、「単に基地を自由に使わせないことなのか、あるいは基地の規模とか密度とかいったことも含めて本土並みなのか、ばくぜんとしていてわからない」と述べている(70)。

とはいえ、佐藤首相の考えでは、沖縄米軍基地の役割の低下は、「核抜き・本土並み」返還のみならず、米軍基地の整理縮小をも可能にするものだったといえる。三月三十一日、佐藤は国会答弁で「いまの（沖縄の）軍基地は広大だが、それが日本にかえってくると、（本土の）米軍基地と同様、縮小の形がとられるだろう」と発言している(71)。また八月、佐藤は若泉に対しても、「沖縄の基地は、整理縮小してもらいたいと考えている」と、繰り返し語っている(72)。

佐藤の「核抜き・本土並み」返還方針に従い、外務省も対米交渉準備を進めていく。その際、外務省が重視したのは、沖縄米軍基地の安全保障上の重要性を損なわないで、いかに「核抜き・本土並み」返還を実現するかという問題だった。外務省は、米軍による核兵器持ち込みや、戦闘作戦行動のための基地使用のどちらについても、事前協議における日本側の回答には否定だけでなく応諾もあり、応諾の場合には同盟国として米軍の行動に責任をもって協力することを明確化することで、「核抜き・本土並み」返還に向けて米国側を説得することを目指す(73)。愛知外相も、米国側に「返還後の取極めで鍵となるのは、事前協議条項によって保有されている柔軟性を活用すること」だと説明して

いる。(74)

これらの政府内の準備作業を経て、六月の愛知訪米に向けて、対米交渉方針がまとめられる。ここでも日本の安全保障と繁栄は、「米国の『核の傘』を含む戦争抑止力とアジアにおける軍事的プレゼンスにより支えられてきた」ことが確認された。その上で「日本の安全がもとより極東の安全と切り離して考えられない」との観点から、日米安保を通した米軍への基地提供やアジア諸国への経済開発支援を通して、この地域の安全保障の維持に貢献するという方針が示されたのである。その上で沖縄返還については、沖縄米軍基地が「日本及び極東全体の安全保障上不可欠」であり、返還後もその軍事機能を維持する責任を日本政府が負うためにも、「核抜き・本土並み」返還が必要だと論じられている。

注目すべきは、米軍の基地使用をめぐる事前協議制度を運用する方式として、佐藤訪米時に日米共同声明とともに、次のような日本政府の立場を表明することが提案されたことである。それは、佐藤首相が「韓国に対する武力攻撃発生は日本国の安全に重大な影響を及ぼす」という日本政府の基本認識を明らかにし、朝鮮半島有事の際には、この考えに基づいて、事前協議で米軍による在日基地使用についての日本政府の態度を決定するというものだった。(75)日本政府は、このような「一方的声明」を行うことで、国内世論の要求に応じて「核抜き・本土並み」返還方針を掲げつつも、安全保障上の要請を満たそうとしたのだった。さらに日本側は、この方式によって、朝鮮半島有事の際には米軍による基地使用を認める方針を示す代りに、「密約」である「朝鮮議事録」の廃止を目指した。(76)

このように日米それぞれの方針がまとまった後の六月初頭、愛知外相が訪米し、ニクソン大統領やウィリアム・P・ロジャーズ（William P. Rogers）国務長官と会談した。ここで愛知は米国側に対し、一九七二年の「核抜き・本土並み」返還実現を要求する。これと同時に愛知は、「特に軍事的緊迫の起きた際、日本の安全に直接関係ある問題だけに、基地の機能を害なわ（ママ）せないフォーミュラ」を日米間で検討することを提案する。それが、朝鮮半島有事において、事前協議制度の運用の基本となる認識を日米共同声明と日本側の「一方的声明」を公表するという上述の提案に他ならない。愛知は、事前協議では、主権国家として米軍の基地使用について「YESともNOとも言う可能性をおくべき」だが、「内外に明らかにされた基本的な合意のある限りにおいて、協議があればYESということが出来る」として、その有効性を論じたのである。

しかし米国側は、戦略上、朝鮮半島だけでなく、台湾やベトナムでの戦闘作戦行動について基地使用を確約するよう求める。ロジャーズ国務長官によれば、米国政府は、基地の使用についての「極東、特に韓国、台湾のほかＳＥＡＴＯ地域の安全保障についてのCREDIBILITY保持、即ちピョンヤン等に誤解をさせぬこと」、及び米国内の議会や世論の懸念を重視していた。さらにロジャーズやジョンソン国務次官によれば、「沖縄のB-52の南爆はヴィエトナム戦争遂行上極めて重要」であり、中国に対しても「台湾についてはDIRECT USEが大きな抑止力となっている」。従って米国側は、韓国・台湾・東南アジアへの米軍の出撃について、事前に同意し、「日本は米軍使用に対する拒否権を有していないと米国民に安心させ得るような共同声明の文言」を日本側が公表するよう要求したのである。核兵器についても米国側は、沖縄へ持ち込むための「不公表のフォーミュラ」の作成を主張する。[77]

全体として愛知訪米は、米国側が、日米安保条約とその関連取り決めの枠内で沖縄返還を実現するという日本側の主張を原則的に受け入れ、今後交渉を進めることを合意したことから、日本政府にとって満足できるものだった。[78]しかし、次の点で日米の安全保障認識の相違も明らかになった。まず、基地使用に関する事前協議の適用・運用について、主権国家として応諾か拒否かという判断の余地を残すべきだという日本側と、秘密取り決めを含めて事前の同意を要求する米国側の間での相違である。また、基地使用の対象とする地理的範囲をめぐっても、日本側が安全保障上、朝鮮半島を中心に考えていたのに対し、米国側は、朝鮮半島だけでなく、台湾・ベトナムも含めるべきだと考えていた。

四　沖縄返還交渉の展開と妥結

1　沖縄返還交渉の展開

冷戦戦略の再検討を進めるニクソン大統領は、一九六九年七月二十五日、「グアム・ドクトリン」を発表する。ここでニクソンは、米国は同盟国への防衛義務を遵守すると表明する一方で、同盟国に対し、自国防衛への自助努力を求めることで、米国の対外関与の抑制と同盟国への負担分担を進めようとしたのだった。

「グアム・ドクトリン」の「テスト・ケース」と位置付けられていたのが、在韓米軍削減だった(79)。在韓米軍削減計画では、前述のように、沖縄返還や日米安保条約の延長問題が、韓国防衛上重要な在日・沖縄米軍基地の行方を不確実にしていると考えられていた(80)。それゆえ、在日・在沖米軍基地のあり方が不確実な中で在韓米軍を削減すれば、韓国に大きな懸念をもたらすとされたのである(81)。

一方、対中政策についても、ニクソン政権による関係改善への動きが本格化していた。八月八日には、ＮＳＳＭ14の報告書が提出される。ここでは、短期的には、米国政府は中国政府の政策に及ぼすことのできる影響力には限界があることを認めた上で、抑止と関係改善に向けた措置を組み合わせた政策上の選択肢が提示された。まず一つ目は、中国の孤立や抑止を強化する政策であり、この場合、ベトナム戦争後も南ベトナムと韓国での強力な軍事力とともに、日本や沖縄・フィリピン・タイの基地や基地権も保持するべきだと考えられている。これに対しもう一つは、中国への孤立や抑止を軽減する政策で、この場合は、中国周辺の米軍を海空軍中心に最小限の配備へと削減するべきで、日本やフィリピンとの基地協定など安全保障関係を再考することも示唆された[82]。米国政府が対中関係改善を模索する際には、後者の政策が選択されるはずであり、その際には、沖縄のあり方も見直される可能性が生じていたのである。

その一方で、米国政府にとって、中国との関係改善にもかかわらず、沖縄基地の重要性が全くなくなった訳ではなかった。台湾に現状の兵力レベルの米軍を維持すれば、米中間の緊張を高め、関係改善への可能性を閉ざしてしまう恐れがあった。むしろ、関係改善を目指す場合には、台湾から、防衛上必要な最低限度まで米軍を撤退させるべきだった。こうした中で、台湾防衛上、重視されたのが、沖縄米軍基地だった。ＮＳＳＭ14でも、「台湾基地問題は、ベトナム戦争の終結とともに、沖縄返還との関係で生じる」ことが指摘されている[83]。この後の沖縄返還交渉でも、米国側は日本側に対し、米国の台湾防衛上、「防衛兵力を台湾よりも沖縄に駐留せしめた方が緊張が少」ないとして、米中関係改善の中でむしろ沖縄基地の重要性が高まったことを強調している[84]。それゆえ、米国側の「対国府コミットメントのCREDIBILITY保持」のため、台湾有事における基地使用について立場を明確にするよう日本側に要求したのである[85]。

このようにアジア戦略の見直しが進められるのと並行して、沖縄返還交渉が進められていく。東京ではまずアーミン・Ｈ・マイヤー（Armin H. Meyer）駐日大使と愛知外相、八月以降には、リチャード・Ｌ・スナイダー（Richard L. Snaider）駐日公使と東郷外務省アメリカ局長との間で交渉が本格化した。ここでは、沖縄米軍基地について、戦闘作戦行動のための基地使用についてできるだけ大きな自由を確保しようとする米国側と、日米安保条約とその関連取り決め、特に事前協議制度の適用によって、基地使用を事前に認めることを回避しようとする日本側が対立する[86]。

さらに地域の範囲についても、朝鮮半島だけでなく、台湾や東南アジアをも対象としようとする米国側に対し、日本側は有事の可能性について「最も現実性があるのは朝鮮半島の問題」で、台湾や東南アジアを含めることは適当でないと論じた。なぜなら、日米安保条約における「極東条項」の「極東」の範囲はフィリピン以北であり、東南アジアは含まれていないからであり、また「台湾中共関係は、一時よりずっと下火になっており現実に日本の安危に直接関係してくるとは思え」ないからだった。その上で日本側は、韓国に関する「一方的声明」の意義を強調している。日本側の説明によれば、この声明は、韓国の安全保障上の重要性を踏まえた上で、朝鮮半島有事の際、基地使用について国内世論を説得することを目的としていた。同時に、朝鮮半島において「韓国に対する potential aggressor が、日本政府の態度を誤解することがないようにしておく」という、北朝鮮を抑止するものでもあったのである。(87)

八月には、東郷アメリカ局長が、米国側の要求をも踏まえた上で、韓国・台湾・ベトナムに言及しつつも、それぞれに差異を付ける形で明示した次のような日米共同声明案を作成する。そこでは、「韓国の安全は、日本自身の安全の見地からも重大な関心事である」ことが明示化されるとともに、「日本としては台湾海峡の安全に大なる関心を払いつつ、中共との間は政経分離の方針で善処する」と記された。さらにベトナム戦争について、その和平を望むとともにインドシナ半島の復興と安定に努めることも表明される。(88)

さらに日本側は「一方的声明」についての新提案を米国側に手交している。ここでは、日本側が、韓国への攻撃は「日本の安全保障に深刻に影響する」ので、米軍の基地使用を事前協議で迅速に対処することが示された。また、台湾地域の安全保障も、日本の安全保障上「重大で緊急の関心のある問題」であるとの文言が追加される。もっとも、ここでは、台湾への攻撃は日本と地域の安全保障上危険だが、そのような状況は今日見られないという見通しも加えられている。(89)

当時、日本政府内では、韓国について「日本の安危に関るもの」として対処するべきだが、台湾については「中共に対する姿勢との関連において考慮すべき」で、より慎重に対応する必要があると考えられた[90]。愛知もマイヤーに対し、当時のニクソン政権の対中関係改善への動きを踏まえて、「米国の対中共態度は柔軟性を増やした如く、従って自分としても日米コミュニケで中共を余り刺戟することを避けたい」と述べ、韓国と区別する必要があると説明している[91]。

このように台湾や東南アジアをめぐって慎重な姿勢がとられたとはいえ、日米共同声明案や「一方的声明」案において、極東有事に対する日本政府の立場が明示化されたことは、日本の安全保障政策上、重要な意味を持っていた。韓国・台湾・ベトナムといった地域に対する姿勢を示したことで、日本政府は、日米安保条約の第六条「極東条項」に見られる、「極東」の地域安全保障システムとしての日米安保の機能を、公式に受け入れたことが示唆されたからである。これによって日本政府は、地域の安全保障のため、米国の軍事行動に協力することを政治的に約束し、米国の同盟国としての立場を明確化したのだった[92]。

その背景には、この時期、日本政府内、特に外務省内で、米国のアジア関与縮小が安全保障上懸念されており、米軍の在日基地使用に積極的に協力するべきだという議論がなされていたことが指摘できる。外務省内の外交政策企画委員会で作成された「わが国の外交政策大綱」でも、「最近の米国の介入縮小傾向と英国の撤退の方針」によって、今後もアジア地域は不安定だと予想され、米国のこの地域におけるプレゼンスを維持する必要性が訴えられた。しかも沖縄返還問題をめぐって、日本国内で「核抜き・本土並み」返還要求が高まっていることで、「返還時の基地の態様は沖縄米軍の極東における抑止力の相当の低下をもたらす」とも考えられた。それゆえ「このマイナスを最大限オフセットするため」、沖縄返還実現までに、日米安保体制や事前協議制度の「適正な運用」について、「強力な国内啓発」を行う必要があると論じられたのである[93]。

こうした中、米国政府内では、国務省を中心に、日本側の交渉姿勢を一定程度評価し、妥協するべきだという意見も提示される。八月末、スナイダー公使はキッシンジャー大統領補佐官に書簡を送り、沖縄返還交渉が「完全に袋小路に達した」と指摘し、もし交渉が決裂すれば、日本は「核兵器計画」か「モスクワや北京とのやりとり」の可能性があり、米国の利益と日米関係が損なわれると警告した。その一方で彼は、韓国や台湾が攻撃された場合に日本本土と沖縄の米軍基地の使用を認めるべく「日本の大衆を教育する大規模な意識的な努力」を日本政府が行っていると評価した。それゆえスナイダーは、今度は米国側が動く番だとして、沖縄から核兵器を撤去する用意をし、韓国・台湾・ベトナムに関する「戦闘作戦行動、核兵器のための緊急時の再持ち込みとトランジットの権利」を得るよう主張する。そして十一月の佐藤訪米時には、「グアム・ドクトリン」に基づき日米協力の進展を目指すべきだというのだった(94)。

マイヤー大使も、九月三日、同盟国との負担分担と米国のコミットメント維持とを同時に実現するという「グアム・ドクトリン」に基づいて「沖縄返還問題の相互に満足できる解決」を目指すべきだと主張している。ここでも、韓国・台湾における米軍の戦闘作戦行動のための基地使用についての日本側の対応が評価され、その一方で、核兵器問題については「らくだ(佐藤)の背中に、それが壊れる以上に荷物を負わせないように注意を払うべき」だと指摘したのである(95)。

これに対し軍部は、東京での沖縄返還交渉に不満を募らせていた。JCSは、戦闘作戦行動のための基地使用に関する日本側の保証は不十分であり、自由使用のためのより明確な文言が必要だと主張した(96)。またウォレン・G・ナッター(Warren G. Nutter)国防次官補は、一九七〇年代に日本が大国化し「独自路線」をとることで、すべての在日・沖縄米軍基地を撤去する可能性があると懸念している。それゆえ米国側は、基地維持のため、返還交渉で日本側に強い態度で臨む必要があるという点で、ジョン・S・マケイン（John S. McCain）太平洋軍司令官と一致した。(97)マケイン自身も、予算の制約や米軍の再編の中で、沖縄は「アジアにおける前方基地のキーストーン」として重要性を高めていると主張した。それゆえ沖縄基地の自由使用の制約は、米国の戦略を根本的に再検討せざる得なくなると警告したのである。(98)

このように米国政府内では国務省と軍部が引き続き対立する中、九月初頭、訪米した愛知とロジャーズとの間で会談が行われ、日米共同声明における戦闘作戦行動のための基地使用に関する文言をめぐって、大きな進展が見られる。すなわち、日本の安全保障上、韓国の安全保障は「緊要」であり、台湾の安全保障は「重要な要素」であるという文言が合意された。特に台湾への文言について、日本側は、その表現を強めることへの米国側の要求を受け入れる一方、ロジャーズは、「台湾については韓国と同じ文言としないことの必要性は理解した」と述べ、日本側の文言案を受け入れたのだった。(99)

より困難だったのは、ベトナムについてだった。前述のように米国側は、ベトナム戦争のため、沖縄基地からの出撃を重視していたが、日本側は、ベトナムへの沖縄からの出撃を事前協議で認めることは困難だと考えていた。結局、愛知訪米では、ベトナム戦争が継続していた場合の扱いについては、返還時に日米で協議するという点で妥協が図られる。その際、返還時期となる一九七二年には、ベトナム和平は実現しているだろうと日本政府内では考えられた。(100)

一方、核兵器問題については日本側にとって見通しは厳しいままだった。ロジャーズとの会談で愛知は、核兵器問題について、「事前協議制度に関する米国政府の立場を害することなく」という新たな文言を挿入した日米共同声明案を提示する。日本側は、有事の際には核兵器の持ち込みもあり得ることを公に認めることで、沖縄からの核兵器撤去について米国側を説得しようとしたのである。(101)しかし、米国側は明確な回答を避け、進展は見られなかった。(102)

2　沖縄返還交渉の妥結

日米交渉では、九月の愛知訪米で戦闘作戦行動のための基地使用問題について大枠の合意ができたものの、核兵器問題は依然として手が付けられていなかった。こうした膠着状況を打開すべく、外務省内では、核兵器について「返還後の有事持込の扱方について我方としても考へて置く必要がある」とされている(103)。

このように、秘密取り決めを回避するという日本側の方針は、徐々に後退を迫られていく。「朝鮮議事録」の廃止についても、外務省はこの頃、対米交渉の重点を核兵器問題に集中するため、これ以上取り上げないという方針を固めている(104)。また米国側も、日本側に対して「朝鮮議事録」の問題を提起しないことが望ましいと考えていた(105)。

こうした中、佐藤の「密使」として訪米した若泉敬に対し、一九六九年九月二十七日、キッシンジャーは、繊維問題と核兵器問題という二枚のペーパーを提示する。特に核兵器に関するペーパーは、キッシンジャーによれば、アール・G・ホイーラー（Earle G. Wheeler）JCS議長に「軍として最小限必要な条件」を出させたもので、「緊急事態に際し、事前通告をもって核兵器を再び持ち込むこと、および通過させる権利」の他、核兵器を使用するため嘉手納や辺野古など貯蔵庫の保持が記されていた。キッシンジャーは、ニクソン大統領としても軍部の要求を無視できないため、「これをなんらかのきちんとした形で保証してくれなければ、沖縄の返還に応じることはできない」と、そのペーパーの条件を受け入れるよう要求する(106)。

帰国した若泉の報告を聞き、佐藤は衝撃を受けた。しかし佐藤は、事態の打開のため、十月二十七日、若泉に対し、「ニクソンがどうしても、それが必要だというのなら、会談の記録をまとめたものにして、それにサインしてもいい」と伝える。十一月六日には、有事における核兵器の再持ち込みについて、極秘に「合意議事録」を作成し、日米両首脳がサインするという若泉の提案を、佐藤は受け入れた。さらに日米共同声明についても、できるだけ明確に核兵器の撤去を示すような文言を挿入するよう、佐藤は若泉に依頼したのである。(107)

一方、佐藤訪米が近づく中、米国政府内では対立が強まっていた。十一月五日、JCSは、日本側が提案する戦闘作戦行動についての日米共同声明と日本側による「一方的声明」の文言は、返還後の沖縄米軍基地の自由使用について十分な保証ではないとして、「機密の保証」を要求した。また沖縄から核兵器が撤去される場合は、「緊急時の貯蔵とトランジットの権利について、機密の合意」が必要だと主張している。(108)

これに対し国務省は、日米共同声明と佐藤による「一方的声明」は、戦闘作戦行動について、沖縄基地の自由使用を完全には認めていないとはいえ「日本本土の米軍基地に関してかなりの前進を示している」と、日本側の対応を概ね評価した。(109)その上で、核兵器については、もし米国側が核兵器の貯蔵は必要だと結論付ければ、佐藤は訪米にも消極的になり、それは日本の首相にとって政治的自殺になってしまうと指摘した。(110)

このような米国政府内の対立のため、キッシンジャーは、ホワイトハウスが対日交渉を主導する必要があると考えていた。(111)それゆえキッシンジャーにとって、若泉とのチャネルは、自らが交渉を主導し、政府内の調整を進める上で重要な意義を持っていた。キッシンジャーと若泉は、十一月十日から十二日にかけて、核兵器問題をめぐる「合意議事録」の作成と日米共同声明の文言を協議し、合意に至る。「合意議事録」では、有事における核兵器の沖縄への再持ち込みと通過の米国側の要請に対し、日本側が事前協議で「遅滞なくそれらの要件を満たす」ことが記され、佐藤とニクソンがこれに署名することになった。(112)

若泉との交渉を終えたキッシンジャーは、直ちに米国政府内の意見対立の調整にとりかかった。ここで重要なことは、彼がその過程で国務省の立場を重視したことである。十一月十三日、キッシンジャーは、ジョンソン国務次官に議会説明用のペーパーを提出するよう指示すると同時に、軍部の反応を懸念するジョンソンに対し、彼らを説得するとの意向を示し、「自分はいつも国務省をいじめるわけではない」と述べている。[113] この後、キッシンジャーは、メルヴィン・レアード（Melvin Laird）国防長官及びホイーラーJCS議長と協議し、日米共同声明とその議会への説明への支持を取り付けた。[114] このように、沖縄返還問題において、キッシンジャーは、国務省の立場にたって若泉とのチャネルを通して交渉を主導し、軍部の要求を抑え込んだのである。

その理由は、キッシンジャーとその背後にいるニクソンが、アジア戦略の再編を実施する上で、沖縄返還問題解決による日米関係の安定を必要としていたからだった。彼らは、有事の際の核兵器持ち込みの権利を確保しつつも、日本側の立場にも配慮しながら沖縄返還を合意することは、「グアム・ドクトリン」を推進する上で不可欠だと考えていた。キッシンジャーは十一月十八日、ニクソンに対し、対日関係強化の重要性を強調すると同時に、戦闘作戦行動のための基地使用について、「現在我々が有している保証は十分であり、佐藤は彼が公的声明でできる限りのところまでいった」と、日本側の対応を評価した。[115] 同時に、「軍事大国として独自に進もうとする日本国内の増大するナショナリスティックな動き」を抑制する上でも、対日関係強化が必要だと考えられたのである。[116]

こうした中、屋良琉球政府主席が上京し、沖縄県民の日本復帰への要望を訴えるとともに、「基地反対」「安保反対」の姿勢を伝えている。十一月八日に会談した愛知外相は、沖縄県民の気持ちを理解していると述べた上で、「沖縄の基地は、整理縮小し、最終的には撤去されるものと思う」と伝えた。しかし十日に会談した佐藤は、「主席の口から安保反対が出ては困った」との考えを示し、保利官房長官も「安保堅持で日本は栄えているから、その中に沖縄を迎えたい」と強調している。[117] このように、米軍基地や日米安保をめぐって佐藤と屋良の認識には大きな相違があった。

十一月十九日から二十一日、訪米した佐藤とニクソンが会談し、沖縄返還が合意される。十九日の会談で佐藤は、「沖縄返還後の安全保障を考えるにあたっては、沖縄が現在、日本の安全を含めアジアの安全保障に重要な役割を果たしていることを十分ふまえて行く」と伝えている。これに対しニクソンも、沖縄基地が日本とアジアの防衛上重要だと指摘した。その上でニクソンは、中国との関係改善のためには、「自由アジア」の強化が必要であり、そのためにも日米関係の強化が「top priority goal」だと政権内で考えられていると強調している。[118]

二十一日に発表された日米共同声明では、表向き「核抜き・本土並み」での沖縄返還が合意された。また、日本の安全保障上、韓国・台湾の安全保障はそれぞれ「緊要」「きわめて重要な要素」であることが明記され、ベトナムについても、沖縄返還時にも戦争が継続している場合は日米が協議することとされた。[119] これらがいわゆる「韓国条項」「台湾条項」「ベトナム条項」である。同日、佐藤はナショナル・プレス・クラブで演説し、韓国に対する武力攻撃が発生した際には、在日米軍基地の使用について事前協議で「前向きに、かつすみやかに態度を決定する」との方針を示し、台湾地域の平和維持も日本の安全保障上重要な要素だと言及する。もっとも台湾については、有事の可能性について「幸いにしてそのような事態は予見されない」という留保が付いた。[120] 十一月十九日には、佐藤とニクソンとの間で核兵器持ち込みをめぐる「合意議事録」も調印されている。

ニクソン政権にとって、沖縄返還合意は、対日政策のみならず、アジア戦略の中でも重要だった。ニクソン政権は、沖縄返還合意後、在韓米軍削減や対中関係改善への動きを本格化させる。ニクソンは、十一月二十四日、在韓米軍削減を実施する計画をまとめるよう指示する。[121] また、一九七〇年一月のワルシャワでの米中大使級会談に向けて、米国政府内では、関係改善への意思を伝えるために、台湾海峡への米艦隊のパトロール停止や、ベトナム戦争の進展次第で在台米軍を削減することなどが考えられている。その上で、沖縄の「核抜き」返還は、台湾での米

軍増強や核兵器配備を伴わないと伝えることも提起されたのである。(122)

おわりに

ここまで見たように、沖縄返還は、一九六〇年代末から開始された米国のアジア戦略の再編と密接にかかわっていた。

一九六七年十一月の佐藤訪米では、沖縄返還問題は、日米交渉の俎上に上ったものの、この時点では、返還時期や返還方式は未確定だった。しかし、一九六八年の国際情勢の変動やそれに伴う米国の戦略見直しの開始、日本・沖縄の情勢悪化によって、米国政府内では、沖縄返還は不可避と認識されるに至った。

米国政府にとって沖縄返還合意は、日米関係の安定化とともに、アジア戦略の再編を進める布石としての意義を有していた。米国政府内では、沖縄返還による在日・沖縄米軍基地の安定的維持は、在韓米軍削減や対中関係改善を進める上で前提とされていたのである。また、米国政府にとって沖縄返還合意は、経済力を増大させる日本との同盟関係の維持・強化という点でも地域的意義を有していた。沖縄返還によって、日本との負担分担を促進するとともに、国内でナショナリズムが高まる日本が核武装を含め独自路線に進まないよう統制することは、米国のアジア戦略上重要だったのである。

一方、日本政府は、国内世論だけでなく、米国政府のアジア戦略の見直しをにらみながら沖縄返還交渉に取り組んだ。国内世論が「核抜き・本土並み」返還を求める一方で、外務省は、ベトナム戦争後の米国のアジア関与縮小を懸念し、そのためできるだけ沖縄米軍基地の自由使用を認めた上で沖縄返還問題を解決しようとする。結局、佐藤首相の主導によって、日本政府は、沖縄米軍基地の軍事的役割を相対的に低下させつつ、「核抜き・本土並み」返還の実現に取り組む。その際、一方では、米国の戦略見直しによるアジアの緊張緩和の進展が期待されるとともに、他方では、「韓国条項」「台湾条項」の明示など、在日基地の使用を保証することで、地域安全保障上の責任を担う姿勢を示し、米国のアジア関与縮小を阻止することが目指された。後者の点については、日本政府が地域安全保障上、自らの行動を伴う新たな義務や責任を負うことを意味するものではなく、沖縄返還実現の「代償」にすぎなかったとの見方も存在する[123]。しかし、日本による地域安全保障への関与という当事者の意識・認識という点で、沖縄返還は、日本の安全保障政策における重要な転機だったといえる。

こうして日米両政府は沖縄返還に合意したが、交渉過程において、沖縄米軍基地の規模の問題は全く議論にならなかった。とはいえ、米国政府は、冷戦戦略の見直しを進める一環として海外の軍事プレゼンスの縮小を検討し始めており、その中で沖縄米軍基地の縮小が取り上げられていた。また佐藤も、沖縄返還とともに沖縄の米軍基地を縮小する必要があると考えていた。それゆえ、この時点では、沖縄米軍基地のほとんどが維持されることは、決して自明ではなかったのである。

注

(1)　ニクソン政権の外交政策については、Fredrik Logevall and Andrew Preston (eds), *Nixon in the World: American Foreign Relations, 1969-1977*, Oxford University Press, 2008 など。

(2)　中島『沖縄返還と日米安保体制』第一章第一節・千田恒『佐藤内閣回想』中公新書、一九八七年など。また、一九六七年の佐藤訪米までの沖縄返還問題の展開については、野添文彬「一九六七年沖縄返還問題と佐藤外交」『一橋法学』第十巻一号、二〇一一年。

(3)　朝日新聞安全保障問題調査会『朝日市民教室「日本の安全保障」第六巻　アメリカ戦略下の沖縄』朝日新聞社、一九六七年、一一―二八頁・久住忠男「極東の防衛と沖縄施政権返還の可能性について」一九六五年四月十二日、沖縄問題解決促進協議会研究資料、床次徳二関係文書、東京大学法学部近代日本法政史料センター。

（4）Reference Section, Historical Branch, History and Museums Division Headquarters, US Marine Corps, *The 3D Marine Division and its Regiments*, 1983, p.5

（5）A-841 from Tokyo to State, Dec 18, 1964, National Security Archive (ed), *Japan and the United States: Diplomatic, Security, and Economic Relations 1960-1976*, ProQuest Information and Learning, 2000[NSA], JU00375.

（6）「第一回ジョンソン大統領、佐藤総理会談要旨」日付なし、外務省外交記録A'-444、第二一回公開、外務省外交史料館・Memorandum of Conversation, Jan 12, 1965, *Foreign Relations of United States 1964-1968 Volume XXIX Japan*, GPO, 2006 [*FRUS 1964-1968 vol. XXIX Japan*], pp.75-78, doc. 42.

（7）東郷文彦『日米外交三十年―安保・沖縄とその後』中公文庫、一九八九年、一二五頁。

（8）北米局「施政権返還に伴う沖縄基地の地位について」一九六七年八月七日、「いわゆる『密約』問題に関する調査結果」その他関連文書（以下、関連文書）三―九。

（9）三木大臣発在米下田大使宛第二三〇二号「沖縄小笠原問題（総理との打合せ）」一九六七年八月九日、関連文書三―一一。

（10）宮里前掲書、二四九―二六〇頁など。

（11）Action Memorandum From the Assistant Secretary of State for East Asian and Pacific Affairs (Bundy) to Secretary of State Rusk, Aug 7, 1967, *FRUS 1964-1968, vol. XXIX, Japan*, pp.189-190, doc.91.

（12）Memorandum From the Joint Chiefs of Staff to Secretary of Defense McNamara, July 20, 1967, *FRUS 1964-1968, vol. XXIX Japan*, pp. 184-186, doc.89.

（13）大浜信泉『私の沖縄戦後史―返還秘史』今週の日本社、一九七一年、八一頁。

（14）若泉敬『他策ナカリシヲ信ゼムト欲ス』文芸春秋、一九九四年、三一・三四・七九頁。

（15）Cable from Rostow to Rusk, Nov 11, 1967, NSA, JU00827.

（16）「一九六七年十一月十四日および十五日のワシントンにおける会談後の佐藤栄作総理大臣とリンドン・B・ジョンソン大統領との間の共同コミュニケ」『外交青書』一二号、一二一―一二六頁。

(17) 河野前掲書、二五七頁・中島『沖縄返還と日米安保体制』七四頁。
(18) 中島敏次郎（井上正也・中島琢磨・服部龍二編）『外交証言録―日米安保・沖縄返還・天安門事件』岩波書店、二〇一二年、七一頁・COEオーラル政策研究プロジェクト『本野盛幸オーラルヒストリー』政策研究大学院大学、二〇〇五年、一二九頁。
(19) 中野好夫編『戦後資料沖縄』日本評論社、一九六九年、六六〇頁。
(20) Walter Poole, *The Joint Chief of Staff and National Policy 1965-1968, History of Joint Chief of Staff*, Office of Joint History, 2012, p.251.
(21) 菅英輝「冷戦の終焉と六〇年代性―国際政治史の文脈において」『国際政治』第一二六号、二〇〇一年。
(22) John L. Gaddis, *Strategies of Containment: A Critical Appraisal of American National Security Policy During the Cold War*, Oxford University Press, 2005, p.296.
(23) 李東俊『未完の平和―米中和解と朝鮮問題の変容』法政大学出版局、二〇一〇年、四二―五〇頁。
(24) 一九六八年の日米関係については、玉置敦彦「ジャパン・ハンズ―変容する日米関係と米政権日本専門家の視線、一九六五―六八年」『思想』一〇一七号、二〇〇九年。
(25) U・アレクシス・ジョンソン（増田弘監訳）『ジョンソン大使の日本回想―二・二六事件から沖縄返還、ニクソン・ショックまで』草思社、一九八九年、二〇六―二〇七頁。
(26) 北米局「外務大臣訪米の際の安全保障及び沖縄、小笠原問題に関する協議について」一九六七年九月二十日、関連文書三―一五。
(27) 東郷前掲書、一四一―一四二頁。
(28) アメリカ局長「沖縄の基地の地位について」一九六八年八月六日、関連文書三―二八。
(29) 一九六八年の沖縄返還問題をめぐる日本本土と沖縄の政治状況については、中島『高度成長と沖縄返還』一五〇―一七三頁。
(30) 米北長「大臣（沖縄問題）ブリーフメモ」一九六八年八月十五日、「日米関係（沖縄返還）十九」外務省外交記録H22-021、外務省外交史料館。
(31) 「沖縄継続協議に関する大臣の考え」一九六八年五月十八日、関連文書三―二〇。
(32) 『毎日新聞』一九六八年四月二日朝刊。
(33) State247669, Oct 1, 1968, 石井修・我部政明・宮里政玄監修『アメリカ合衆国対日政策文書集成一二期 第四巻』（以下『集成一二

一四』のように略記）柏書房、二〇〇三年、一七八―一七九頁。
（34）屋良朝苗『屋良朝苗回顧録』朝日新聞社、一九七七年、一〇二―一〇三頁。
（35）Memorandum From Alfred Jenkins of the National Security Council Staff to the President's Special Assistant (Rostow), Nov 11, 1968, *FRUS 1964-1968, vol. XXIX, Japan*, pp.307, doc.135.
（36）Memorandum From the Country Director for Japan (Sneider) to the Assistant Secretary of State for East Asian and Pacific Affairs (Bundy), Dec 24, 1968, *FRUS 1964-1968, vol. XXIX , Japan*, pp.310- 313, doc.138.
（37）Memorandum for the Secretary of Defense from John McConnell, "Okinawa Bases and Forces", Feb 12, 1969, Records of Chairman, (Gen) Earl G. Wheeler, Box 34, RG218, National Archives, College Park, Maryland[NA].
（38）"US POLICY FOR EAST ASIA AND THE PACIFIC", Dec, 1968, Policy Planning Council, Director's Files (Winston Lord) 1969-1977, Box 335, RG59, NA.
（39）Memorandum from Leslie H. Gelb, "Asian Planning Paper", Feb 6, 1969, ibid.
（40）CINCPAC, *Command History 1968*, p. 70.
（41）川名前掲論文、一六―二〇頁；吉田前掲書、一四〇―一四八頁。
（42）Memorandum for the Secretary of Defense from Department of Defense. Assistant Secretary for Systems Analysis, "U.S. Bases and Forces in Japan and Okinawa", Dec 2, 1968, National Security Archive, *Japan and the United States: Diplomatic, Security and Economic Relations Part3, 1961-2000*, ProQuest Information and Learning, 2012 [NSA III], JT00051.
（43）Memorandum from Clifford to Secretaries of the Military Departments [et al.], "U.S. Bases and Forces in Japan and Okinawa", Dec 6, 1968, NSA III, JT00053.
（44）川名前掲論文、二四―二五頁。
（45）CINCPAC, *Command History 1968*, pp. 71-78.
（46）Poole, *The Joint Chief of Staff and National Policy 1965-1968*, p.248.
（47）外務省アメリカ局「沖縄行政主席選挙後の諸問題」一九六八年十一月六日、外務省外交記録 H22-011、外務省外交史料館。
（48）外務省アメリカ局北米課・アメリカ局安全保障課・経済局米国カナダ課「米国大統領選挙後の日米関係」一九六八年十月二十九

日、外務省外交記録 H22-011、外務省外交史料館。
(49) Memorandum for the President from Kissinger, "US Military Posture", Oct 2, 1969, National Security council Institutional File [NSCIF], Box H-101, Nixon Presidential Library and Museum, Yoba Linda, California [NPL].
(50) ヘンリー・A・キッシンジャー（斎藤弥三郎訳）『キッシンジャー秘録 第一巻 ワシントンの苦悩』小学館、一九七九年、二九一頁。
(51) 合六強「ニクソン政権と在欧米軍削減問題」『法学政治学論究』第九二号、二〇一二年・Gaddis, *Strategies of Containment*, pp. 295-296.
(52) National Security Study Memorandum, "Japan Policy", Jan 21, 1969, NSA, JU01041.
(53) Report, NSSM 5: Japan Policy, April 28, 1969, NSA, JU01061.
(54) National Security Decision Memorandum 13, "Policy toward Japan", May 28, 1969, NSA, JU01074.
(55) Draft Study Prepared by the Ad Hoc Interdepartmental Working Group for Korea, May 2-June 11, 1969, *FRUS, 1969-1976, vol. XXIX, Part 1, Korea*, 2000, Doc 26, pp. 53-65.
(56) Memorandum from the President's Assistant for National Security Affairs(Kissinger) to President Nixon, *FRUS 1969-1972, vol. XVII, China*, 2006 doc.6, pp. 10-17.
(57) NSC Review Group Meeting, "US China Policy; Nuclear Planning Group Issues", May 15, 1969, NSCIF, Box-H-111, NPL.
(58) アメリカ局長「安保条約に関する当面の問題」一九六八年十二月一日、外務省外交記録 H22-021、外務省外交史料館。
(59) アメリカ局長「沖縄返還問題の進め方について」一九六八年十二月一日、関連文書三―三五。
(60) 米局長「総理との打合せ」一九六八年十二月七日、関連文書三―三六・アメリカ局長「一九六九年佐藤総理・ジョンソン大統領会談に亘る沖縄返還問題」二二一―二二三頁。
(61) 楠田實編『佐藤政権・二七九七日 上』行政問題研究所、一九八三年、三六〇―三六一頁。
(62) A-2329, Tokyo to State, "Okinawa: Prime Minister Sato's Views", Dec 13, 1968,『集成 一二―一〇』一三六―一五〇頁。
(63) 米局長「下田大使総理報告の件」一九六九年一月六日、外務省外交記録 H22-021、外務省外交史料館。
(64)『朝日新聞』一九六九年一月一日朝刊。

(65) 米局長「下田大使総理報告の件」一九六九年一月六日。
(66) 楠田實（五百旗頭真、和田純編）『楠田實日記』中央公論新社、二〇〇一年、三〇八―三〇九頁。
(67) 『朝日新聞』一九六九年一月一日朝刊。
(68) 若泉前掲書、二七八―二七九頁。
(69) 「沖縄基地問題研究会報告書」一九六九年三月八日、岡倉古志郎・牧瀬恒二編『資料沖縄問題』労働旬報社、一九六九年、五三六―五四一頁。
(70) 『朝日新聞』一九六九年十二月十一日朝刊。
(71) 『朝日新聞』一九六九年四月一日朝刊。
(72) 若泉前掲書、三一九頁。
(73) 米北一「愛知大臣・米議員団懇談概要」一九六九年二月十一日、外務省外交記録H22-021、外務省外交史料館・栗山尚一（中島琢磨・服部龍二・江藤名保子編）『外交証言録―沖縄返還・日中国交正常化・日米「密約」』岩波書店、二〇一〇年、七四―七五頁。
(74) Tokyo03156, "Okinawa/Aichi's Plans for Kicking off Negotiations", Apr 23, 1969, 石井修・我部政明・宮里政玄監修『アメリカ合衆国対日政策文書集成一四期 第三巻』（以下『集成一四―三』のように略記）柏書房、二〇〇三年、二一〇―二一一頁。
(75) （外務大臣訪米用資料）アメリカ局「大臣、国務長官会談発言要領（案）」一九六九年五月二六日、関連文書三―六八。
(76) 波多野前掲書、二二二―二二五頁。
(77) 下田大使発愛知外務大臣宛第一七二三号「大臣・国務長官第二次会談」一九六九年六月四日、関連文書三―七二・北米一長「大臣・国務長官第二次会談要旨（追加）」一九六九年六月五日、関連文書三―七三。
(78) 米局長「外務大臣訪米随行報告」一九六九年六月七日、関連文書三―七五。
(79) "Under Secretary Richardson's Presentation-NSC Meeting on Korea-August 14, 1969,, Aug 14, 1969, National Security Archive (ed), *US and the Two Koreas*, KO00073.
(80) Interagency Analysis, "Korea Program Memorandum (Draft), Volume I", July 01, 1969, *US and Two Koreas*, KO00052.
(81) National Intelligence Estimate, "The Outlook in South Korea", July 17, 1969, *US and Two Koreas*, KO00057.
(82) NSSM14, "US China Policy", Aug 8, 1969, NSIF, Meeting Files, Box H-023, NPL.

（83）Ibid.
（84）米北一長「東郷・スナイダー会談（八月二一日午後）」一九六九年八月二十一日、関連文書三―八四。
（85）米北一長「東郷・スナイダー会談（八月二〇日）」一九六九年八月二十日、関連文書二―一八二。
（86）中島『沖縄返還と日米安保体制』参照。
（87）米北一長「沖縄返還問題に関する愛知大臣・マイヤー大使会談」一九六九年七月十日、「いわゆる『密約』問題に関する調査結果」報告対象文書（以下、対象文書）二―四・「米側質問Ⅱに関する見解」一九六九年七月十二日、関連文書二―一七一・米北一長「沖縄返還問題に関する愛知大臣・マイヤー米大使会談」一九六九年七月十七日、対象文書二―五。
（88）アメリカ局長「共同声明案」一九六九年八月九日、関連文書三―八〇。
（89）Tokyo06935, "Okneg No. 2- Text of Sato Unilateral Statement", Aug 23, 1969,『集成一四―四』二八三―二八四頁。
（90）北米参「基地研究会報告」一九六九年八月二十一日、外務省外交記録H22-021、外務省外交史料館・中島『外交証言録』一〇二頁・栗山前掲書、八六―八七頁。
（91）米北一長「愛知大臣・マイヤー大使会談（沖縄返還問題）」一九六九年八月二十八日、関連文書三―八六。
（92）栗山尚一「沖縄返還―戦後の終わり（三）戦後日本外交の軌跡三一」『アジア時報』二〇一〇年九月号、九一頁・栗山前掲書、七五頁。
（93）外務省外交政策企画委員会「わが国の外交政策大綱」一九六九年九月二十五日、外務省開示文書。
（94）Memorandum for Kissinger from Sneider, "Current Status of Negotiation", Aug 30, 1969, National Security Council File [NSCF] Name Files, Box 834, NPL.
（95）Tokyo07141, "As Okinawa Goes So Goes Japan", Sep 2, 1969, NSA, JU01114.
（96）Cover Sheet, "Okinawa Reversion Negotiations", Sep 11, 1969, NSA, JU01121.
（97）Cable from McCain to Wheeler, Oct 19, 1969, Records of Chairman, (Gen) Earl G. Wheeler, Box 34, RG218, NA.
（98）Cable from McClain to Wheeler, Nov 13, 1969, ibid.
（99）下田大使発愛知外務大臣宛第二八五七号「大臣・国務長官会談」一九六九年九月十二日、関連文書三―九七・State157065, "Meeting with Aichi on Okinawa Negotiations", Sep 16, 1969,『集成一四―五』一三四―一四一頁。

(100) 若泉前掲書、三三二頁・栗山前掲書、八五頁。

(101) 作成者不明「九月十一日大臣打合」日付不明、関連文書三—九五・栗山前掲書、七〇—七一頁。

(102) 下田大使発愛知外務大臣宛第二八五七号「大臣・国務長官会談」一九六九年九月十二日、関連文書三—九七・State157065, “Meeting with Aichi on Okinawa Negotiations”, Sep 16, 1969,『集成一四—五』一三四—一四一頁・栗山前掲書、八六—八七頁。

(103) 米局長「外務大臣訪米報告」一九六九年九月十五日、関連文書三—九八。

(104) 愛知外務大臣発吉野臨時代理大使宛第二三一八号「沖縄問題」一九六九年十一月五日、報告対象文書二—七。また、波多野前掲書、二七三頁。

(105) State185778, “Okinawa Negotiations-Korea Minute”, Nov 3, 1969,『集成一四—七』七—八頁。

(106) 若泉前掲書、三四九—三五八頁。

(107) 若泉前掲書、三八六—三八九・三九七—三九九頁。

(108) JCS2180-245, Report by the J-5 to the Joint Chief of Staff, “Okinawa-Draft Communiqué”. Nov 5, 1969, Center of Military History, Background Files to the study, “History of Civil Administration of Ryukyu Islands”, Box1, RG319, NA.

(109) Memorandum for the President from Rogers, “Sato Visit-Main Issues”, Nov 1969, NSA, JU01153.

(110) Memorandum for the President from Rogers, “Okinawa Negotiations”, Oct 8, 1969,『集成一四—六』一一—一四頁。

(111) Memorandum for the President, “Secret Negotiations with the Japanese on US Nuclear Access to Post-Reversion Okinawa and Textiles”, Nov 13, 1969, NSCF, Alexander M. Haig Chronological Files, Box 959, NPL.

(112) 若泉前掲書、四一八—四三六頁。

(113) Memorandum of Telephone Conversation, Nov 13, 1969, National Security Archive (ed), *Kissinger Telephone Conversations*, KA 01567.

(114) Memorandum of Telephone Conversation, Nov 17, 1969, *Kissinger Telephone Conversations*, KA01600・Memorandum of Telephone Conversation, Nov20, 1969, *ibid*, KA01630・Memorandum of Telephone Conversation, Nov 20, 1969, *ibid*, KA01633・ジョンソン前掲書、二七三頁。

(115) Memorandum for the President from Henry A. Kissinger, “Your Meetings with Prime Minister Sato”, Nov 18, 1969, 石井修監修

『アメリカ合衆国対日政策文書集成二〇期 第三巻』（以下『集成二〇―三』のように略記）柏書房、二〇〇七年、六六―六九頁。

(116) Memorandum from Henry A. Kissinger to the President, "Meeting with Prime Minister Sato", undated, 『集成二〇―二』七四―七九頁。

(117) 琉球新報社編『一条の光―屋良朝苗日誌』琉球新報社、二〇一五年、二九四―二九六頁。

(118) 「佐藤総理・ニクソン大統領会談」一九六九年十一月十九日、『楠田實日記』七七四―七七九頁・Memorandum of Conversation, Nov 19, 1969, 『集成第二〇―二』一四三―一五三頁。

(119) 「佐藤栄作総理大臣とリチャード・M・ニクソン大統領との間の共同声明」一九六九年十一月二十一日、データベース「世界と日本」。

(120) 「ナショナル・プレス・クラブにおける佐藤栄作内閣総理大臣演説」一九六九年十一月二十一日、同上。

(121) Memorandum from the President to HAK, Nov 24, 1969, *US and Two Koreas*, KO00081.

(122) Intelligence Note from George C. Denny to the Secretary, "Communist China: Peking and the Warsaw Talks", Dec 23, 1969, Subject Numeric Files 1967-1969, Box 1962, RG 59, NA.

(123) 中島信吾「佐藤政権期の安全保障政策の展開」波多野編前掲書、一七二頁・田中前掲書、二二八頁。

第二章　沖縄返還実現と米軍基地縮小問題　一九七〇～七二年

はじめに

前章で述べたように、沖縄返還合意に至る日米交渉では、沖縄米軍基地について、「核抜き・本土並み」といった返還後のあり方が主要な論点となる一方で、その整理縮小については、議論の対象にならなかった。しかし、一九七〇年以降開始された沖縄返還協定交渉において、米軍基地の整理縮小が日米間の議題となる。ところが、沖縄返還によっても巨大な沖縄米軍基地の存在にあまり変化はなかった。復帰の時点で沖縄に残された米軍基地の面積は、依然として沖縄の県土面積の一二・六％、日本全国における米軍基地面積の約五九％を占めたのである(1)。

この時期、ニクソン政権によるアジア戦略の見直しによって、海外における米軍プレゼンスの再編が進められた。その結果、ベトナムの他、韓国やフィリピン、日本本土では米軍の兵力が削減された。それにもかかわらず、沖縄では、米軍の兵力の削減は進まなかった（図6参照）。

以上の点を踏まえて本章では、沖縄返還実現までの時期において、日米両政府によって沖縄米軍基地がどのように扱われたのかを検討する。

一　「ニクソン・ドクトリン」の実施

1　在日米軍再編計画

米国のニクソン政権は、一九七〇年に入って、冷戦戦略の再編を次々に実行していった。一月には、米中大使級会談がワルシャワで行われ、米中関係改善への試みが進展した。二月には、ニクソン大統領は、これまで「グアム・ドクトリン」と呼ばれてきた対外関与の抑制と同盟国への負担分担の政策方針を、「ニクソン・ドクトリン」として公式化する。その一環として、三月二十日、ニクソン政権は、一九七一年終わりまでに二万人の在韓米軍を削減するというNSDM48を決定する。(2)こうして、一九六九年から一九七二年の間に、南ベトナムから約四七万人（主に陸軍・海兵隊）、韓国から約二万人（主に陸軍）、フィリピンから約一万人（主に海・空軍）の米軍が撤退した。(3)

「ニクソン・ドクトリン」は日本にも適用され、在日米軍の再編が進められた。十二月の日米安全保障協議委員会（SCC）では、三沢・横田・横須賀・厚木・板付の米軍基地の閉鎖と、当時の在日米軍兵力の三分の一にあたる一万二〇〇〇人の撤退といった在日米軍再編計画が合意される。(4)これによって、日本本土の米軍実戦部隊はほとんどいなくなった。

その一方で沖縄については、米軍部は、「ニクソン・ドクトリン」や米国の国防予算の制約などによって米軍の海外プレゼンスが削減される中にあっても、西太平洋における米軍の主要な作戦・兵站基地であり続け、返還後も基地に変化はないと考えていた。第二次世界大戦以降、米軍は沖縄に巨大な出撃及び兵站基地を構築し、アジアにおける米国の防衛計画はこれらの沖縄米軍基地を使用することを前提としていたからである。米太平洋軍は、施政権返還と

図6 1968～1972年のアジアにおける米軍の兵員数の推移

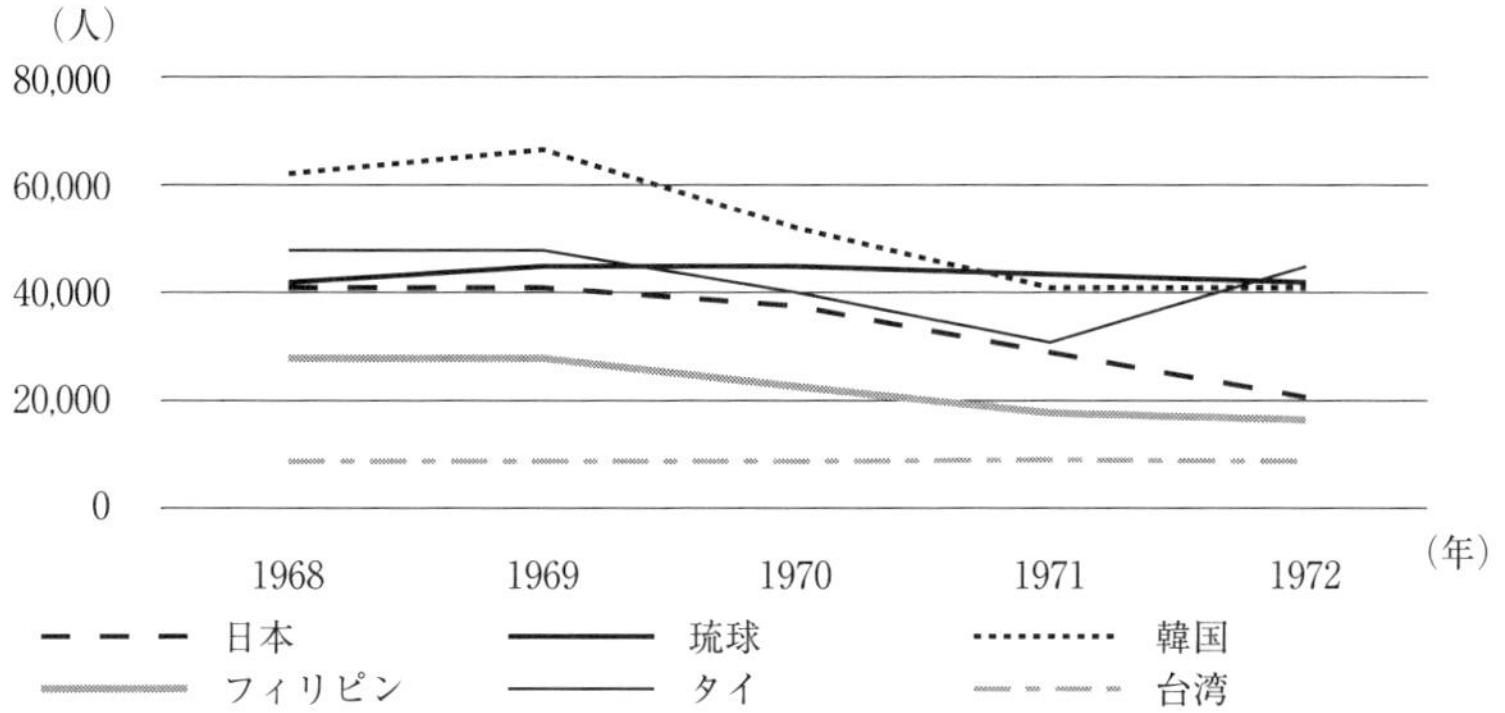

出典：Department of Defense, *Active Duty Military Personnel*より著者作成.

ともに自衛隊が沖縄防衛を引き受けるため、いくつかの施設が自衛隊に移管される必要があることは認めていた。しかし、地域防衛のための戦闘即応兵力とそれに必要な兵站支援の部隊など、地域防衛能力を維持しようとしていたのである。(5)

実際、沖縄の米軍は、一九六九年以降、ベトナムを含めアジア地域からの米軍の撤退によって、むしろ強化されることになった。前述の一九七〇年の在日米軍再編計画では、米空軍のF－4戦術飛行大隊が三沢基地と横田基地から韓国と沖縄の嘉手納基地に移転することになり、沖縄は日本本土の米軍基地縮小のしわ寄せを受ける。マイヤー駐日大使も愛知揆一外相に対し、在日米軍再編計画によっても沖縄の米軍プレゼンスの重要性は変わらないと強調している。(6)

沖縄で特に増強されたのは、海兵隊である。一九六九年七月から八月にかけて第九海兵連隊がキャンプ・シュワブへ、十一月に第三海兵師団司令部がキャンプ・コートニーへ、同時期、第四海兵連隊がキャンプ・ハンセンへ、一九七一年八月には第一二海兵連隊がキャンプ・ヘーグへ、それぞれベトナムから沖縄に配備される。(7) 一九六九年十一月には、第一海兵航空団を構成する第三六海兵航空群が、ベトナムから撤退し普天間基地へ配備された。(8) 一九七一年四月には、第三海兵水

図7 1967～1972年の在沖海兵隊の兵力の推移

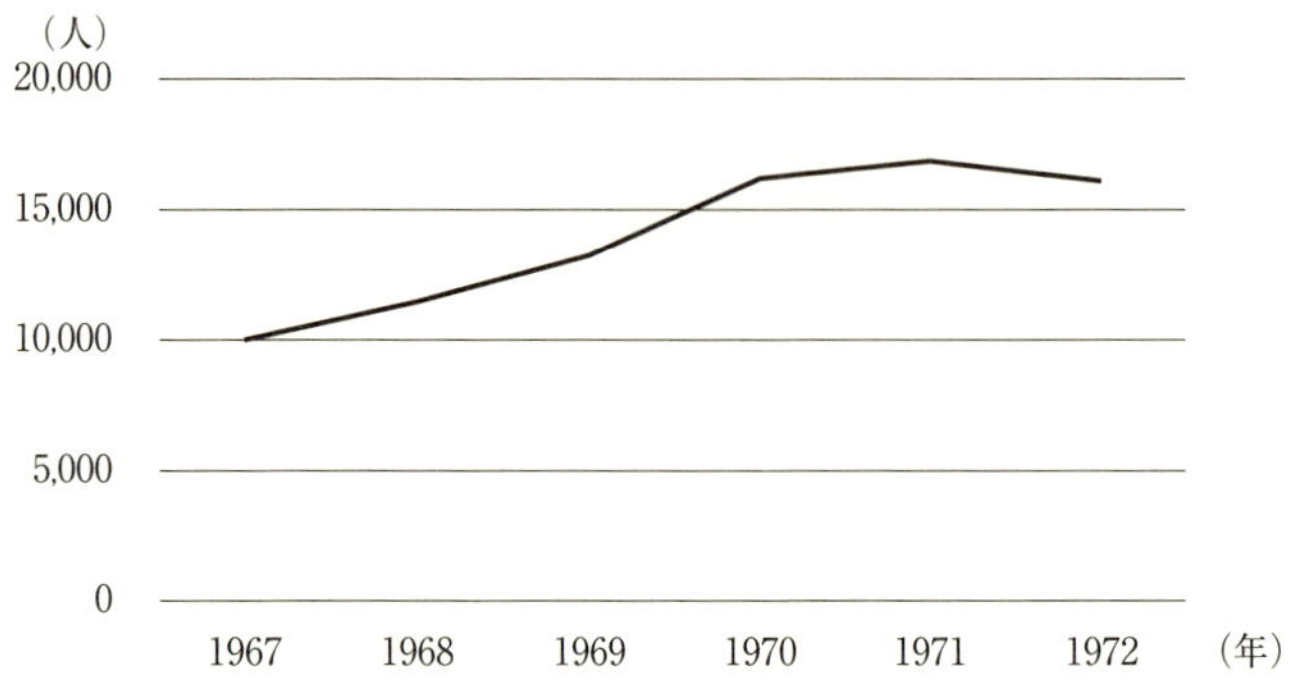

出典：Department of Defense, *Active Duty Military Personnel*より著者作成.

陸両用軍司令部がベトナムから沖縄のキャンプ・コートニーへ配備される。これに伴い、一九六九年十一月以来、キャンプ・コートニーを拠点としていた第一海兵水陸両用軍司令部は、同じ時期に米本国カリフォルニアのキャンプ・ペンドルトンへ移転した(9)。これ以後、沖縄は第三海兵師団や第一海兵航空団を指揮下に収める第三海兵水陸両用軍の本拠地となる。これらの結果、沖縄に駐留する米海兵隊の兵力は、一九六七年の約一万人から、一九七一年には約一万七〇〇〇人にまで膨れ上がった（図7参照）(10)。

このような沖縄の海兵隊について、レナード・F・チャップマン（Leonard F. Chapman, Jr）海兵隊総司令官は、一九七〇年一月の記者会見で「沖縄返還後も沖縄の海兵隊基地を整理縮小または撤退させる計画はない。半永久的にこれらの基地を残すというのが我々の計画である」と言明する(11)。彼は三月十日の米下院軍事委員会でも、ベトナムから撤退した日本と沖縄の米海兵隊を、いつでもベトナムに出動できるようにするという方針を示した(12)。

その一方で、米国政府内では、沖縄返還とともに、日本や沖縄で米軍基地縮小に向けた圧力が強まるのではないかという懸念も存在した。沖縄返還合意直後の一九六九年十一月、リチャード・B・フィン（Richard B. Finn）国務省日本部長は、豪州駐米大使館員に対し、沖縄返還実現が近づくにつれて「日本国内で米軍基地や米軍のプレゼンスに対して、圧力や扇動が高まる大きな可能性がある」と予想した。さらにフィンは、国防予算の削減によって、米国自身も基地を維持する能力が低下するかもしれず、今後「非常に難しい期間になるかもしれない」と指摘したのだった(13)。

国防省内でも、一九七〇年二月の文書で、一九七二年の沖縄返還後、日本が日米安保条約を廃棄する可能性があり、「一九七三年以降、我々は日本の基地を撤去するよう要請される可能性さえも存在する」との懸念が示されている。それゆえ、「沖縄が日本に返還される時期が近付くにつれて、我々は西太平洋における米軍の配備の実質的調整の準備を行わなければならない」と主張された(14)。JCSでも、沖縄の米軍基地の重要性ゆえに、沖縄返還は「米国にとって深刻な打撃」であるとされるとともに、今後、日本が再軍備し、やがて核武装することまで予想されていた。フィンの解説によれば、国防省では、日本や沖縄の米軍基地の行方についても悲観論が強まっていた(15)。

これらの懸念から米軍部は、日本や沖縄の基地を失った場合を考慮して、一九六八年以降、マリアナ諸島における基地開発計画を進めている。海軍省は一九六九年七月の文書で、グアムにおける基地拡張計画やマリアナ諸島、特にテニアンにおける海兵隊施設の建設などを提案した。一九七〇年十一月にはJCSも「日本や琉球諸島から撤退した場合」には、「グアムや信託統治領における基地の必要性は実質的に増大する」と指摘したのである(16)。

2　返還合意後の沖縄情勢

一九六九年十一月の日米首脳会談に対し、沖縄現地では反発の声が上がっていた。翌年四月、これまで沖縄の日本復帰を目指してきた復帰協は、日米首脳会談の意図は、日米安保を強化することであり、沖縄返還によって沖縄米軍基地は、前線基地として一層強化されると非難した。その上で、日米安保の廃棄や、「アジアにおける緊張の根源である一切の軍事基地を撤去」すること、そして沖縄の「完全返還」を求めたのである(17)。

このように、沖縄で施政権返還とともに求められていたのは、米軍基地の撤去、少なくとも日本本土並みの削減であった。一九六九年十一月二十六日、愛知外相は、屋良朝苗琉球政府行政主席と会談し、今回の交渉は「核抜き・本土並み」返還に関するものだったが、「米軍は沖縄基地を漸次縮小する。それは予想以上のテンポで進むかもしれない」と説明した。(18)これを受けて翌一九七〇年一月二日、屋良主席は、沖縄米軍基地の縮小と沖縄住民への軍用地の返還について青写真を作り、米軍に対して具体的に要求を行っていくという考えを明らかにする。(19)

また、沖縄における軍用地主の連合体である土地連も、沖縄返還に合わせて、沖縄米軍基地の整理縮小を求めた。土地連は一九七〇年九月二十五日の臨時総会で「復帰対策基本方針」を採択し、その中で「市町村の地域開発等を推進するために障害となっている軍用地については、解放してもらいたい」と要望する。当時、沖縄における軍用地のほとんどが生産性の高い中部地域に集中していた。それゆえ土地連は、本土復帰に際して、地域開発のためにも、キャンプ瑞慶覧・普天間基地・嘉手納基地・読谷補助飛行場・那覇軍港・牧港住宅地区・那覇空港・牧港補給地区といった主要基地を含んだ合計二九九二・一六haの土地の返還を求めたのだった。(20)同時に土地連は、施政権返還後、日米安保条約に基づいて沖縄基地を米国に提供する義務を負う日本政府との賃貸借契約をめぐって交渉を開始した。ここで土地連は、日本政府に対し軍用地料の大幅値上げを要求していくのである。(21)

日本本土でも、久住忠男・高坂正堯・永井陽之助・若泉敬ら民間の安全保障専門家による安全保障問題研究会が、一九七〇年十二月に発表した報告書で、日本本土とともに沖縄における米軍基地の大幅な削減を提唱した。報告書では、米国の戦略見直しや日本の国力増大を背景に、日米安全保障関係を調整し、基地を大幅に縮小した上で有事の際に米軍が基地を再利用できる取り決めを結ぶよう提唱した。そしてこのような在日米軍基地の見直しの一環として、沖縄は日本本土と差別されるべきでなく、また巨大な米軍基地の存在のため沖縄社会にひずみが生じているとして、米軍基地の整理縮小が必要だとしたのである。[22]
日本本土の米軍基地の縮小が発表された一九七〇年十二月、沖縄でも、四〇〇haの軍用地の返還が発表された。しかし、その内容は、黙認耕作地や山地などの不要地が返還されたにすぎず、土地連は強い不満を示した。[23]
その一方で、米軍は、国防予算の制約から、沖縄で基地労働者の大規模な解雇を実施する。沖縄返還合意直後の一九六九年十二月四日には、基地労働者二四〇〇人の解雇が発表された。これに対し沖縄の基地労働者の組合である全軍労は、激しく反発した。全軍労は、米軍基地に反対して「平和経済」への移行を唱えていたが、今回の大量解雇は、「基地労働者の犠牲の上に米軍基地の安上がりを意図した人減らし合理化」だとしてその撤回を要求したのである。そして、基地の縮小や撤去なしに基地従業員の生活を破壊しようとしていることは承服できないとして、翌年一月以降、二四時間ストを繰り返し実施する。[24] 一九七〇年十二月にも米軍は、沖縄で三〇〇〇人の基地労働者の解雇を発表した。ここでも全軍労は「基地の縮小を伴わない首切り合理」だと厳しく批判し、「基地の平和転用による集団就労」の必要性を強調したのである。[25]
このような中でこれまでの米軍支配への沖縄住民の不満が爆発したのが、一九七〇年十二月二十日に起きたコザ暴動である。これは、コザでの米兵による自動車事故をきっかけに、怒った多くの沖縄住民が米兵の自動車二〇台ほどを焼き払ったという事件だった。米国政府内では、この事件は沖縄住民の米国への不満の表れとして、大きな衝撃を持って受け止められた。駐日大使館は、この事件によって、沖縄住民の米軍基地縮小要求が沖縄返還の時期に向けて高まり、それが日本政府に大きな圧力となるだろうと懸念したのだった。[26]

このような中、日米両政府の間で、沖縄返還協定をめぐる交渉が開始される。

米国政府では、一九七〇年四月八日、国務省と国防省が、駐日大使館に対し、今後の沖縄返還協定をめぐる日米交渉に向けた方針を指示した。そこでは、「沖縄米軍基地の最大限の軍事的柔軟性を維持すること」や、「米軍のプレゼンスの継続への大衆の支持を確保すること」が目指された(27)。この後、六月五日の愛知外相とマイヤー大使との会談から、沖縄返還協定をめぐる日米交渉が本格化する。

3　沖縄返還協定交渉の開始

一方、日本政府内では、沖縄返還実現に向けて沖縄米軍基地を整理縮小する必要性が認識されていた。当時、外務省条約局条約課首席事務官だった有馬龍夫によれば、沖縄返還協定交渉に向けて、日本政府は、「核抜き・本土並み」返還を実現するとともに、沖縄戦以降苦渋の体験をしてきた沖縄住民のため、「なるべく早く県民生活の万般における本土並み」を実現することを目指していた。その一環として、「基地の整理統合に向けての努力」を行うことが重視されていたのである(28)。

こうして外務省は、一九七〇年の沖縄返還協定交渉の開始とともに、米国政府に対し、沖縄米軍基地の整理縮小について働きかけを行っていく。六月、外務省アメリカ局北米一課の佐藤嘉恭は、米国駐日大使館員に対し、「沖縄住民は勿論、日本国民のかなりの広い層において、沖縄の本土復帰の時点で、米軍基地の整理統合が行われると期待されている」と強調した。それゆえ佐藤は、次の二つの方面において沖縄米軍基地の縮小が必要だと主張する。一つは、「例えば那覇軍港、那覇飛行場、牧港の住宅地域、瑞慶覧の高等弁務官府等の返還」といった「象徴的な基地」の返還である。もう一つは、「米軍基地の量的減少」であり、具体的には、「乱暴な数字を云えば、返還時に現在の基地の

規模の七〇％前後に減少すれば国民の目には整理統合が行われたと映るであろう」と佐藤は述べたのだった。(29)

十月三十日、外務省の千葉一夫アメリカ局北米一課長も、那覇空港・那覇軍港・牧港住宅地区・与儀石油地区の返還は、「復帰にともない内政の考慮上是非とも米側より返還を必要とする」と指摘している。千葉によれば、那覇空港は、「沖縄の表玄関」として、民間空港としての使用が期待されている。牧港住宅地区と与儀石油地区については、「那覇市面積の三分の一近くはこの住宅及び石油区域によって占められている」ため地元でも返還要求が強い。さらに那覇軍港の返還は「沖縄の経済発展上必要」だと考えられていた。(30)千葉は、これら那覇周辺の返還を「目玉商品」と呼んでいたが、これに加え、「読谷飛行場の返還、嘉手納基地周辺弾薬庫、海兵隊キャンプ及び北部演習地の縮少等も目標」としていた。(31)千葉は、これらの沖縄米軍基地の整理縮小について「現状の七五％ぐらいが目標」だと述べている。(32)

外務省だけでなく、中曽根康弘防衛庁長官も、沖縄米軍基地の整理縮小を求めた。元来、中曽根は、ナショナリズムを背景に、「自主防衛」とともに米軍基地の縮小を唱え、特に米軍基地を自衛隊に移管することを主張していた。(33)九月に訪米した中曽根は、レアード国防長官との会談で、「オキナワ問題で政治的に重要と思われるのは、米軍施設が民間と入り交じっているものが多く、これを区別整理して住民の密集しているところはこれを民間に返し、将来島民の協力を得られるように努めることが必要である」と主張する。(34)ロジャーズ国務長官との会談においても、中曽根は、沖縄の日本復帰時、人口密集地である那覇の米軍基地を返還するよう求めた。中曽根によれば、それは施政権返還後のその他の沖縄米軍基地の維持のためにも必要だというのだった。(35)

こうして日本側は、沖縄の中心部である那覇の施設・区域を中心に、沖縄米軍基地の縮小を繰り返し米国側に求めていく。十一月には、愛知外相がマイヤー駐日大使に、那覇空港・那覇軍港・牧港住宅地区・与儀石油地区を「特に政治上、象徴的価値のある」ものとして返還を求めた。しかしマイヤーは、沖縄返還までに沖縄米軍基地縮小を進めることに慎重姿勢を示す。なぜなら、「沖縄返還の基本的な前提は、在沖米軍の削減ないし縮少ではなく、その機能の維持にあることは、米政府が議会に対し繰り返し説明してきた」からだった。[36] 十二月には、スナイダー公使も、大河原良雄アメリカ局参事官に対し、自衛隊による沖縄防衛を引き受けのための基地の引き渡し以外は、「現存する施設・区域は復帰後継続維持を希望している」と述べている。那覇周辺の施設・区域の返還についても、移設の可能性はあるが、「復帰に先立って実現することはな」いとスナイダーは説明した。[37]

このように、日本側の要求に対する米国側の姿勢は、否定的なものだった。その理由は、まず、マイヤーが述べたように、そもそも沖縄返還そのものに軍部が消極的で、沖縄返還協定批准のためには、沖縄米軍基地の縮小は米国議会を説得する上で悪影響を及ぼしかねないからだった。また「ニクソン・ドクトリン」の下でアジアの米軍再編が進められている中で、沖縄に一時的にしわ寄せが来ていることも、沖縄の米軍基地縮小が困難な理由だとされた。七月、国務省日本部のハワード・M・マッケルロイ（Howard M. McElroy）は、駐米大使館員の木内昭胤に対し、「米国の極東戦略は今後ますますオキナワを基点として考えられることとなるべく、むしろそこに集中するすう勢にある」と説明している。なぜなら、米軍は「韓国、日本本土、台湾、フィリピン、更にはインドシナから引きあげて、そのいきおいで一挙に米本土に引きあげてしまうというのではなく、一たんはオキナワに集中しようとする」からであった。こうした見通しから、マッケルロイは、「日本側がオキナワ基地のしゅく少整理に期待をかけられたら必ず将来失望されることとなるほかない」というのだった。[38]

十一月には、デイビッド・H・ウォード（David H. Ward）陸軍次官代理も木内に対し、「オキナワの基地は予算削減の見地から、また、対日関係の見地から段々に整理縮少の傾向にあるが、それをいますぐにといわれると困る」と指摘した。なぜなら、沖縄返還協定批准のため米議会を説得する必要があることに加え、「本土の基地整理が具現化し、あるいはヴィエトナムからの撤兵が進行すれば、少くとも一時的にはオキナワの基地にシワ寄せが行なわれることとなる」からだった。彼は、「長期的にはオキナワ基地の整理が行われるほかない」と述べる一方で、そのような要求を現時点でされるのは困るし、基地縮小は「韓国その他に与える心理的動ようが大きい」ため、その点が配慮されるべきだと論じている。(39)

十二月二十二日、米国の有力紙『ニューヨーク・タイムズ』は、「西太平洋の米軍関係者の多くは一九七二年のオキナワ返かんは米軍のオキナワからの完全な撤退への第一歩となると感じている」と報じた。米軍内部では、日本側の要求や米国の財政制約によって「米国が今後十年余のうちにはオキナワが西太平洋における米国の主要前進基地であった時代に建設された十五億ドルにのぼる軍事施設をぜん次放棄し、結局的には引き上げなければならなくなるだろう」と信じられているというのだった。(40)

日本の駐米大使館は、この報道に対して、米国政府内では「長期的にみた場合には返かん後時代のすう勢としてオキナワの米軍基地も整理縮小の方向に向かわざるを得ない」と考えられていると分析した。その一方で、当面の米国側の立場は、「施政権返かん後も現在オキナワにある米軍基地はそのまま残るというのが、米側がサトウ・ニクソン会談で施政権返かんに同意した際の前提条件であり、これは最も譲りにくい点である」と理解していた。(41) このように外務省では、沖縄返還後の沖縄米軍基地のより本格的な縮小を見据えつつも、一九七〇年末から一九七一年初頭には、当面は沖縄米軍基地の大幅縮小は困難だとみなされるようになっていた。(42)

一九七一年一月、外務省の千葉一夫北米一課長が屋良朝苗琉球政府行政主席に対し、現時点での沖縄米軍基地の縮小は困難だと説明している。千葉によれば、「米国は、韓国など駐留部隊が縮小されているので、その補いとして沖縄では基地を拡張しないまでも現状維持したいと考えている」というのだった。その上で千葉は、沖縄米軍基地は「復帰後逐次縮小するということになるだろう」と述べたのである。(43)

一方、この時期、防衛庁内では、むしろ沖縄を含め在日米軍の重要性が再確認されている。そのきっかけとなったのは、一九七〇年に「ニクソン・ドクトリン」の下で在韓米軍削減や在日米軍再編が進められたことであった。在韓米軍や在日米軍が大幅に削減されたことに対し、特に防衛庁では安全保障上の懸念が高まったのである。(44) 同年十二月の防衛庁内の参事官会議では、在日米軍の削減によって、有事において米軍が来援するという「大きい前提の決め手の人質がいなくなる」ので、「米軍が来ない危険性」があるといった懸念が指摘されている。それゆえ、「アメリカは、どこまで引くかという歯止めが必要」で、沖縄の米軍基地や海兵隊は「抑制力として最低必要なもの」だと論じられたのである。(45)

一九七一年二月には、久保卓也防衛庁防衛局長も論文の中で、「ニクソン・ドクトリンの結果、七〇年代を通じてみた場合、米陸軍、空軍の第一線兵力については、アジアから大幅な縮小ないし完全な撤退という事態も予想されないではない」と懸念を示している。久保によれば、もし米軍が駐留していなければ「人質がないので事実上米軍が自動的に介入することにならない」などの理由から、いざ有事の際、「日本に米軍の第一線兵力がいない場合、米軍の来援を制約する可能性」がある。それゆえ久保は、「米国の第一線兵力の一部が日本の領土（例えば沖縄）に顕在することが望ましいこととなった場合、日本は、将来NATO諸国の如く、米国より防衛費の分担を要求されることのありうべきことも考慮しておく必要があろう」と論じたのである。(46)

これらの議論からわかるように、「ニクソン・ドクトリン」の下で日本本土の米軍基地が削減される中、防衛庁内では、米軍の維持についての必要性が強調されるようになっていた。「人質」としての米軍の存在によってこそ、有事における米軍の来援が確実になるというのである。こうした中、沖縄の米軍及び米軍基地を維持する必要性も高まっていると考えられていた。そして久保の議論にも見られるように、米軍の維持のためには、その費用負担を引き受ける必要性についても示唆されていたのである。

日米地位協定第二四条によれば、日本側は米軍に対し基地を提供する一方で、在日米軍の駐留にかかる経費については、米国側が負担するものだとされていた。しかし、沖縄返還協定交渉にかかわっていた外務省条約局の有馬龍夫も当時、米国側から日米地位協定第二四条を柔軟に適用して、在日米軍駐留経費を日本側が負担することはできないのか質問されたという。これに対し有馬は同意しなかったものの、内心、「ベトナム戦争が進行していて、日本が米軍駐留費について何も出来ないといい、ベトナムの戦争についてははっきり支持しない、それでいいのか」「本音のところでは、こんなにギリギリ言っていたのではもたない」と考えていたのだった(47)。

二　沖縄返還協定の調印

1　沖縄返還協定交渉の展開

米国側の厳しい姿勢に直面していた日本政府は、一九七一年以降、沖縄米軍基地の整理縮小要求をより限定的なものにしていった。三月、外務省条約局条約課は、沖縄の日本復帰時に返還されるべき区域・施設として米国側に取り上げるものを次の三つのカテゴリーに分けている。第一に、「遊休施設であること、政治的考慮等から復帰の際提供しないとの方向で対米交渉すべき」ものとして、かつてメースBやナイキ・ホークといったミサイル基地だった施設である。第二に、「遊休施設であると判断され、一応返還を求めることが適当である考えられるもの」として、久場サイトなどの施設である。第三に、「政治的考慮より返還を求むべきもの」として、屋嘉ビーチ・石川ビーチ・那覇空港・那覇軍港・牧港住宅地区・与儀石油地区などが挙げられた(48)。

一九七一年以降の対米交渉において、日本政府が特に重視したのが、那覇空港・那覇軍港・牧港住宅地区・与儀石油地区といった那覇周辺の施設・区域であった。当時、日本国内や沖縄現地では、米軍基地の整理縮小問題への関心が高まり、特に那覇周辺の米軍の施設・区域の返還は、国会審議で取り上げられるほど大きな政治問題になっていたからである。特に重視されたのは、那覇空港が沖縄返還時に完全に日本の民間空港となることであった。那覇空港には、米海軍の対潜哨戒機P‐3が常駐していたが、日本政府は返還までにP‐3を嘉手納基地へ移転させるよう米国側に求めていた(49)。

しかし、米国側の姿勢は依然として厳しかった。三月二十五日、吉野文六外務省アメリカ局長はスナイダー駐日公使に対し、那覇周辺の「『目立つ』区域の開放」を重視するという日本政府の立場を説明し、特に那覇空港が完全に民間空港として返還されるようP‐3の撤去を求めた。しかしスナイダーは、「日本政府は、米国の軍事的要請にとやかく言おうとするべきでない」と冷淡な対応に終始し、那覇空港からのP‐3の移転も返還時までに実現できないと述べた。スナイダーは、日本政府の政治的立場に同情すると述べつつも、施設・区域の返還は復帰後まで待たなければならないと強調したのである(50)。

四月二十一日のスナイダーの説明によれば、那覇周辺の施設・区域の返還問題についての米国側の立場は次のようなものだった。与儀石油地区については、復帰時に返還可能である。しかし、那覇軍港については、同程度の軍港を移設するには五〇〇〇万～七〇〇〇万ドルがかかるので日米の負担が大きく、さらに兵站基地としての重要性ゆえに返還は難しい。那覇空港については、やはりP‐3の移転が争点となり、同機は日本からフィリピンにかけての対潜水艦戦に備えて重要であり続けていた。そしてP-3の嘉手納基地への移転は、同基地が台湾からの米空軍部隊の移転などで使用増大が見込まれ、普天間基地への移設も地形や滑走路に問題があるとして困難だという。牧港住宅地区については、同程度の住宅地区が、米国の負担なしで建設される場合のみ返還の用意があるという。[51]牧港住宅区域について、軍部は、「現在の沖縄における家族住宅の不足のため、米国は今持っているすべての住宅を保持しなければならない」と考えていた。そして、もし代替施設を建設する場合にも、米国側が全体として利益を得られるよう、日本政府が費用負担すべきだというのだった。[52]

このような米国側の厳しい姿勢によって、一九七一年四月の段階で、日本政府が重視した那覇周辺の米軍施設・区域の返還問題の中でも、沖縄の日本復帰時に返還される見通しがあるのは、与儀石油地区のみという状態になっていた。那覇軍港については、「米側は他に代わるべき港湾がないとして難色を示している」状態であり、牧港住宅地区についても「現在のものと同様の代替施設が出来るまでは返還できない」。そして那覇空港については、P-3の撤去が焦点となっていたが、「米側は他の施設への移駐には多大な費用（約二〇〇〇万ドル）がかかるとして難色を示している」状態だった。[53]

もっとも米国政府は、P-3の那覇空港からの撤去について、日本政府が移転費用を負担する場合には検討するという立場を示唆していた。三月二十六日、千葉北米一課長が、「沖縄の玄関」である那覇空港の返還は「復帰の象徴」であり、「P-3常駐により一時的にせよ提供施設とすることは政治的に著しく不利である」と述べたのに対し、スナイダーは「国防省をしてその気にならせること」が必要だとして、次のことを提案する。すなわち、P-3撤去のため、沖縄返還に伴って日本側が支払う金額を増やすこと、また有事の際の那覇空港の米軍の再使用について合意することであった。[54]三月二十九日にも、駐米日本大使館の木内に対しJCSのスミス准将は、難点は、嘉手納にP-

3を受け入れる場所が足りるかということでなく、「むしろ経費の問題」で、施設建設に約一三〇〇万ドルかかることだと打ち明けている。その上で、「財政問題に関するふり付等につき、日米が速やかに合意に達することはそれほど難しくないのではないか」と日本側の財政負担を暗に求めたのである。(55)

こうして、那覇周辺の施設・区域の返還についても見通しが厳しい中、日本政府は復帰日までにP-3を撤去させた上での那覇空港の完全返還を特に重視し、P-3の移転費用の引き受けについても米国側に申し出ていく。四月二十六日には、愛知外相がマイヤー大使に対し、もし日本政府が撤去費用を負担することを約束すればP-3の撤去は可能なのかと質問し、マイヤーは、前向きな返答をした。(56)

日本政府による財政負担については、当時、問題になっていた沖縄のヴォイス・オブ・アメリカ（VOA）中継施設の撤去についても検討されていた。沖縄のVOAについて、日本政府は、外国政府に放送ライセンスを与えることを禁じた電波法との関連や、「反共放送」を行う施設として対中関係を損なうのではないかという国内の懸念から、撤去を求めていた。しかし米国政府は、沖縄のVOAの活動の継続は当然であり、むしろ日本側の撤去要求は米上院による沖縄返還協定批准を困難にするとして激しく反発したのである。こうした中、日本政府は代替施設の費用負担の引き受けを米国側に申し出る。(57)

佐藤首相も、沖縄返還問題について、国内政治上、特にVOA、尖閣諸島とともに米軍基地の返還問題の行方を懸念し、これらの問題を打開することを目指した。(58)四月二十八日には、沖縄返還協定交渉をめぐって佐藤首相は愛知外相との会談で、このような「対米交渉の鍵にふれた」。(59)佐藤の指示を受け、五月十一日、愛知外相は、マイヤー大使に対し、P-3撤去による那覇空港の完全返還は、請求権問題やVOAなどと並ぶ未解決の「四大重要問題」の一つだとして、その重要性を強調した。ここでもマイヤーは、P-3の移転と那覇空港の返還問題について、「施政権返還によっても米軍基地の機能には変化はない旨議会に対し説明してきている」「これ以上押せば軍部の支持を失うおそれあり、そうなれば議会対策はきわめて難航する」と述べ、厳しい姿勢を崩さなかった。[60]

2　沖縄返還協定交渉の妥結

これまでも指摘したように、当時、米国政府は、ベトナム戦争の泥沼化や国際競争力の低下によって国際収支の悪化に苦しんでいた。それゆえ米国政府は、沖縄返還によって一切の財政負担を負うことを回避しようとし、むしろ交渉を通じて、日本政府から財政面での負担分担を引き出そうとした。一方で日本政府は、沖縄返還実現のため、米国側の要求に応じ、財政上の負担分担を引き受けていく。

その結果、先行研究がすでに明らかにしているように、一九六九年十一月には、大蔵省の柏木雄介財務官と米財務省のアンソニー・J・ジューリック（Anthony J. Jurich）財務長官特別補佐官の間で沖縄返還に伴う経済・財政上の取り決めが交わされた。この「柏木・ジューリック了解覚書」によって、日本政府は、沖縄返還に伴い、次のような支払いを行うことになった。①沖縄のドルを円と交換する通貨交換について、六〇〇〇万ドルまたは実際の通貨交換額のいずれか大きい金額をニューヨーク連邦準備銀行の無利子口座に二五年間預け入れる。②民生用及び共同利用の資産として一億七五〇〇万ドル（現金による五年間の年賦払い）を支払う。③「復帰に関連する軍事施設の移転コスト及びその他のコスト」として二億ドル（物品・役務により七年にわたって提供）を支払う。④社会保障費として三三〇〇万ドル（基地従業員の年金などの増加分）を支払う。[61] このうち、米軍基地に特に関係する③の項目二億ドルについては、その後七五〇〇万ドルに減額され、そのうち六五〇〇万ドルを「施設修繕費」として日本側が「物品と役務」を提供することになった。その後、一九七一年四月の日米交渉で、日本政府が沖縄返還に伴って米国政府に三億ドルを「一括払い」で支払うことになっていく。[62]

そして五月、外務省は、沖縄返還協定交渉を促進するため、この三億ドルに、VOAの移転費用と請求権のための負担費用二〇〇〇万ドルを加えた三億二〇〇〇万ドルを支払うことで、これらの問題を決着させようとした。その際、VOAは直ちに沖縄から撤去されるのではなく、返還から五年以内に移転場所について協議した後に代替施設を建設することになっていた。[63]

しかし、五月十九日、佐藤首相・愛知外相・福田赳夫蔵相の三者会談で、愛知がこの提案を説明したところ、福田はこの提案に反対し、日本政府が新たに支払う二〇〇〇万ドルの中に那覇空港からのP-3の撤去費用も含まれるべきだと主張した。佐藤も「外務省の事務処理は不当不愉快」だと感じ、「殊に沖縄問題だけに連絡を緊密にしてほしい」と求めている。[64]その上で佐藤は、五月二十一日、福田の主張を取り入れる形で、沖縄返還に伴う総計三億二〇〇〇万ドルの支払いの枠内に那覇空港からのP-3の移転費用も含むよう指示する。[65]五月二十八日にも、佐藤はVOAの復帰後の暫定的維持とその移転費用の引き受けを受け入れる一方で、「本件とワン・パッケージをなしているP-3の那覇空港よりの移転」を確認している。[66]同日、愛知外相はマイヤー大使に、P-3移転による那覇空港の完全返還とVOAの復帰後の維持と移転費用引き受けという「二つの問題の満足できる解決が佐藤のVOAでの妥協の受け入れの条件である」と説明した。[67]

六月二日、佐藤と会談したマイヤー大使は、沖縄返還協定交渉は今や九分通り終了したが、米国議会、特に軍事委員会の反応が問題だと指摘し、「彼らは、P-3、VOA等の問題の取扱いについて不満をもっている」と牽制した。これに対して佐藤は、沖縄返還実現による日米関係の強化を強調したのだった。[68]

このように日米の主張が対立する中、同日、日本側にとって吉報が入る。大蔵省によれば、柏木財務官とジューリック財務長官特別補佐官との会談で、米国側は、P-3移転のための追加費用の要求をやめてそのまま移転させるという案を受け入れ、「三二〇、P-3、請求権、第八項及びVOAについて全部実質的合意をみた」というのである。このことを愛知外相から伝えられたマイヤーは、P-3の件については初耳としながらも、「ジョンソン国務次官はこの点きわめて熱心に日本のために動き、軍部説得に大きな役割を果たしている」と説明した。(69)

この後、六月四日にマイヤー大使は、愛知外相に対し、那覇空港を日本に返還し、その際には懸案のP-3を嘉手納基地に移転すること、移転費用は日本側が米国側に支払う施設修繕費六五〇〇万ドルから出すことも決定したと説明した。ただ、復帰の日までに移転が完了するかというタイミングが問題であった。施設修繕費六五〇〇万ドルは復帰後ではないと支出されないので、マイヤーは、復帰後出来るだけ早く、一年以内にP-3を移転させる方向を示唆した。これに対して愛知は、復帰後もP-3が残ることは政治的に極めて望ましくないと述べ、この金額の支出について早速大蔵省と協議すると返答する。(70)

こうして日本政府は、那覇空港からP-3を移転させ、復帰時に完全に日本側に同空港が返還されるよう動いた。そして日本政府は、復帰前に代替施設の建設費を負担することを提案し、米国政府はこれを受け入れた。他方、米国政府は、復帰の時点で代替施設が使用できない場合、P-3を移転させることはできないという立場をとっていた。こうした米国政府の方針から、駐日大使館は、外務省に対し、吉野局長とスナイダー公使との間で、復帰時に代替施設が完成していない場合には、那覇空港を米軍が継続的に使用できるようにするという、機密の交換書簡を作成するようもちかける。(71)

米国側の申し出に日本側も応じ、六月八日、外務省と駐日大使館の間で機密の書簡が作成される。ところが、この過程では、今度は那覇空港からのP-3の移転先が問題になった。日本政府はこれまで述べたように、P-3の嘉手納基地への移転を求めていたが、米国側は、「P-3の移駐先がカデナ等の在沖縄施設であると限定されることは望ましくなく、日本本土である可能性もOPENにしておきたい」と主張する。これに対して日本側は、同意できないと反発し、往復書簡でも、「P-3が日本本土に移駐する可能性に同意したものではない旨を断っておいた」のだった[72]。外務省は、交渉の中で、米国側がP-3を山口県の岩国基地へ移転させる可能性を示唆したことを懸念したのである[73]。後述するように、P-3の移転先は、沖縄返還実現直前になって再び問題となる。

この後、六月九日の愛知外相とロジャーズ国務長官との会談で、経済・財政取り決めは最終決着を見た。ここでロジャーズは、施設修繕費六五〇〇万ドルの使途について、日米地位協定第二四条の「リベラルな」解釈を求め、愛知もこれに応じる。これによって沖縄だけでなく日本本土の基地にも物品と役務を五年間提供することになったのである[74]。このように米国政府は、施設修繕費六五〇〇万ドルを、沖縄だけでなく日本本土の米軍基地の施設改善・修繕費用、電気・水道などの維持費用として使用しようとした。この費用は、一九七八年以降本格化する日本政府による在日米軍駐留経費の負担、いわゆる「思いやり予算」の原型になったとされる[75]。

六月十七日、日米両政府間で沖縄返還協定が調印された。同協定第七条では、日本政府による三億二〇〇〇万ドルの対米支払いが明記された。その内訳は、資産引き継ぎ補償費一億七五〇〇万ドル、基地従業員の退職金七五〇〇万ドル、核兵器撤去費七〇〇〇万ドルとなっていた。こうして公にされた金額の内訳は、実際に日米間で取り交わされたものと異なるものだったことは前述の通りである。

沖縄返還協定とともに了解覚書が調印され、そこには、復帰後も日本政府が米軍に提供する施設がA表、復帰後漸次返還されるものがB表、復帰時に全部または一部が返還されるものがC表として発表される。A表には、嘉手納基地・キャンプ瑞慶覧・普天間基地といった八八施設が記され、日本側が返還を望んでいた牧港住宅地区・那覇軍港も含まれていた。B表には、一二施設が含まれ、主に自衛隊によって引き継がれる施設が記された。C表には、本部飛行場・久場サイト・石川ビーチなど三四施設が記され、那覇空港と与儀石油地区がここに含まれた(76)。外務省の計算によれば、A表に記載され、返還後も継続的に使用される米軍基地の面積は二万七六〇〇haで、一九七一年五月現在の沖縄米軍基地面積三万二四〇〇haの八五%となっていた(77)。つまり、施政権返還とともに沖縄の米軍基地は面積にして一五%削減されることになったのである。もっとも、日本政府が返還を望んだ那覇周辺の施設を含めた主要な基地のほとんどは維持されたのだった。

日米両政府にとって、沖縄返還協定は満足できるものだった。米駐日大使館は、「沖縄基地の最大限の軍事的柔軟性が保持されること」を沖縄返還協定において追求し、それを達成することができたと報告している(78)。また日本側でも、首相秘書官の楠田實は、「思えば長い道のりだったが、よくここまで来たものだ」との感慨を日記に記した。同時に、「基地の数が多すぎるとか、核の問題が不明瞭だとか、色々言うが、世論というものは無責任なものだ」と、沖縄返還協定に対する世論の批判を不満に感じている(79)。

一方沖縄では、特に基地の扱いをめぐって沖縄返還協定に対する不満が示された。屋良主席は、沖縄返還協定調印の当日、「私は基地の形式的な本土並みには不満を表明せざるをえません」と談話で述べた。沖縄の日本復帰時も、嘉手納基地・海兵隊基地・那覇軍港・普天間基地・読谷飛行場など主要基地はほとんど残ることになったからである。屋良は、「今後とも県民世論を背景にして基地の整理縮小を要求し続けます」と述べたのだった(80)。

沖縄住民の反応もこのような屋良の反応と同様のものだった。七月十一日の『琉球新報』の世論調査によれば、返還協定への印象は　どちらかというと不満だと答えたのが、四七・六%だったのに対し、どちらかというと満足と答えたものがわずかに九・四%だった。また復帰後の基地のあり方については、今のままでよいと答えたのが五・六%だったのに対し、本土並みに縮小するべきだと答えたのが二六・六％、基地は撤去するべきだと答えたのが二七・二％に上っていた[81]。このように沖縄では、沖縄返還協定に対して不満が強く、特に米軍基地の縮小を求める意見が多数を占めていたのである。

三　米中接近と沖縄返還の実現

1　米中接近と沖縄国会

一九七一年七月十五日、ニクソン大統領による中国訪問計画が発表された。前章で述べたように、ニクソン政権は発足以来、対中関係改善を模索し続けてきた。一方、中国政府も、ソ連との対立が激化する中で、「米国カード」の必要性を認識するようになった。米中それぞれの接近に向けた動きによって、一九七一年七月初頭には、キッシンジャー大統領補佐官が密かに訪中し、周恩来総理と会談を行う[82]。

米中接近のニュースは、日本国内に大きな衝撃を与えた。日本政府は発表直前まで知らされなかったため、日本の「頭越し」に米中接近が行われたとして、日本国内では米国への不信とともに対米協調姿勢をとってきた佐藤政権への批判が高まった[83]。外務省内では、この「ニクソン・ショック」のダメージコントロールをどうするかが大きな課題となり、「このショックが沖縄返還に響いてはいけない」と考えられている[84]。

ニクソン訪中発表後、米国政府内では、日本国内の反応も踏まえ、むしろ沖縄米軍基地の重要性を再確認する意見が提起されている。八月十一日、国務省のロナルド・I・スパイアーズ（Ronald I. Spiers）政治軍事問題局長は、ロジャーズ長官に対し、アジアの同盟国は、大幅な米軍再編計画やニクソン訪中の突然の発表によって、米国の動向に懸念を抱いていると指摘した。それゆえ、現状の「韓国に一個師団、沖縄に海兵隊二個連隊、そしてハワイに陸軍と海兵隊の部隊」という「ベトナム以外の現在のレベルでの太平洋の地上兵力を維持するべき」だと主張したのである。(85)

また八月十三日には、レアード国防長官がキッシンジャーに対し、突然の米中接近に対する日本政府の懸念を指摘し、日本との信頼・協力関係の重要性を強調した。その上でレアードは、米中接近による「台湾からの米国の軍事プレゼンスの撤去の可能性は、我々の日本の、特に沖縄の基地をほとんど不可欠にする」と主張している。(86)

しかし米中接近の動きは、日本国内や沖縄では、アジアの緊張緩和への期待から、沖縄米軍基地縮小への要求を強めることになった。七月十七日、牛場信彦駐米大使は、ジョンソン国務次官に対し、ニクソン訪中発表によって高まった野党や世論の日本政府への批判が、十一月から開始される沖縄返還協定をめぐる国会審議にも影響を与えるという予想を伝えた。牛場によれば、この沖縄国会で、日本政府は、野党から次のような批判を受ける可能性があるという。第一に、米中関係改善によって、沖縄米軍基地の存在意義が疑われ、沖縄米軍基地の維持は、むしろ日中関係に悪影響を及ぼすというものである。第二に、米国の対中政策は、米国の「信頼性」を損ねたため、沖縄から核兵器が撤去されるという保証についても「信頼性」が疑われるというのだった。(87)また八月二十四日にも、船田中衆議院議長がジョンソンに対し、野党が、米中接近によって沖縄基地の重要性が低下したとして、沖縄国会で返還協定批准を阻止しようとしていると説明している。(88)

このような日本国内の動向から、日本政府はこの後、繰り返し米国政府に沖縄米軍基地の整理縮小を求めていく。九月十日、愛知揆一にかわって外相となった福田赳夫はロジャーズ国務長官に対し、国会での沖縄返還協定批准を円滑に行うため、アジアにおける緊張緩和の進展とともに沖縄米軍基地が縮小されると表明するよう要請した。しかしロジャーズは、ニクソン訪中によっても米中間の緊張がなくなる訳ではないので、それは非常に困難だと返答する。(89)

十月六日にも、福田外相の指示で、牛場大使がジョンソン次官に対し、施政権返還後に沖縄米軍基地を追加的に縮小することを米国政府が保証したと、国会対策のために発表したいと述べた。牛場は、一九六〇年の安保闘争のような事態にならないよう、野党、特に民社党の協力を引き出すため、返還後の沖縄米軍基地縮小への見通しが必要だと説明した。しかしジョンソンも、議会や軍部の説得が困難だと述べる(90)。

このような外務省の沖縄米軍基地縮小への積極姿勢の背景には、沖縄国会での審議を円滑にするとともに、福田外相が、次期首相の座を目指して自身の政治的立場を強化しようとしていたという事情があった。当時、福田は田中角栄通産相との間で、佐藤首相の後継をめぐって熾烈な競争を繰り広げていたのである。

佐藤首相は、次期首相は福田が望ましいと考えていた。また前章でも述べたように、佐藤自身、沖縄米軍基地縮小の必要性を認識していた。それゆえ佐藤は、十一月十二日、訪日したジョンソン次官に対し、国際情勢の変容を踏まえ、沖縄米軍基地の縮小を要求している。佐藤は「おそらく沖縄における米軍のいくつかを韓国に移転することができるだろう」と述べ、「そのような動きは、韓国民、沖縄住民、そして日本国民を喜ばせるだろう」と指摘している。さらに佐藤は、ベトナム戦争のための沖縄基地からの出撃はもはやないし、台湾には米軍基地が存在しているので、沖縄の米軍基地の重要性は低下していると論じた。佐藤は、「日本の基地が数年間で急速に削減された理由は、疑いもなく、それらが沖縄に移転されたからだ」と認めた上で、今や沖縄が日本に復帰しようとする中、日本と沖縄で沖縄米軍基地縮小要求を無視することはできないと強調したのである。しかし、ここでもジョンソンは、沖縄返還協定を米議会が承認する上で沖縄米軍基地の維持が前提で、また米中接近によっても米軍基地の重要性は当面変わらないと述べて否定的な反応を示した(91)。

佐藤や福田によって繰り返し沖縄米軍基地の整理縮小要求がなされたこの時期、沖縄返還協定の批准をめぐって日本国内や沖縄現地では反対運動が盛り上がっていた。沖縄では、復帰協が、日本復帰が遅れてもやむを得ないとの立場から、十一月十日、「基地撤去」「安保廃棄」を掲げて沖縄返還協定反対デモを実施した。復帰協の見方では、ニクソン訪中発表やその後八月十五日にニクソン大統領によって発表されたドル防衛政策によって、「日本にとっても外交、軍事、内政の面で大きな転機を求められてい」た。こうした中で、沖縄米軍基地の強化を目指す沖縄返還は、「時代に逆行」しており、「内外の情勢は明らかに沖縄返還交渉のやり直しを要求」しているとして、復帰協は、国会で沖縄返還協定が批准されることを阻止しようとしたのである。(92)十一月十四日には、東京で社会党・共産党・総評などによって沖縄返還協定反対の大規模なデモが行われる。

こうした中で、野党の抵抗によって国会審議が進まないことに業を煮やした自民党は、十一月十七日、衆議院沖縄返還協定特別委員会で沖縄返還協定などを強行採決した。これに野党は反発し、国会審議を拒否、十一月十九日には、社会党・共産党・総評などが沖縄返還協定反対デモを行い、一八八六人が逮捕されるという大荒れの事態となった。

このように国内情勢が混乱する中で、状況打開の切り札の一つとされたのが、沖縄米軍基地の整理縮小問題だった。国会が空転する中の十一月二十日、船田中衆議院議長の斡旋で自民・社会・公明・民社四党の幹事長・書記長会談が開かれる。ここで自民党の保利茂幹事長は、打開策として「非核三原則」の国会決議を提示し、これに公明党と民社党が同調することで国会審議は再開される。その上で、「非核三原則」に加え、民社党が重視する沖縄米軍基地の縮小問題も付け加えられた。(93)

こうして十一月二十四日、自民党・公明党・民社党によって「非核兵器ならびに沖縄米軍基地縮小に関する決議案」が採択される。そこには「政府は、沖縄米軍基地についてすみやかな縮小整理の措置をとるべきである」との文言が明記された。その上で同日、衆議院で沖縄返還協定の批准が可決される。(94)このように、沖縄返還協定の速やかな批准を実現するために、自民党は、これまで反対していた非核決議とともに、沖縄基地縮小の決議にも賛成したのである。

この決議は、沖縄の要請を反映したものであった。沖縄返還協定が国会で議論される中、沖縄返還のあり方に沖縄県民の要望を反映させるべく、屋良主席を中心に琉球政府では、「復帰措置に関する建議書」が作成された(95)。ここでは、「返還協定は基地を固定化するものであり、県民の意志が十分に取り入れられていない」という県民の意見が紹介されるとともに、復帰時には米軍基地の「ある程度の整理なり縮小なりの処理」が必要だという沖縄住民の願いが記されている。さらに、「アメリカと中国との接近」など「極東の情勢は近来非常な変化を来しつつあ」る中で、沖縄返還は、「大きく胎動しつつあるアジア、否世界史の潮流にブレーキになるような形」になるべきでなく、「沖縄基地の態様や自衛隊の配備については慎重再考の要があ」ると訴えたのだった(96)。このように沖縄では、米中接近など、国際的な緊張緩和の潮流を踏まえ、米軍基地の大幅な整理縮小が要求されたのである。

十一月十七日、屋良朝苗琉球政府主席は「復帰措置に関する建議書」を携えて上京した。しかしこの日、前述のように国会で沖縄返還協定が強行採決された。これに対し屋良は大いに落胆するとともに、「要は党利党略の為には沖縄県民の気持と云うものは、弊履のようにふみにじられるものだ」と憤慨した。翌日、屋良は佐藤首相と会談し、強行採決に強く抗議した。佐藤は「沖縄を戦争の危険にさらす様なことは絶対にない」と応じている(97)。この後、国会で「非核兵器ならびに沖縄米軍基地縮小に関する決議」が出されたことについて屋良は、内容的には不十分とはいえ、それなりの意義があると評価し、その実現を強く要求したのだった(98)。

もっとも、沖縄米軍基地縮小に関する国会決議について、吉野アメリカ局長は、決議がなされる前の十一月二十二日、スナイダー公使に対し、「それは日本政府を拘束しないし、いかなる場合でも佐藤が政権の座を去った後は『有効』ではない」と説明している。スナイダーは、日本政府がこれらの決議に基づいて行動しないよう求め、特に「基地についての決議に懸念を表明する」と警戒感を露わにしたのだった(99)。

この沖縄国会では、十二月二十一日に参議院で沖縄返還協定が可決、承認された。この他、沖縄国会では、「沖縄復帰に伴う特別措置に関する法律」「沖縄の復帰に伴う関係法令の改廃に関する法律」「沖縄振興開発特別措置法」「沖縄における公用地等の暫定使用に関する法律（通称＝公用地暫定使用法）」が承認されている。特に問題になったのは、「公用地暫定使用法」であった。同法は、引き続き沖縄の基地を米軍が使用できるようにするための五年間の時限立法である。沖縄返還後も引き続き米軍に基地を提供するため日本政府は、賃貸借契約を個々の地主と締結することになったが、地主の同意が得られない場合に備えて、とりあえず日本政府がその軍用地に対する使用権限を取得して米軍への基地の提供義務を履行するというのがこの法律の狙いであった。しかし同法に対しては、野党や沖縄から反発の声が挙がっていた(100)。

同じ頃、日本政府及び自民党と土地連との間での軍用地料をめぐる交渉も大詰めを迎えていた。土地連は年間賃貸料を現行の六・八三倍、約二一五億八〇〇〇万円にすることを要求し、日本政府・自民党もこれを受け入れていく。このような軍用地料の大幅値上げによって、日本政府は、軍用地主とのスムーズな契約締結の見通しをつけることができたのであった(101)。

2　サンクレメンテ会談と沖縄返還の実現

一九七一年十二月初頭、日米首脳会談が翌年一月にカリフォルニア州サンクレメンテで開催されることが発表される。このサンクレメンテ会談は、沖縄の日本復帰の期日の決定など沖縄返還実現に向けた最後の調整とともに、中国問題や経済問題をめぐって摩擦が続いていた日米関係を改善する上でも重要な機会だった。さらに日本政府は、沖縄返還問題で、米軍基地の整理縮小を米国政府と協議することを重視していた(102)。

実際、福田外相は十二月七日、マイヤー大使に、サンクレメンテ会談で「佐藤が最も望んでいる『プレゼント』は、返還後の沖縄の基地削減への公の示唆だ」と強調している。福田は、もしそれを公表できないなら、返還後の基地削減を検討するという「抽象的な示唆」でもよいと述べ、この問題に関する日本の国内世論を重視していると繰り返した(103)。

一方、米国政府内では、日本国内の沖縄米軍基地縮小要求を受けて、これに何らかの形で対応する必要が提起されていた。国務省では、日本本土ではすでに最小限度まで基地が削減されているが、「沖縄では、返還後でさえも、米軍の集中は政治的に度を超えている」として、沖縄米軍基地縮小の必要性が示唆された(104)。十一月十一日には、訪日したジョン・B・コナリー（John B. Connally. Jr.）財務長官が、福田らとの会談後、沖縄米軍基地の広大さが日本国内で大きな問題になっていることや、アジアで緊張緩和が進展していることから、基地を現状のままにしておくことはできないとワシントンに報告している。その上でコナリーは、施政権返還後早い時期に米軍基地を一〇％削減することと、施政権返還前のできるだけ早い時期に基地削減のための日米のワーキンググループを設置することを提案した(105)。

この後、日本国内や沖縄現地における要求の高まりを受けて、十一月十六日、駐日大使館は、サンクレメンテでの日米首脳会談で日本側に次のような米国側の方針を伝えることを提案する。すなわち、今後一年以内に戦略的観点から日本と沖縄両方の基地の全体的なあり方をＳＣＣで検討するというものである。大使館によれば、これによって「我々を、いかなる特定の基地の削減にもコミットメントすることなく」、基地縮小問題を戦略的要請という枠組みの中に置くことができる。その一方でこれは、佐藤や福田にとって国内政治上有益である(106)。十二月十日にも駐日大使館は、佐藤が国内政治上の理由から、日米首脳会談で「基地の削減についての何らかのジェスチャーを得ることに、最優先の重点を置いている」と指摘した。その上で、日米首脳会談では、日本側に対し、返還前に基地の追加的削減はないが、返還から一年以内に、SCCで沖縄米軍基地の整理縮小について検討する、と伝えることを再び勧告したのである(107)。

この駐日大使館の勧告は、米国政府内で受け入れられていく。米国政府は、日本国内で沖縄米軍基地縮小要求が高まる中、日本側の政治事情に配慮する一方、沖縄返還協定批准のために返還によって沖縄基地は損なわれないと上院に保証したことから、あいまいな表現で日米首脳会談を乗り切ろうとしたのである(108)。

そして一九七二年一月六日、サンクレメンテで日米首脳会談が行われた。佐藤とともに訪米した福田は、ここでも米国側に対し、沖縄米軍基地の整理縮小を繰り返し求めている。ロジャーズ国務長官との会談では、福田は「日本は十分に沖縄の戦略的重要性を理解している」と述べつつ、地図を使って「いかに米軍基地が人口地域に集中しているか」を説明した。そして、沖縄返還協定によって八八ヵ所の沖縄米軍基地が維持される一方で、これらの基地は日米安全保障関係にとって潜在的に危険になると警告する(109)。翌日の首脳会談でも福田は、返還後、沖縄で米軍が使用しているゴルフコースやビーチの返還に向けて協議を進めるよう要請した。佐藤も、これらの返還によって野党に対して面子を保つことができるとニクソン大統領に述べ、ニクソンも協力姿勢を示したのである(110)。

これらの会談を経て発表された日米共同声明では、まず、沖縄返還の期日が五月十五日に決められた。また、世界情勢における「緊張緩和の動き」を認め、これを促進する必要性が確認されると同時に、「日米協力関係の維持がアジアの平和と安定にとつて不可欠の要素」であることも強調された。その上で沖縄米軍基地について、日本側が「復帰後出来る限り整理縮小されることが必要」だと要請し、米国側も「双方に受諾しうる施設・区域の調整を安保条約の目的に沿いつつ復帰後行なう」と応じたのである。[111] このように日米共同声明では、国際的な緊張緩和の中で、施政権返還後、沖縄米軍基地を整理縮小に向けて「調整」するという文言が明記されたのだった。

また、この時期、米国側から関東平野における米空軍基地を横田基地に集約し、必要な代替施設を日本政府の負担で建設する代わりにそれ以外の基地を返還するという計画が米空軍省によって策定され、日本側にも提示されている。「関東平野空軍施設整理統合計画」、いわゆる「関東計画」である。[112]

その一方で、日米間では、沖縄米軍基地をめぐって新たな問題も生じていた。それは、これまでも述べてきた、対潜哨戒機P－3を那覇空港から移転をさせる計画である。米太平洋軍は、一九七一年十月、様々な調査を経て、P－3の移転先は普天間基地が望ましいと判断した。その際、普天間基地にP－3を移転させるためのスペースを確保するため、現在普天間基地にある給油機KC－130を山口県の岩国基地へ移動させ、そのためにすでに岩国基地に配備されているP－3を青森県の三沢基地へ移動させることが計画された。十二月八日、この移転計画は国務省と国防省に承認される。[113]

ところが、福田外相を中心に日本政府は、那覇空港返還に伴うこれらの米軍機の玉突きの本土移転に強く反対した。十二月二十八日、大河原良雄駐米公使は、米国側に、米軍機の移転計画についての岩国と三沢の世論の反応が、「驚くほど否定的で敵対的」だと説明した。[114] また翌日、福田もマイヤー大使に対し、日本本土への米軍機の移転は新たな問題を引き起こすので、「沖縄の中での移転は可能だろうか」と問うている。もっともマイヤーは、現実的に不可能だと答えたのだった。[115]

一九七二年一月のサンクレメンテでの日米首脳会談でも、福田は、米軍機の岩国や三沢への移転可能性は「政治問題を引き起こす」ので、「日本本土ではなく、沖縄の別の基地に移設される」よう要請した。ここでもロジャーズは、否定的に対応している。[116]佐藤の次の首相を目指す福田は、米軍機の日本本土、特に佐藤の選挙区である岩国への移転を回避する必要があったのである。[117]このように福田は、一方では、前述のように沖縄米軍基地の整理縮小を米国側に求め、他方では沖縄からの米軍機の日本本土への移転を回避しようとした。一見矛盾する行動だが、福田は、あくまでポスト佐藤の座を手にするという目標に向けて沖縄米軍基地をめぐる問題に対応していたのである。

日米首脳会談後も、P-3移転問題は日本政府にとって懸案であり続けた。一月十一日、外務省の吉野アメリカ局長は、スナイダー公使に対し、福田がP-3の移転に伴って岩国基地と三沢基地で大規模な工事が行われることに対し、現地の反発が高まり、これに苦慮していると説明した。それゆえ吉野は、「日本政府は、もし移転が沖縄に集中されるのであれば、『ほとんどいかなる資金も』支出する用意がある」と繰り返したのである。[118]一月十三日にも大河原公使が、米国側に「P-3の那覇からの撤去は、岩国での新たな航空機を含むべきではない」と強調したが、米国側からは、那覇空港返還に向けた日本側による協力を求められただけだった。[119]このような米国側の断固とした姿勢ゆえに、外務省も受け入れざるを得なかった。

その上で外務省は、那覇空港の完全返還に向けて、五月十五日の沖縄返還実現の日までに、同空港からP-3を撤去させることを目指す。しかし、これについては、さらに次のような困難が立ちはだかった。まず、防衛庁の消極姿勢である。外務省は、那覇空港の返還は、沖縄返還とともに米軍基地が縮小されるという「目玉」として重視していたが、防衛庁は、三沢や岩国への米軍機の移転は、現地の反発を招くとして否定的だった。[120]また防衛施設庁が、当時、日本本土の米軍基地の整理縮小のために膨大な作業に追われていたため、P-3移転に伴いさらに多くの仕事を引き受けるには人員も時間も足りない状態にあった。[121]加えて、予算の問題である。米国側は、返還日となる五月十五日以前にP-3移転に必要な普天間基地の滑走路の工事ができていなければ、P-3を那覇空港から移動することはできないとしていた。しかし日本側としては、通常国会で予算が通過しなければ工事のための予算執行を行うことができなかった。ところが、防衛問題をめぐって、通常国会の審議は紛糾し、予算の通過が遅れた。さらに、P-3の移転費用を日本政府が負担することについても野党や新聞が批判するところとなり、佐藤や福田を困難な立場に追い込んだ[122]。

このような中、外務省と防衛庁は、三月中旬の段階で、予算の執行が遅れ、工事を行ったとしても、工事完成には二ヵ月かかることから、施政権が返還される五月十五日までにP-3を移転させることは困難だと認めざるを得なかった[123]。佐藤も三月二十四日、「沖縄空港からP-3をとり除く事は返還後約二ヵ月はおくれる事になるが、やむを得ない」と日記に記した[124]。こうして、日本政府、特に外務省が沖縄返還に伴う沖縄米軍基地縮小の「目玉」と位置付けていた那覇空港の五月十五日までの完全返還は、不可能になった。

そしてついに一九七二年五月十五日、沖縄返還が実現した。この日、日米合同委員会が開かれ、沖縄返還後、米軍へ提供される施設・区域八七ヵ所、総面積二八六六〇haが正式に合意された。当初、沖縄返還協定とともに合意された了解覚書A表では、八八ヵ所が提供されることになっていたが、川田・瀬嵩・前島の三訓練場が地主との契約が困難になったために外され、そのかわりに復帰時に返還されることになっていた那覇空港と伊波城観光ホテルが加わった。防衛施設庁は、米軍への施設・区域の提供のため、沖縄返還実現までに地主の九〇%と契約を取り交わした。契約できなかった地主についても、前述の公用地等暫定使用法によって強制的に収用する方針であった。当時、地元紙は、「依然として『基地の中の沖縄』の印象はぬぐえない」と評している[125]。屋良主席も、沖縄返還実現のその瞬間について、「感無量とはいうものの、復帰の実感はなかなかわかなかった」と回想している[126]。

米国政府内では、沖縄返還によって、戦後、日米関係に残っていた最後の問題が解決されたと考えられていた。その一方で、米軍基地の存在や経済の見通しへの不安など、「返還は、沖縄における米軍と、琉球におけるほぼ百万人の間に現在存在する苛立ちや多くの問題の終りとはならないだろう」とも指摘されている。特に、返還後も沖縄には多くの主要な米軍基地が維持されていることに、沖縄の住民は不満を抱いていることが喚起されたのである。[127]

一方沖縄では、米軍基地がこのまま維持され、むしろ強化されることが懸念されている。沖縄返還実現直前、復帰協では、ニクソン訪中といった緊張緩和もかかわらず、「ニクソンドクトリンに基づいて縮少されつつあるアジア各地の基地の沖縄への集中化」など、「沖縄基地がますます強化されるのではないか」と懸念が示されている。その上で「国際情勢が一定の変化を示している」中で、沖縄基地を利用することは、「明らかに国際情勢の流れに逆行」していると論じたのだった。[128]

悲願である沖縄返還を実現させた佐藤首相は、約一ヵ月後の六月十七日、引退を発表した。退任直前の七月一日、佐藤は、琉球政府主席から沖縄県知事となった屋良と会談し、「特に基地問題についてはその整理縮小は姿勢と方向は示されたが具体的に実現せしめる事が出来なかった事は残念である」と述べた。屋良はこれに対し、これらの未解決の問題については次期政権に引き継いでもらいたいと要請する。[129] こうして、沖縄米軍基地の整理縮小は、沖縄返還後の課題となっていくのである。

おわりに

沖縄返還は、ニクソン政権によって、「ニクソン・ドクトリン」の実施や対中接近などアジア戦略の見直しが進められる最中に実現した。しかし、米国の戦略再編の中で、日本本土の米軍基地は大幅な縮小が進められる一方、沖縄の米軍基地の縮小は、沖縄返還実現までにあまり進まなかった。

当初、日本政府内でも、沖縄の現地情勢や歴史的背景を踏まえて、施政権返還までに沖縄の米軍基地の縮小を目指す動きがあった。その際、沖縄米軍基地を復帰前の七割程度まで削減することがしばしば言及されたのである。また米国政府内でも、沖縄の現地情勢や国際情勢などから、沖縄米軍基地を現状のままにしておくことは不可能だという見方もあった。しかし、結局、米国政府は日本政府の沖縄米軍基地縮小要求を拒絶した。それは米国政府にとって、沖縄返還実現のためには、軍部や議会を説得する必要があり、その際、返還後も沖縄の米軍基地の機能に変化はないという点が重要だったからである。さらに、ベトナムからの海兵隊の移転や日本本土からの飛行部隊の嘉手納基地への移転など、沖縄の米軍基地は、米軍の再編による「しわ寄せ」を受けた。日本政府も沖縄返還実現を最優先し、米国側の要求を受け入れざるを得なかった。その結果、沖縄米軍基地は復帰後も八割以上が維持され、日本政府が重視した那覇周辺の基地の返還もほとんど進まなかった。沖縄米軍基地の整理縮小に向けた本格的な動きは、沖縄返還実現の後に行われることになる。

同時に指摘しなければならないのは、この時期、「ニクソン・ドクトリン」の下でアジアの米軍プレゼンスが縮小される中、日本政府内では安全保障上の不安が高まり、在沖米軍の重要性が再認識されていったことである。そして米軍を維持する上で、その財政負担を分担する必要についても、すでにこの時期、日本政府内で意識されつつあったのである。

注

（1）　沖縄県知事公室基地対策課前掲書、二頁。

（2）　ニクソン政権期の在韓米軍削減については、李前掲書、六九―七六頁・村田晃嗣『大統領の挫折―カーター政権の在韓米軍撤退政策』有斐閣、一九九八年、第一章。

(3) Department of Defense, *Active Duty Military Personnel Strength.*
(4) 一九七〇年の在日米軍再編計画については、吉田前掲書、一六二―一七一頁・我部「在日米軍の再編」など。
(5) CINCPAC, *Command History 1970*, pp.69, 77-78.
(6) A-1144, "DOD Installation and Activity Reductions", Tokyo to DOS, Dec 1, 1970, NSA, JU01350.
(7) *The 3D Marine Division and its Regiments*, p.5.
(8) "Maine Aircraft Group 36 History", http://www.1stmaw.marines.mil/SubordinateUnits/MarineAircraftGroup36/About.aspx.
(9) 『朝日新聞』一九七一年四月四日朝刊・"Linage of I Marine Expeditionary Force", http://www.imef.marines.mil/UnitHome/About.aspx.
(10) Department of Defense, *Active Duty Military Personnel Strength.*
(11) 『朝日新聞』一九七〇年一月十四日朝刊。
(12) 『朝日新聞』一九七〇年三月十二日夕刊。
(13) Washington 7811, "Okinawa", Nov 28, 1969, 3103/12/Part1, A1838, National Archive of Australia, Canberra [NAA].
(14) Memorandum, February 19, 1970, NSA, JU 01208.
(15) Memorandum from Washington to Canberra, "Japan", May 19, 1970, 250/10/4/4 PART8, A1838, NAA.
(16) Walter S. Poole, *The Joint Chief of Staff and National Policy, 1969-1972, History of Joint Chief of Staff*, Office of Joint History, Office of the Joint Chief of Staff, 2015, p. 248.
(17) 沖縄県祖国復帰闘争史編纂委員会編『沖縄県祖国復帰闘争史 資料編』沖縄時事出版、一九八二年、五九九頁。
(18) 屋良前掲書、一四一頁。
(19) 『朝日新聞』一九七〇年一月三日朝刊。
(20) 土地連三〇周年記念誌編集委員会編『土地連のあゆみ 創立三〇年史 通史編』沖縄県軍用地等地主連合会、一九八五年、一三四―一四一頁。
(21) 沖縄返還を前にした、軍用地料や賃貸借契約をめぐる土地連と防衛施設庁の動きについては、平良前掲書、二七七―二八九頁。
(22) A-79, Tokyo to DOS, "Changing Defense Relations Between Japan and the United States: The Report of the Security Problem

Research Council on the US Military Base Problem", Feb 5, 1971, 石井修・我部政明・宮里政玄監修『アメリカ合衆国対日政策文書集成一六期 第九巻』（以下『集成一六―九』のように略記）柏書房、二〇〇五年、一六八―一八五頁。

(23)『朝日新聞』一九七〇年十二月二十二日朝刊。

(24) 全駐労沖縄地区本部編『全軍労・全駐労沖縄運動史』全駐労沖縄地区本部、一九九九年、一九〇頁。

(25) 同前書、二一三頁。

(26) Tokyo00372, Jan 13, 1971, "Significance of Koza Incident", 石井修・我部政明・宮里政玄監修『アメリカ合衆国対日政策文書集成一七期 第二巻』（以下『集成一七―二』のように略記）柏書房、二〇〇五年、三八―四〇頁。

(27) State051278, "Okinawa Reversion: Negotiating Instructions", Apr 8, 1970, 石井修・我部政明・宮里政玄監修『アメリカ合衆国対日政策文書集成一五期 第七巻』（以下『集成一五―七』のように略記）柏書房、二〇〇四年、二八八―二九四頁。

(28) 有馬龍夫（竹中治堅編）『対欧米外交の追憶 上巻』藤原書店、二〇一五年、一〇八―一〇九頁。

(29) 米北一（佐藤）「沖縄米軍基地の整理統合（在京米国大使館員との内話）」一九七〇年六月十九日、外務省外交記録 H26-004、外務省外交史料館。

(30) 米北一長「沖縄基地返還問題」一九七〇年十月三十日、外務省外交記録 H26-004、外務省外交史料館。

(31) 米北一長「沖縄返還問題（木内書記官との電話連絡）」一九七〇年十一月十六日、外務省外交記録 H26-004、外務省外交史料館。

(32) 米北一長「大蔵省との会談」一九七〇年十一月二十日、外務省外交記録 H26-004、外務省外交史料館。

(33) 中曽根康弘防衛庁長官の政策や基地問題への取り組みについては、佐道『戦後日本の防衛と政治』第三章第一節・中島琢磨「中曽根康弘防衛庁長官の安全保障構想―自主防衛と日米安保体制」『九大法学』第八四号、二〇〇二年など。

(34) 牛場大使発愛知外務大臣宛第二六四二号「中ソネ防衛庁長官の訪米（レアード国防長官との会談（防衛情報）」一九七〇年九月十日、外務省外交記録 H26-004、外務省外交史料館。

(35) State149632, "Secretary's Meeting with Nakasone", Sep 12, 1970,『集成一五―三』八六―八八頁。

(36) 愛知代理大臣発牛場大使宛第一六一八三号、一九七〇年十一月十六日、外務省外交記録 H26-0004、外務省外交史料館。

(37) 米北一「大河原・スナイダー会談」一九七〇年十二月十一日、外務省外交記録 H26-004、外務省外交史料館。

(38) 下田大使発愛知外務大臣宛第二二四八号「オキナワの米軍基地（内話）」一九七〇年七月三十日、外務省外交記録 H22-001、外務省外交史料館。
(39) 牛場大使から外務大臣宛て第三四五〇号「オキナワ返かん交渉（内話）」一九七〇年十一月二十五日、外務省外交記録H26-0004、外務省外交史料館。
(40) 牛場大使発外務大臣宛、第三七九二号「オキナワ米軍基地の整理統合に関する報道」一九七〇年十二月二十三日、外務省外交記録H26-0004、外務省外交史料館。
(41) 牛場大使発愛知外務大臣宛第三八〇六号「オキナワ米軍基地の整理統合に関する報道」一九七〇年十二月二十三日、外務省外交記録H26-0004、外務省外交史料館。
(42) 『朝日新聞』一九七一年二月八日朝刊。
(43) 屋良前掲書、一八〇頁。
(44) 吉田前掲書、一六七―一七一頁。
(45) 防衛省防衛研究所編『中村悌次オーラル・ヒストリー 下巻』防衛研究所、二〇〇六年、六八頁。
(46) 久保卓也「防衛力整備の考え方（ＫＢ個人論文）」一九七一年二月二十日、田中明彦データベース。
(47) 有馬前掲書、三二七頁。
(48) 条・条「施設・区域提供問題」一九七一年三月八日、外務省外交記録H26-004、外務省外交史料館。
(49) アメリカ局北米第一課「愛知大臣・マイヤー大使会談　大臣発言振り」一九七一年三月三十一日、外務省外交記録H22-012、外務省外交史料館。
(50) Tokyo02855, "Okinawa Reversion Negotiations: Sneider-Yoshino Consultation Series", Mar 30, 1971,『集成一七―三』九七―九九頁。
(51) アメリカ局北米第一課「沖縄返還問題（吉野・スナイダー会談）」一九七一年四月二十一日、外務省外交記録H22-012、外務省外交史料館。
(52) Cable from Moorer for Mccain, "Okinawa Reversion", April 3, 1971, Military Relocation, History of USCAR, Box12, 沖縄県公文書館。
(53) アメリカ局北米第一課「沖縄返還交渉（現状と問題点）」一九七一年四月二十七日、関連文書四―九。

(54) 米北一長「沖縄返還問題（ス公使内話）」一九七一年三月二十六日、外務省外交記録H26-004、外務省外交史料館。
(55) 牛場大使から外務大臣宛第八六六号「オキナワ返かん協定（ナハ空港）」一九七一年三月三十日、外務省外交記録H26-0004、外務省外交史料館。
(56) Tokyo0319, "Okinawa Reversion: Aichi-Meyer Series", April 28, 1971,『集成一七―四』三〇―三二頁。
(57) 波多野「『密約』とは何であったか」二九二―二九六頁。
(58) Tokyo03945, "Okinawa Negotiation", April 28, 1971,『集成一七―四』二〇頁。
(59) 佐藤栄作（伊藤隆監修）『佐藤栄作日記 第四巻』朝日新聞社、一九九八年、三三〇頁。
(60) アメリカ局北米第一課「沖縄返還問題（愛知大臣・マイヤー大使会談）」一九七一年五月十一日、外務省外交記録H22-012、外務省外交史料館。
(61) 沖縄返還をめぐる経済・財政取決めについては、高橋和宏「ドル防衛と沖縄返還をめぐる日米関係一九六七―一九六九」『防衛大学校紀要（人文社会科学分冊）』第一〇九号、二〇一四年、一二一―一八頁・我部『戦後日米関係と安全保障』一七七―二〇一頁・波多野「『密約』とは何であったか」。
(62) 波多野「『密約』とは何であったか」二八三―二八六頁。
(63) Tokyo04348, "Okinawa Reversion Negotiations: VOA", May 12, 1971,『集成一七―四』一七八―一八〇頁・Tokyo04572, "Okinawa Reversion negotiations", May 18, 1971,『集成一七―四』二七四―二七五頁。
(64) Tokyo04631, "Okinawa Reversion Negotiations: VOA" May 19, 1971,『集成一七―四』二九一―二九二頁・『佐藤栄作日記 第四巻』三三六頁。
(65) Tokyo04760, "Okinawa Negotiations", May 21, 1971,『集成一七―五』三六―三七頁。
(66) アメリカ局北米第一課「沖縄返還問題（愛知大臣・マイヤー大使会談）」一九七一年五月二十八日、外務省外交記録H22-012、外務省外交史料館。
(67) Tokyo05081, "Okinawa Reversion: VOA", May 29, 1971,『集成一七―五』二二五―二二六頁。
(68) アメリカ局北米第一課「総理・マイヤー大使会談」一九七一年六月三日、外務省外交記録H22-012、外務省外交史料館。
(69) アメリカ局北米第一課「沖縄返還問題（愛知大臣・マイヤー大使会談）」一九七一年六月二日、外務省外交記録H22-012、外務省外交史料館。

(70) アメリカ局北米第一課「沖縄返還問題（愛知大臣・マイヤー大使会談）」一九七一年六月四日、外務省外交記録 H-22-012、外務省外交史料館。

(71) Tokyo05449, “Okinawa Reversion: Naha Airport”, Jun 08, 1971,『集成一七―六』二三三―二三四頁。

(72) 外務代理大臣発駐仏中山大使宛第五五二号、「沖縄返還交渉（Ｐ３の移駐）」一九七一年六月九日、外務省外交記録 H22-012、外務省外交史料館。

(73) Staete103492, “Okinawa Reversion: P-3s”, June 10, 1971,『集成一七―七』一九―二〇頁。

(74) 波多野「『密約』とは何であったか」三〇四頁。

(75) 我部『戦後日米関係と安全保障』一八九―一九二頁。

(76) 「了解覚書」外務省『わが外交の近況 昭和四七年版』。

(77) 米北一「在沖米軍基地面積」一九七一年五月二十七日、外務省外交記録 H22-0010、外務省外交史料館。

(78) Tokyo4847, “Okinawa Reversion Negotiations: Status Report”, May 24, 1971, NSA, JU01389.

(79) 『楠田實日記』六〇一頁。

(80) 「屋良琉球政府行政主席談話」一九七一年六月十七日、データベース「世界と日本」。

(81) 北岡伸一監修『沖縄返還関係主要年表・資料集』国際交流基金日米センター、一九九二年、五七三―五七五頁。

(82) 米中接近についての最新の研究として、石井修『覇権の翳り―米国のアジア政策とは何だったのか』柏書房、二〇一五年、第四―五章・佐橋亮『共存の模索―アメリカと「二つの中国」の冷戦史』勁草書房、二〇一五年、第五章など。

(83) 米中接近に対する日本政府の対応については、井上正也『日中国交正常化の政治史』名古屋大学出版会、二〇一〇年、第七章・神田豊隆『冷戦構造の変容と日本の対中外交―二つの秩序観 一九六〇―七二年』岩波書店、二〇一二年、第三章第一節―第二節。また、米中接近と日米関係については、Hideki Kan, “The Nixon Administration’s Initiative for US-China Rapprochement and Its Impact on US-Japan Relations 1969-1974”,『法政研究』七八巻三号、二〇一一年。

(84) 大河原良雄『オーラルヒストリー日米外交』ジャパンタイムズ、二〇〇五年、二三二頁。

(85) “Major DOD Budget Issues“, attached to Action Memorandum from Spiers through Johnson to The Secretary, “NSC Meeting,

August 13: The Defense Budget", Aug 11, 1971, NSC Misc. Memos, Box 8, RG 59, NA.

(86) Memorandum from Secretary of Defense to the President's Assistant for National Security Affairs(Kissinger), Aug 13, 1971, *FRUS, 1969-1976, vol. XVII China*, Doc. 154, pp. 473-473.

(87) Memorandum from Johnson to Kissinger, July 20, 1971, NSA, JU01407.

(88) Memorandum of conversation, "US/Japan Relations", Aug 24, 1971, 『集成一六—三』二〇一—二〇三頁。

(89) Memorandum of Conversation, "Okinawa", Sep 10, 1972, NSA, JU01439.

(90) State 186310, "Okinawa-Japanese Request for Release of Additional Base Areas", Oct 9, 1971, 『集成一七—九』二二三—二二五頁。

(91) Memorandum of Conversation, Nov 12, 1971, CFPF 1970-1973, Box 1790, RG59, NA.

(92) 沖縄県祖国復帰闘争史編纂委員会編前掲書、六三四—六三九頁。

(93) 中島琢磨「非核三原則の明確化」福永編前掲書、一七五—一八〇頁・黒崎輝『核兵器と日米関係—アメリカの核不拡散外交と日本の選択　一九六〇—一九七六年』有志舎、二〇〇六年、二一〇—二一二頁。

(94) 『朝日新聞』一九七一年十一月二十一日朝刊・『楠田實日記』六七〇頁。

(95) 「復帰措置に関する建議書」の作成過程については、琉球新報社編『世替わり裏面史—証言に見る沖縄復帰の記録』琉球新報社、一九八三年、二六一—二八三頁。

(96) 琉球政府「復帰措置に関する建議書」一九七一年十一月、沖縄県公文書館。

(97) 『屋良朝苗日誌№二九』一九七一年十一月十七日、十八日の項、沖縄県公文書館（0000099340）。

(98) 『朝日新聞』一九七一年十一月二十五日朝刊。

(99) Tokyo11661, "Lower House Resumes Debate on Reversion Agreement After LDP Opposition Compromise", Nov 22, 1972, 『集成一七—一〇』一一九—一二一頁。

(100) 公用地暫定使用法については、平良前掲書、二九三—二九五頁・防衛省・自衛隊『防衛施設庁史』防衛省、二〇〇七年、第三章第三節など。

(101) 平良前掲書、二八二—二九三頁。

(102) Tokyo11886, "President/Sato Talks", Dec1, 1971, 『集成一六—七』二二八—二二九頁。

(103) Tokyo12098, "President/Sato Talks", Dec 8, 1971,『集成二〇―九』一八―二三頁。
(104) Memorandum for Peterson from Elliot, "Japan", August 14, 1971, NSA, No. 01413.
(105) Tokyo11303, "Connally Visit: East Asia", Nov 13, 1971 ,History of the Civil Administration of the Ryukyu Islands, Box12, 沖縄県公文書館。
(106) Tokyo11446, "Okinawa Reversion-Base Reduction", Nov 16, 1971,『集成一七―一〇』七一―七三頁。
(107) Tokyo12226, "President/Sato Talks: Okinawa "Goodies"", Dec 11, 1971,『集成二〇―九』三一―三五頁。
(108) Briefing Book, "Japan", Jan, 1971,『集成二〇―八』四六―四九頁。
(109) State4148, "US-Japan Summit Talks", Jan 8, 1972, 石井修・我部政明・宮里政玄監修『アメリカ合衆国対日政策文書集成一八期第二巻』(以下『集成一八―二』のように略記)柏書房、二〇〇六年、一六一―一七七頁。
(110) Memorandum for the President's File, Jan 7,『集成二〇―八』一九八頁。
(111)「佐藤総理とニクソン大統領の共同発表」一九七二年一月七日、データベース「世界と日本」。
(112) 小山「『関東計画』の成り立ちについて」一三―一五頁。
(113) CINCPAC, *Command History 1971*, p.77.
(114) Memorandum of Conversation, "Nixon-Sato Summit Talks", Dec 28, 1971, NSA, JU01484.
(115) Tokyo12768, "Relocations of Naha Airport", Dec 29, 1971,『集成一七―一〇』三一一頁。
(116) Memorandum for the President's File, Jan 7, 1972,『集成二〇―八』一九八頁。
(117) 豊田『「共犯」の同盟史』一六八―一六九頁。
(118) Tokyo00327, "Okinawa Reversion", Jan 12, 1972, NSA, JU01505.
(119) Memorandum of Conversation, Jan 13, 1972, Subject Numeric Files 1970-1972, Box 2574, RG59, NA.
(120)『朝日新聞』一九七二年一月二十五日朝刊。
(121) Tokyo00033, "President/Sato Talks", Jan 4, 1972,『集成一七―一二』一四一―一四三頁。
(122) Memorandum of Conversation, "US-Japan Relations", Mar 21, 1972,『集成一八―三』一八一頁。
(123)『朝日新聞』一九七二年三月十九日・二十四日朝刊。

(124)『佐藤栄作日記 第五巻』七〇頁。
(125) 土地連三〇周年記念誌編集委員会編『土地連のあゆみ 創立三〇年史 新聞集成編』沖縄県軍用地等地主連合会、一九八四年、七六九頁。
(126) 屋良朝苗『屋良朝苗回想録』朝日新聞社、一九七四年、二一八頁。
(127) Briefing Paper, "Japan: Okinawa Reversion," May, 1972, NSA, JU1533.
(128) 沖縄県祖国復帰闘争史編纂委員会編前掲書、八〇二―八〇四頁。
(129)『屋良朝苗日誌』一九七二年六月三十日～七月十五日、七―八頁、沖縄県公文書館（0000097096）。

第三章　沖縄米軍基地縮小への模索　一九七二〜七四年

はじめに

沖縄返還実現から約一年が過ぎた一九七三年十月、沖縄県は米軍基地の現状について調査を行った。それによれば、沖縄の米軍基地自体は沖縄返還前よりもわずかに減っているものの、日本全国の米軍基地面積に占める沖縄の米軍基地面積の割合は、四九・五八％から五三・三七％へ、施設数で四六・五二％から四六・六七％へと増加していた。さらにその中でも、米軍専用施設については、約七三％が沖縄県に集中していることも明らかになった(1)。つまり、沖縄返還実現直後には、沖縄に在日米軍基地の約四分の三が集中するという構図が出来上がっていたのである。

とはいえ、この時期、沖縄米軍基地の整理縮小が全く手つかずだった訳ではない。前章で述べたように、一九七二年一月の日米首脳会談後に発表された日米共同声明では、日本側が「復帰後出来る限り整理縮小される」よう要請し、米国側も日米安保条約の目的に沿ってこれに応じるという文言が明記された。これを受けて日米両政府は、沖縄返還後直ちに沖縄米軍基地の整理縮小に取り組む。その最大の成果となったのが、一九七四年一月の第一五回ＳＣＣにおける合意である。ここでは、三八施設、全面・一部返還を合わせて当時の沖縄米軍基地面積の約一割である二五四一haが返還されることになった。

もっとも、返還が合意されたうち、一八施設は代替施設の建設が返還の前提であり、移転費用も日本側が負担するなど、合意内容は多くの問題を抱えていた。しかも本章で明らかにするように、当初日米両政府内では、沖縄からの海兵隊撤退など、より大規模な米軍基地の削減が検討されていたにもかかわらず、前述の合意にとどまったのである。

以上の点を踏まえ、本章では、一九七二年五月の沖縄返還直後から一九七四年一月のSCCでの合意にかけて、日米両政府が沖縄米軍基地の整理縮小にどのように取り組んだのかを検討する。

一　施政権返還後の米軍基地縮小要求

1　国際情勢の変容と日本・沖縄の政治情勢

沖縄返還が実現した一九七二年には、アジアで緊張緩和が進展した。冷戦戦略再編の一環としてデタントを推進するニクソン大統領は、二月に訪中し、中国の指導者毛沢東と会談、その後上海コミュニケを発表する。七月には、ニクソンはソ連を訪問し、ブレジネフ書記長とともに戦略兵器制限交渉（SALT）や弾道弾迎撃ミサイル（ABM）制限条約に調印した。

特にニクソン訪中は、それまで米中対立を基調としていたアジアの冷戦構造を大きく変容させる。[2]この米中接近に対応して、韓国と北朝鮮の間でも朝鮮半島における緊張緩和への動きがとられる。赤十字予備会談から始まった南北会談は、やがて政府レベルにまで格上げされ、同年七月には、自主・平和・民族大団結を統一の三大原則とする南北共同声明が発表される。[3]さらに日本でも七月に田中角栄政権が発足し、九月には日中国交正常化が実現された。[4]

その一方で、ベトナム戦争は依然として継続していた。この年、米軍は北ベトナムへの大規模な「絨毯爆撃」を再開し、在日米軍基地から戦闘機や戦車の出撃・移動が行われた。[5]それゆえ日本国内では、国際的な緊張緩和の趨勢にもかかわらず、ベトナム戦争で在日米軍基地が使用され続けていることへの反発が高まり、日米安保体制への支持が低下する。このような中で日本政府は、日米安保をいかに正当化するかという課題に直面した。(6)

一方、沖縄では、施政権返還後も巨大な米軍基地の存在は重要な争点であり続けた。六月の沖縄県知事選挙では、現職の屋良朝苗と保守系の太田政作が対決する。ここでは、太田が「現時点で基地を容認せざるを得ない」と選挙で強調したのに対し、(7)屋良はまず取り組むべきこととして、「基地の整理縮小とその撤去を要求していくこと」を挙げた。(8)結局、県知事選挙では、屋良が太田に対し七万票の差で圧勝して再選された。同じ時期に行われた沖縄県議会選挙でも、米軍基地に反対する革新勢力が過半数を占める。この後、屋良は、県議会で、国際情勢は基地撤去に有利に動いているとの認識を明らかにしている。(9)

六月末に発表された沖縄の世論調査でも、六割以上の県民が米軍基地の縮小を要求した。(10)軍用地主の連合体である土地連も、七月に採択した決議の中で、「高比率の軍用地はいまなお縮小されることなく、米軍事直接支配下におけると大差ないままの規模の軍用地を地主、県民に押しつけている」と返還後も変化のない状況を批判した。その上で、「経済発展、県民福祉の向上に必要最小限の土地」として、四七施設、約二九九二haの返還を求めたのである。(11)

しかも、沖縄では相変わらず米軍をめぐる事件が頻発し、住民の不満が強まった。五月以降、米爆撃機B-52が、ベトナム情勢への対応や台風を避けるためとして、グアムから嘉手納基地に次々に飛来し、沖縄住民の不安を高めた。九月には、キャンプ・ハンセン内で、米海兵隊員が日本人の基地従業員を射殺するという事件が起きた。この事件に対し屋良は、「終戦二〇年而も復帰した現時点で米兵の占領意識むき出し、県民の人命を虫けらのごとく処置したその行動は絶対許せない」「かかる米兵は一日も早く追い出すべきである」と激怒している。(12)この事件によって、沖縄返還とともに一時落ち着いたかに見えた基地反対運動が沖縄で再び盛り上がりを見せたのである。(13)

2　日米両政府の反応

国際的な緊張緩和の趨勢や日本国内での基地への反発の高まりに対し、日本政府では、外務省と防衛庁が、日米安保維持のため、その意義を再定義したり、米軍基地の縮小を目指したりするなど、様々な努力を行っていく。

まず外務省は、緊張緩和の中で日米安保は不要になるという批判に対して、むしろ日米安保があるからこそ緊張緩和が可能になるという論理を展開し、その意義を強調した。これによって、日米安保を地域の安全保障や緊張緩和の発展を可能にする基本的要素の一つとして正当化することを目指したのである(14)。

大平正芳外相も五月の講演で、アジアにおいて平和を目指し安全保障について話し合う上で「日米安保条約は、そうした努力の中にあるべき位置づけを見出すもの」だと論じた(15)。また大平は、アジアにおいて「もしアメリカの存在というようなものが薄れてまいった事態を考えると、慄然とする」と考え、米国のアジア関与の低下を懸念していた(16)。大平は、十月の米太平洋軍のノエル・ゲイラー（Noel Gayler）司令官との会談でも、「見通せる将来の地域の不安定さを考えると、アジアの安全保障のために、継続的な米国の軍事プレゼンスが不可欠」だと論じた。その上で大平は、「在日米軍基地は、日本だけでなく、地域全体の安全保障を維持する上で重要な役割を果たしている」と強調したのである(17)。

その一方で、外務省内でも米軍基地問題に取り組む必要性は認識されていた。十二月の日米政策協議において外務省は、米軍基地の問題は「大きな重要性を有する」との考えを示している。外務省が準備したペーパーによれば、「日本の都市化とともに、在日米軍基地は『目につく』『目に見える』不便なもの、あるいは公の迷惑なものと見なされている」。それゆえ、「基地問題の解決は不可欠」だとして、「基地の再編、統合、削減、移転を通して、摩擦の原因の可能性をなくすか最小化する」ことが必要だと考えられたのである[18]。

同じく十二月、外務省の栗山尚一条約局条約課長、松田慶文アメリカ局安全保障課長らは、米国側との非公式協議で、基地問題や安全保障問題について日米は緊密に協議する必要があると論じた。特に松田は、一九七三年から一九七七年をめどに、将来的に在日米軍基地を、三沢・横田・横須賀・厚木・嘉手納・ホワイトビーチという「六つの主要な作戦基地へ統合する」という個人的な考えを示した。松田は、その中でも「沖縄における米国の施設の大幅な縮小は、高い優先度がある」と強調する。さらに彼は、岩国の海兵隊基地には潜在的問題があると述べ、海兵隊航空部隊は三沢などに移動するべきだと述べた。これに対し、米国側当局者のメモには、松田の指摘が、日本政府内における米海兵隊の優先度や「ベトナム戦争後の海兵隊のプレゼンスの必要性についての、米国の戦略上・予算上の理由による再検討への予想を反映したものなのか明らかでない」と記されている[19]。後述するように、当時、米国政府内では、沖縄の海兵隊について再検討が行われていたため、海兵隊についての松田の発言に米国側は神経をとがらせたのだといえる。

米軍基地縮小の必要性を強調する一方で松田は、整理縮小後の在日米軍は、「米国による抑止の公約の信頼性を補強するとともに、抑止が失敗した場合には迅速に米軍が日本を支援できるようにする」ものでなければならないと論じた。その上で彼は、「米軍のプレゼンスが統合されるにつれて、日本政府は、米軍のプレゼンスを支援するべく財政的に貢献する追加的な方法を考慮する必要がある」と述べ、具体的には基地従業員への給料の支払いに言及した。同席した栗山も、予算上の理由で米国が閉鎖しなければならない基地に対し、日本はその維持のため支援するだろうと述べている[20]。これらの発言は、非公式なものだったとはいえ、この後、日本政府が在日米軍駐留経費を負担していく方向性を示唆していた。

防衛庁内では、久保卓也防衛局長が、日米安保について、緊張緩和の中でも「極東の平和と安全の維持機能」は将来も変わらないとして、「米国の極東さらに広くいえばアジア政策の支柱」としての重要性を強調していた。その一方で久保は、「基地の存在からくる具体的な、多くの問題が国民感情を刺激し、それがまた高揚するナショナリズムとも結んで、反安保、さらには反米の感情も高まっている」と警鐘を鳴らした。それゆえ久保は、「日米安保条約を存続させながらもその存在をなるべく目に見えないようにする、すなわち基地の縮小、米軍の削減、有事駐留方式への移行」といった努力が必要だと論じる。もっとも久保は、「日米安保条約の持つ戦争抑止の保持」という機能を十分に生かすため、「米軍が有事に来援しやすい基盤をつくっておくこと（基地等有事駐留の準備）」「米国の平時抑止力保持への寄与（第七艦隊への便宜供与）」などが必要だとも強調した[21]。

また防衛施設庁でも、国際情勢の変化や経済発展に伴う地域開発の進展から、米軍基地の整理縮小の必要性が認識されていた[22]。こうして防衛施設庁では、在日米軍基地の縮小に取り組むため、基地総合調整本部が六月に設置される。

一方、米国政府内では、日米安保や基地問題に対する日本国内の動向が懸念されていた。前述のように沖縄返還後も、米軍関係の様々な事件が続発し、沖縄現地では反発が強まった。それゆえ那覇総領事館は、「基地は返還後の沖縄現地において、最も大きな政治的争点になると予想される」と分析する[23]。こうした中で八月、国務省内のペーパーでは、国際的な緊張緩和の中で、「日本国内、特に沖縄と関東平野地域の米軍基地のプレゼンスはかなり削減されるべきだという感情が広がっている」と指摘されている。もっとも日本本土では、「関東計画」など近年進められている米軍基地の統合計画によってこのような圧力が低下することが期待された。しかし、「人口の密集した沖縄では、那覇基地を例外として、大規模で価値のある基地は現在まで返還されてこなかった」。それゆえ、このまま沖縄で米軍基地の縮小計画が発表されなければ、基地への反発がますます増大していくだろうと考えられたのである[24]。

十一月には駐日大使館も、日本国民の間で日米安保の有効性への疑問が高まっており、特に沖縄の基地問題が重要な争点になっていると指摘した。駐日大使館は、何の変更もなく現状を維持することは不可能だと強調した上で、日米関係維持のため、対日政策の再検討や、日本側との対話の促進、「関東計画」や沖縄基地縮小の実施を提言している。(25)

米軍部でも、在日米軍基地を安定的に維持するためには、一定程度の基地の縮小が必要であることは認識されていた。それゆえ太平洋軍は、「関東計画」の実施などにより、日本本土の基地を「中核構造」へと統合することを目指した。この「中核構造」は、不可欠な機動的戦闘兵力や支援部隊を日本に受け入れるための、必要最小限の基地のことだとされ、横田・岩国・横須賀・厚木・佐世保などの基地が挙げられた。その一方で、沖縄の米軍基地は維持することが目指され、有事の際には、「一番に依存するのは、残された沖縄の基地」だと考えられたのである。(26)

もっとも太平洋軍の中でも、沖縄米軍基地の維持に悲観的な見方が存在していた。九月の太平洋安全保障条約（ANZUS）での会合で、米太平洋軍のコーコラン准将は、将来の在日米軍基地について「日本本土における米国の海軍と空軍の基地はまだ残るだろう」と予想した。しかし沖縄の米軍基地については、「それらはあまりにも不人気であり、いかなる場合においてもそれらはもはや不可欠ではない」ので、「今後八年から十年後を考えると、沖縄の米軍基地はなくなるだろう」という見通しを示したのである。(27)

3　第一四回SCCと在日米軍基地問題

一九七二年十二月に行われた衆議院総選挙では、自民党が前回から議席を一六減らした一方で、社会党や共産党が躍進した。田中政権は、日中国交正常化の実現という外交上の成果にもかかわらず、目玉の「日本列島改造論」が国民に受けず、むしろ物価や地価の上昇などで批判にさらされたのである。

選挙後、大河原良雄外務省アメリカ局長は、米国大使館員に、「共産党と社会党が確実に次の国会で基地削減問題を取り上げるだろう」と予想し、日本政府はこれらに対応する必要があると指摘した。それゆえ大河原は、翌年一月にSCCを開催し、そこで「関東計画」や沖縄米軍基地縮小について合意することが「政治的に必要」だと要請する。特に大河原は、ずっと懸案になっている那覇空港からのP-3の移転について合意することを重視した。(28)

田中首相も一九七三年元日の記者会見で、都市化とともに米軍基地は整理される必要があり、特に沖縄では、経済開発のためにも基地縮小を進めなければいけないと論じる。(29)大平外相も、一月十一日の記者会見で、野党などが主張する日米安保の修正を退ける一方で、都市化とともに米軍基地の縮小を検討し、SCCで合意したいとの考えを示した。(30)また大平は、「ことしは内地、沖縄を通じて在日米軍基地の整理、縮小を現実的に打ち出していきたい」とも述べている。(31)

このような方針の下、日本政府内では、SCCに向けて、在日米軍基地縮小計画をまとめる作業が進められた。まず、関東地方にある米空軍基地を横田基地に集約する「関東計画」を一九七三年度から三年間かけて実施するべく、予算が計上された。また、沖縄についても、施政権返還にもかかわらず、米軍基地縮小が進まないことへの沖縄住民の不満を受けて、那覇空港など那覇市内の米軍基地の縮小を進める方針が固められた。(32)

特に、沖縄返還時から「目玉商品」と位置付けられながら、P-3移転をめぐって実現できなかった那覇空港の完全返還は最大の課題であった。すでに一九七二年秋、日本政府当局者は、米国側に対し、一九七五年に沖縄で開催が予定されている海洋博覧会の準備のため、一九七三年四月までに那覇空港が完全返還されることを要望している。その後、日本側は、P-3の普天間基地への移転に宜野湾市が激しく反対したこともあり、これを嘉手納基地へ移転するよう米国側に計画変更を要請した。そして日本側は、もし米国側がこの提案を受け入れるならば、米国側の負担分担などの要求を受け入れるという姿勢を示したのである。

米太平洋軍は、P-3の嘉手納基地への移転についての日本政府の申し出に対し、日本国内の政治情勢を考慮すると正当化できるものだと考えた。同時に太平洋軍は、次のような対案を日本側に提示することにする。それは、岩国の米軍住宅施設の改修や、普天間基地の滑走路をジェット機が使用できるようにするための改修、さらに那覇基地から嘉手納基地への飛行部隊の移転に伴う施設改修、牧港住宅地区の一部の嘉手納への移転、といった費用負担を日本側が引き受けるというものだった。これによって、米国は自国の負担を軽減させるとともに、那覇空港返還後、嘉手納基地の補助飛行場として普天間基地を使用できるよう改善することなどによって、運用上の柔軟性を維持することができるというのだった。(33)

このように米国政府内では、基地の安定的維持や日本側の負担分担を引き出す上でも在日米軍基地の縮小を進めることが有益だと考えられていた。一九七三年一月十二日、ロバート・S・インガソル（Robert S. Ingersoll）駐日大使はJCSに対し、「我々が基地の統合問題に敏感なアプローチで取り組み、日本における生活の事実を十分に認識するならば、我々は日本で無期限に十分な基地構造を維持することができる」と強調した。さらにインガソルは、P-3移転の補償引き受けなど、日本政府は米国政府に対して協力的だと評価している。(34)

こうして、一月二三日に東京で開催された第一四回SCCでは、米軍基地の問題が大きく取り上げられた。ここでゲイラー太平洋軍司令官は、アジアの米軍は削減されてきたが、核戦力や海軍・空軍力は低下させておらず、米国はアジアへの関与を継続すると説明した。その上で、日米安保は「西太平洋における米国の戦略にとって要石であり続ける」と強調する。これに応じて大平外相も、日米安保を「日本と極東の安全保障の前提条件」と意義付けた。その一方で大平は、急速な都市化によって米軍基地が問題になっていると指摘し、米軍の能力を維持しつつも「基地問題への取り組みに知恵を絞らなければいけない」と強調する。増原恵吉防衛庁長官も、都市化や経済発展を踏まえ、「特に沖縄の基地」を中心に、米軍基地縮小に向けて米国側の協力を求めた。日本側の要請に米国側も理解を示している。(35)

その結果、第一四回SCCでは、次の合意がなされることになった。まず、関東平野の米空軍基地を横田基地に統合する「関東計画」が了承され、府中空軍施設の大部分や立川飛行場、関東村住宅地区などを返還する代わりに必要な費用を日本政府が引き受けることになった。また、沖縄の米軍基地については、那覇空港を完全返還することが合意され、P-3は嘉手納基地へ移転されることになった。そして前述のように、P-3移転に伴って、嘉手納基地における代替施設建設や普天間基地の改修工事、三沢基地における施設建設の費用などを日本政府が引き受ける。その他、那覇の米軍施設を縮小するという名目で、牧港住宅地区のうち住宅二〇〇戸を嘉手納基地へ移転することとなり、その費用も日本政府が引き受けることになる。

米国政府は、このSCCの合意に非常に満足していた。その理由は、第一に、このSCCで日本側が「地域の安定と平和という長期的な目標にとっての条約と基地の関係を十分に認識している」ことを明らかにしたからである。そして第二に、「関東計画とP-3の移転の両方によって、我々はその有効性をほとんど失うことなく、基地の運用における重要な経済性を獲得した」からだった。(36)前述のように一九六八年には閉鎖も検討されていた普天間基地も、日本政府の負担によって、ジェット機が使用できるように、むしろ強化されていく。

日本国内では、SCCでの合意によって、日本側が米軍基地の整理縮小や改善・改造にかかる費用二五八億円を負担することになったことで、「基地の返還が『有償』で行われる」ことが注目された。そして、このような基地の移

転費用の日本側の負担は、「新しい形の『防衛分担金』」ではないかという疑問も出されていた。(37)

前述のように、日米地位協定第二四条では、在日米軍の駐留経費は米軍が自ら負担するとされているため、日本政府による費用負担はこれに違反するのではないかと考えられたのである。しかし日本政府は、国内の批判に対し、代替施設の建設は日米地位協定第二四条を逸脱するものではないという立場をとる。三月に国会で大平外相が示した政府見解によれば、「代替の範囲を超える新築を含むことがないよう」日米地位協定第二四条を運用するというのだった。これは「大平答弁」と言われる。(38) このように日本政府は、地位協定の枠内だとして正当化しながら、在日米軍基地の整理縮小や統合に伴う移転費用を引き受けることで、在日米軍への財政支援に向けた重要な一歩を踏み出したのである。(39)

このSCCでは、「関東計画」についての合意がなされた一方で、沖縄については、P-3の移転と牧港住宅地区の一部移転だけしか合意されなかった。それゆえ、メディアでは、「巨大な軍事基地を抱える沖縄で、どのように米軍基地を縮小するのかが、今後の大きな課題となろう」と指摘されている。(40) 屋良沖縄県知事も「基地機能はなんらかわらず玉つき移駐でしかない」と不満を表明する。(41) こうしてこの後、沖縄米軍基地の縮小問題が本格的に日米間で検討されていくのである。

二　日米協議の開始

1　日本政府の動向

一九七三年一月、ベトナム和平協定が調印される。(42) 日本政府にとってベトナム和平の実現は、日米関係の観点から、プラス面とマイナス面の双方の意義を持っていた。一方では、ベトナム和平の実現は、日本国内の反発を和らげることで、日米安保を運用する上で有益だった。他方で、圧倒的な軍事力を有する米国がベトナムから撤退を余儀なくされたという事実は、深刻に受け止められたのである。(43)

日本国内では、ベトナム和平協定の調印は国際的な緊張緩和のさらなる進展の表れだとして、日米安保のあり方を疑問視する論調がさらに強まった。(44) こうした中で沖縄では、緊張緩和にもかかわらず、米軍基地が維持されていることへの不満がさらに高まっている。復帰協は、「『核抜き・本土並み』返還といわれながら、沖縄の米軍基地は依然として現状のまま存続し、むしろポストベトナムに備えて基地機能は逆に強化され」ていると非難した。(45) 屋良沖縄県知事は、一月の記者会見で、日本復帰の喜びを実感できるよう米軍基地縮小計画をまとめる作業に取り組むと表明する。(46)

日本国内や沖縄における基地縮小要求の高まりを受けて、大平外相は、二月の衆議院沖縄・北方特別委員会で、「圧倒的に高度の負担を沖縄が負っている」として、沖縄米軍基地の整理縮小に引き続き取り組む姿勢を示した。その上で大平は、米国側から代替施設の提供を要求された場合、沖縄だけでなく日本全体の協力と理解が必要だと述べ、沖縄の基地機能の一部が本土に移される可能性も示唆した。(47) 三月の衆議院沖縄・北方特別委員会でも大平は、前述の一月のSCCで合意された那覇空港周辺の整理縮小は「第一段階」にすぎず、「さらに第二、第三の段階を想定している」と述べ、「こんごの整理・縮小計画をどう進めるか、日米間で打合せをしたい」と説明した。(48) 防衛施設庁内でも、「基地が復帰前の姿を殆どそのまま引継いだ状況」であることに住民の不満が強まっており、「基地の整理縮小は是非とも早急に検討実施する必要がある」と主張されたのである。(49)

こうして日本政府は、米国政府に沖縄基地縮小を要求していく。一九七三年四月、日米安保運用協議会（SCG）の第一回会合が開催された。このSCGは、一月のSCC開催直前、日本の安全保障や在日米軍基地の問題を協議することを目的として、大平外相とインガソル大使との間で設置が合意されたものだった[50]。在日米軍基地について、日本側は「ヴィエトナム和平成立が在日米軍にどのような影響を与えているか」といった点に関心を持っていた[51]。

第一回SCG会合において、大河原外務省アメリカ局長は、日本国内で野党が沖縄基地の大幅な縮小を要求していることを米国側に説明した。また高松敬治防衛施設庁長官は、沖縄の米軍基地が日本本土と比べて基地の密度が高く、地域開発を行う上でも基地が問題になっているので、「今後の基地問題の焦点は沖縄である」と論じた。これに対しトマス・P・シュースミス（Thomas P. Shoesmith）公使は、政治的・経済的・社会的・感情的な問題から沖縄米軍基地縮小の必要性を認める一方で、「沖縄における大規模な整理・統合は近い将来難しい」とも述べた。しかし高松は、「現在遊休している施設はいくつかあるし、リロケ（筆者注・移転）出来るものもある」と強調したのだった[52]。

日本政府内で沖縄米軍基地の整理縮小に特に積極的だったのが、防衛施設庁であった。防衛施設庁は、沖縄について、その面積が矮小であるにもかかわらず、「なお日本の他の全地域に存在するものの量を上回る米軍施設が配置されて」いることを問題視していた。そしてこの現状が続けば、県民の生活や経済振興にも問題があるとして、「計画的かつ段階的に米軍施設の整理統合を進める必要がある」と考えていたのである[53]。

こうして防衛施設庁は、沖縄米軍基地の実態調査を進め、整理縮小計画をまとめている。史料の制約上、正確な内容は明らかではないが、報道によれば、それは、北部訓練場・安波訓練場・南部弾薬庫・那覇サービスセンターといったほとんど使用されていない基地を中心に、当時の沖縄の米軍基地八〇施設を五〇施設程度に、面積にして二万八〇〇〇haを二万haに減らし、嘉手納、キャンプ・ハンセン、キャンプ・シュワブに基地を集約するというものだった[54]。

しかし、この防衛施設庁の計画について、五月十四日の第二回SCG会合では、ロバート・E・パースレイ（Robert E. Pursley）在日米軍司令官が「defence consideration が加えられていない」と批判した。これに対し大河原は、日本側は同計画を「政治的、経済的側面に重点を置いて作成し」たと説明する。高松も「第一に利用する頻度の少ない基地を挙げたこと、第二にリロケが容易であり、リロケによって基地の機能が低下しないことを考慮した」と述べている。さらに日本側からは、米国のベトナム戦争後の戦略が不明確であるとの声も挙がった。久保防衛庁防衛局長は、「沖縄における基地整理・統合を進めるにあたっては、在沖基地を使用する前提となるPost Vietnam後の米国の極東戦略を承知する必要がある」と述べた。大河原アメリカ局長も「米国の戦略、Post Vietnam後のアジア政策、base structure等を承知せざる限り、我々の仕事はうまく行かぬ」と論じている。これに対しシュースミス公使は「現時点では、停戦後のヴィエトナム情勢は必ずしも確定的なものと言えぬ」ので、「米国のstrategic postureを示すには時期的に好時期ではない」と答えるにとどまった。(55)このように日本側は、主に国内政治・経済上の観点から沖縄米軍基地の縮小計画を作成したものの、ベトナム戦争後の米国のアジア戦略が不明確であることに不安を感じていたのである。

五月末には、山中貞則が新しく防衛庁長官に就任する。山中は長官就任に際し、沖縄について「米極東戦略のかなめ石であることはわかるが、面積、個所ともに多すぎると思う」と述べ、「米側の理解を求めつつ、積極的に返還、縮小をはかりたい」と基地縮小に意欲を示す。山中は、国際的な緊張緩和が進展する中で、沖縄米軍基地を見直すべきだと考えていた。(56)また山中は、総務庁長官として沖縄返還にかかわった経験もあり、個人的に沖縄に深い思いを持っていた。それゆえ山中は、高松防衛施設庁長官に対し、基地縮小に積極的に取り組むよう指示している。(57)山中自身が後に述べたところによれば、彼は、ベトナム戦争後、米国は地上軍を使う可能性はないので、沖縄の海兵隊基地は必要ないと考え、米国側に対し、非公式に「私のほうからそういうことをいってみたこともあ」ったという。(58)報道によれば、山中長官らは「ベトナム停戦の実現など国際情勢が緊張緩和に向かっているおりから、沖縄基地の大部分の返還は可能なはず」と判断して、沖縄米軍基地の約五五％の返還を非公式に打診したとされる(59)。

このような中、防衛施設庁は、六月の第三回ＳＣＧ会合で、四六の沖縄米軍基地の全部または一部の返還を米国側に公式に求めた。この返還リストは、「高松リスト」と米国側では呼ばれることになる(60)。また屋良率いる沖縄県も、都市部の過密化や農漁業問題に対応するため、独自に基地縮小計画を作成し、九月には、牧港住宅地区や那覇軍港のすべて、嘉手納基地の一部を含む、三一施設、総面積四五二六haの返還を外務省や防衛庁に提起した(61)。

もっとも沖縄の政治・経済・社会的観点から、沖縄米軍基地の縮小に積極的な山中長官や防衛施設庁に対し、防衛庁の官僚たちは、安全保障上、米軍基地の役割をより重視する傾向にあった。防衛庁の考えでは、日本は中国やソ連といった大国に囲まれ、アジアには欧州のような集団防衛体制がない中で、「わが国の安全保障のためには、日米安保条約の堅持は必須」であった。そして「アジアの安定の為に米軍のプレゼンスが必要」という観点からも、日米安保は重要だった。その上で「特に重要なことは、米軍の使用する基地を抑止力として有効な機能を維持しうるよう日米間で措置と努力がなされなければなら」ず、「今後予想される在日米軍基地の整理統合についてもその時々の国際環境に適合した基地機能の維持に格別の留意の必要がある」と考えられたのである(62)。

防衛庁と防衛施設庁の間では、ベトナム和平後、沖縄米軍基地がどの程度変化するかについても意見が分かれていた。防衛施設庁では、縮小される基地についても、陸軍の補給施設が今後縮小される一方、空軍基地は維持されると予想された。その上で、平井啓一防衛施設庁施設部長は、「カギは海兵隊がどうなるかだ」と、在沖縄米軍の大部分を占める海兵隊の基地の縮小に期待したのである。しかし、防衛庁の「軍事専門家」は、海兵隊は、「極東のどの地域にでもいったん事あれば派遣できるという抑止力の役目をはたしている」ため、ベトナム和平とともに沖縄から撤退するとは考えられないという立場をとっていた(63)。

また山中防衛庁長官と防衛庁との間でも、沖縄米軍基地縮小をめぐって姿勢の違いが見られた。六月の衆議院内閣委員会で、山中は、沖縄の米軍統治の歴史を踏まえ、「軍事戦略上の観点だけで沖縄基地を論じることは反対だ」と述べ、沖縄基地縮小に努力すると強調した。しかし久保防衛局長は、「沖縄の米軍基地は戦略的に高い地位にあ」るので、米国はこれを保持し続けるだろうと予想し、沖縄米軍基地は、整理縮小を進めつつも「今後も変わらず認めていくべき」だと発言したのである。(64)

一方、外務省は、防衛庁と防衛施設庁の双方と連携しながら作業に取り組んでいた。当時外務省アメリカ局長だった大河原によれば、外務省は防衛庁と「非常にいい連携」であったし、防衛施設庁が沖縄現地の意向を組み入れる一方で外務省が米国側の考え方を把握し、両者が「すり合わせをしながら、日本側の考え方をまとめていった」。もっとも外務省の方針は、嘉手納基地や普天間基地といった主要な米軍基地を維持する一方で、「それを支援する補給基地的な機能を持った基地を削減していこう」というものだった。外務省内でも、依然不安定な朝鮮半島やベトナム戦争を経験した東南アジアをにらんで、沖縄米軍基地は依然重要だと考えられていたのである。(65)

2　米国政府内の動向

米国政府内では、この時期、ベトナム戦争後のアジア戦略についての検討作業が開始されている。ベトナム和平協定が調印されて間もない一九七三年二月、ニクソン大統領はＮＳＳＭ171「米国のアジア戦略」の中で、米国の軍事態勢や同盟国の反応についても評価するよう指示している。(66)

この検討作業では、在日米軍基地の重要性が再確認され、「日本におけるすべての基地の権利の喪失は、我々のアジア戦略の再評価を必要とする」と指摘されている。その一方で、日本国内では、特に人口密度の高い地域において米軍削減への要求が高まっているので、「日米安保条約と米国の軍事プレゼンスへの反対の圧力に対応するために、努力しなければならない」とも考えられた(67)。

三月にはニクソン大統領は、ベトナム戦争後の日本外交の変化などについて検討するべく対日政策検討作業NSSM172を指示している。ここでは、今後、日米安全保障関係はどのような形態をとるべきか、日本が発展させるべき通常兵力のレベルはどのようなものか、などが検討された(68)。このようにニクソン政権は、ベトナム戦争後の情勢を見据えて、アジア戦略や対日政策について検討作業を開始し、これらと並行する形で沖縄米軍基地の整理縮小をめぐって日本政府との協議を進めていく。

この時期、米国政府内では、沖縄米軍基地の縮小をめぐって、軍部と国務省が鋭く対立していた。ゲイラー太平洋軍司令官が述べたように、軍部は、「日本は、ソ連の太平洋へのアクセスを封じ込め、そして朝鮮半島へ兵力を投射するための前方基地を提供する、ユニークな場所に位置する」として、在日米軍基地を重視していた(69)。その一方で軍部は、「特に人口密集地での米軍の可視性を低下させる」必要を認め、前述のように在日米軍基地を最小限の「中核構造」へと統合することを目指した。しかし、このように日本本土の米軍基地については最小化することが目指される一方で、沖縄の米軍基地は維持されるべきだと考えられた。特に、普天間基地を含むキャンプ・バトラー施設は海兵隊の住宅やヘリコプター部隊のため、嘉手納基地は空軍の戦闘・輸送部隊の「主要な基地」として、牧港補給地区は陸軍の兵站倉庫として、それぞれ重視されたのである(70)。

国防省が日本側に説明したところによれば、沖縄米軍基地の軍事的役割は次のようなものだった。沖縄は、東北アジアと東南アジアの双方へのコミットメントに対応することができ、大陸に比べて「敵対的攻撃に対して、相対的に脆弱でない」という重要な地理的位置にある。そして沖縄の基地は、①日本や前述の地域への脅威に対して地上・航空兵力によって迅速に対処するための集結・作戦基地、②兵站基地、③通信ネットワークのハブ、④「可視的で信頼できる抑止力の証拠の提供」という多様な役割を有していた。しかも日本本土の米軍基地の使用がますます縮小される中で、「より多く沖縄の基地構造に依存しなければならない」。それゆえ沖縄米軍基地は、「有事における大きな兵力に必要とされるスペースと柔軟性を提供するために保持されなければならない」というのである。こうして沖縄米軍基地は、「東北アジアと東南アジアにおける米国の軍事プレゼンスにとって、主要な沿岸地域の作戦及び兵站供給基地として、ベトナム戦争後の環境の中で有益であり続ける」と結論付けられた[71]。特に兵站機能については、「ヴィエトナム戦争時に実証されたとおり沖縄は五〇万人の兵員を支援するだけの logistic capability を有しており、沖縄のかかる capability の中には韓国軍に対する支援も理論的には含め得る」と指摘されている[72]。このように「沖縄基地の韓国防衛への重要性」も強調され、米国政府は沖縄を含め在日基地から朝鮮半島への直接的な戦闘作戦行動も想定していた[73]。

一方、国務省は、軍部の姿勢に批判的だった。国務省政治軍事問題局によれば、太平洋軍による在日米軍基地縮小作業では、「より大きく、より柔軟な沖縄基地構造」の役割が重視された結果、沖縄への政治的考慮や沖縄基地の縮小計画は不十分だった。また同局は、特に沖縄における海兵隊の普天間基地について、「ここで使用される航空機は、人の多く住む地域を低く飛び、目立った騒動を引き起こす」ので、「明らかに政治的負債」だとされ、さらなる検討が必要だと考えられている[74]。

駐日大使館も、軍部の姿勢を批判している。当時太平洋軍には、日本国内の基地縮小要求に応じれば、むしろ日本側の要求を刺激し、中期的には在日米軍基地を喪失してしまうのではないかという懸念が存在した。しかしシュースミス駐日公使は、基地縮小はむしろ基地の運用を効率化すると反論する。さらに彼は、「沖縄における我々のプレゼンスの大きさや、そこに配備された海兵隊部隊の将来や、日本における陸軍の兵站の役割の将来」といった問題についても、早期に検討する必要があると主張した[75]。国務省内でも同様に、太平洋軍の沖縄基地縮小計画は不十分であり、むしろ基地縮小によって米軍基地の運用をより効率的にすることができると論じられている。その際、特に那覇軍港や沖縄の海兵隊施設などに特別な注意が向けられるべきだと主張された[76]。

六月には、那覇総領事館が、復帰から一年を経た沖縄の情勢を報告し、沖縄において米軍基地に対する反発は依然として強く、都市化によって米軍基地をめぐって新たな問題が生じていると分析している。それゆえ、長期的に米軍基地を維持するためには、基地の統合こそが「我々の政策変更の中で最も重要な分野」だと強調した[77]。

また国防省でも、沖縄を訪問したロバート・C・ヒル（Robert C. Hill）次官補は、コストや政治的な見地から、「この島の南部における我々の立場は、数年以内に擁護できなくなる」と危機感を抱き、沖縄基地の早期縮小が必要だと省内で論じている[78]。

この時期、米国政府内では、沖縄米軍基地の整理縮小は、日本政府による対米負担分担を促進するためにも必要だと考えられた。スナイダー国務次官補代理は六月、日本政治における自民党の退潮や都市における人口過密といった問題の中で、「我々の基地は、ますます焦点となり、反対勢力の攻撃に脆弱になる」と懸念を示した。このような状況においてスナイダーは、日本側に対し、「沖縄米軍基地のより広範囲な統合と移転」を提示するのと引き換えに、自衛隊の対潜水艦戦力の増強や米国からの防衛装備品の購入の拡大、米国への労働力の提供など負担分担の増大を求めるという「パッケージ・ディール」を米国政府内で提唱する。彼によれば、この取引は、長期的には米国にとって経済的に有益だというのだった[79]。

当時、米国政府内では、ベトナム戦争によって増大した財政負担を軽減するため、防衛協力など、日米間の負担分担の必要性が主張されていた。特に太平洋軍は、日本の自衛隊が航空・洋上監視能力や対潜水艦戦能力などを向上させ、短距離の防衛任務を担う一方、米軍が核抑止力の提供と長距離の攻撃・防衛任務を担当するという、「相補性」の拡大を模索した。(80) スナイダーの提案は、こうした日米の防衛協力による負担分担と沖縄米軍基地の大幅縮小を結び付けようとするものだった。このように米国政府内では、様々な形で沖縄米軍基地の整理縮小が模索されたのである。

三　沖縄米軍基地の整理縮小をめぐる協議の妥結

1　在沖海兵隊の撤退をめぐる論議

当時、米国政府内では、ベトナム戦争後の米国のアジア戦略の見直し作業と沖縄米軍基地の整理縮小に向けた作業が並行して進んでいた。その中で注目すべきは、在沖縄米軍のうち最大の兵力と基地を有する海兵隊の撤退が争点となっていたことである。

すでに一九七二年十月、国務省政治軍事問題局のロバート・マクロム（Robert McCollum）が駐米豪州大使館員に語ったところでは、この時期、国防省のシステムアナリシスズの専門家によって、海兵隊の検討が行われた。そこでは、沖縄やハワイなど、すべての太平洋地域の海兵隊をカルフォルニアのサンディエゴに統合することが、「かなり安上がりで、より効率的」だという結論が出された。マクロムは、この結論は、経済的にも軍事的にも説得的だが、国務省が政治的側面からこのような動きを懸念していると指摘している。(81)

続いて一九七三年五月、マクロムが再び豪州大使館員に話したところによれば、同年一月の「関東計画」の合意によって東京近郊における米軍基地への圧力が低下したものの、「沖縄から海兵隊を撤退させるための真剣な運動」が日本国内で開始されたという。彼によれば、日本政府内では、在日米軍のうち、まずは海軍部隊、次に空軍部隊が日本防衛上重視される一方、海兵隊部隊は最も重要度が低いと考えられていた(82)。

こうした中で、国務省でも、沖縄からの海兵隊の撤退を支持する意見が出される。一九七三年五月、駐日大使館は、沖縄米軍基地の分析が遅れていると不満を表明し、これらを大幅に削減することは極めて重要だと強調した。その上で大使館は、そもそも沖縄の海兵隊を「前方配備することが米国の利益であり続けるかどうか」という根本的な問いを提起した。そして、もし利益でない場合、普天間基地と「基幹的な司令部だけを残して、沖縄の海兵隊施設のほとんどがなくなることは明らか」だと指摘したのである(83)。また同じ時期、国務省のマクロムは、駐米豪州大使館員に対し、ハワイや西海岸、ミクロネシアに適当な施設が見つからないため、沖縄の海兵隊を韓国に移転させるという構想を説明している。この構想は、沖縄からの海兵隊撤去や、韓国の受け入れ可能性など、いくつもの利点があった(84)。

このような議論を反映する形で、国務省は、NSSM171の検討作業において、沖縄からの海兵隊撤退を主張する。国務省は、一九七四会計年度においては東南アジア以外の米軍の削減は望ましくないとしたものの、一九七七会計年度から一九七八会計年度には、韓国と沖縄からすべての地上兵力、つまり在韓米陸軍一個師団と在沖海兵隊三分の二個師団を撤退させる案を支持したのである。もっともこの主張に軍部は反発した。五月、JCSは、政治・軍事情勢次第では、在韓米陸軍の削減を受け入れてもよいが、沖縄の海兵隊は維持するべきだと主張し、国務省案に反対する(85)。

六月には、国務省政治軍事問題局のレス・ブラウン(Les Brown)が、駐米豪州大使館員に対し、沖縄の米軍基地について、嘉手納基地は重要であり続けるが、「米国政府内では、海兵隊の移転についての真剣な検討が行われ続けている」と説明している。彼によれば、「最大の問題の一つ」は、米海兵隊総司令部が、沖縄からの海兵隊撤退が海兵隊全体の削減の引き金になるのではないかと恐れ、抵抗していたことだった。これに加え、ハワイや米国西海岸に、すぐに使用できる施設がないという問題も存在していた(86)。

このように米国政府内では、沖縄における海兵隊の撤退をめぐる議論が盛んに行われる一方で、米国政府は、日本側に対しては沖縄の海兵隊の重要性を強調し、その機能の変更は認められないという姿勢を一貫して示していた。同時に米国政府は、沖縄米軍基地の整理縮小に必要な経費を日本側が出すことも要求する(87)。

一方、日本政府からしてみれば、沖縄の海兵隊のあり方など「兵力の程度をどうするか、これはアメリカが自分で決めること」だと考えられ、米国側から日本側への相談はなかったという(88)。むしろ当時、米国の戦略の中では、陸軍が削減される一方、海軍と空軍と海兵隊は重視されているという見方が日本政府内ではとられていた。それゆえ、「沖縄の場合には、嘉手納の空軍基地と、海兵隊の基地が大きな意味合いを持っていたということで、米軍の全体の戦略のなかでは、沖縄に手をつけることは、極めて慎重」だと考えられたのである(89)。

さらに日本政府内では、ベトナム戦争後、米国のアジア関与が縮小されることが引き続き懸念されていた。外務省の東郷文彦審議官は、六月の米国側との協議で、ベトナム戦争後も米国がアジアへの関心を失わないよう要請している(90)。また東郷は、別の機会にも、ベトナム戦争後もアジアに米国のプレゼンスが維持されることが重要で(91)、緊張緩和にもかかわらず、日米安保は、「アジアにおけるバランス・オブ・パワーを維持する上で最も重要な要素」だと論じている(92)。防衛庁内でも、前章で述べたように、在日米軍の再編が急速に進められることに懸念が高まっており、有事の際に米軍が日本防衛に来援に来るための「人質」が必要だと考えられていた。

このような中、七月の第四回ＳＣＧで、防衛庁の久保防衛局長は、「米国がアジアの安全保障問題に関与し続けるという証拠」として、第七艦隊と、空軍及び海兵隊部隊によって構成される「機動戦力（mobile task force）」からなる米国の軍事プレゼンスが維持される必要があると論じている。そして久保は、現在の米軍のプレゼンスは適切な規模だとして、その維持を要請した。その上で久保は、「アジアにおける機動戦力の必要性を踏まえると、米国の海兵隊は維持されるべき」だと繰り返し主張する。つまり久保は、当時米国政府内で沖縄からの撤退が検討されていた海兵隊の重要性を強調したのである。

久保の他にも、ここでは、日本側から、米軍のプレゼンス維持の必要性が次々に表明されている。中村龍平統合幕僚会議議長は、日本防衛のための計画には、米軍の来援を考慮に入れなければならないとして、米軍削減の可能性について懸念を表明した。外務省の大河原アメリカ局長も、米軍削減の一方で、「米国の安全保障上の保証の信頼性を維持するための手段を見つけることが不可欠」だと述べている。また久保防衛局長は、米国の安全保障上の信頼性を維持するため、「米国は対応する意思があるという目に見える証拠を維持しなければならない」と改めて強調したのだった(93)。

海兵隊の維持を望む日本側の姿勢は、米国政府の政策方針にも反映されたと考えられる。少し後のことになるが、十一月、シュースミス駐日公使は、日本の外務省当局者との会談を踏まえ、スナイダー国務次官補代理に書簡を送った。それによれば、以前、彼は沖縄の海兵隊の有効性について疑問を抱いていた。しかし日本政府内の一部では、沖縄の海兵隊は、「日本に対する直接的な脅威に即応する米国の意思と能力の最も目に見える証拠」だと認識されている。それゆえ、日本政府内の海兵隊重視が強まり、しかもそのプレゼンス維持への日本側の疑念があればあるほど、「我々の交渉上の梃子は強化される」。従って、米国側としては、海兵隊は、日本側が特に重視している第七艦隊の不可欠の一部であることを、日本側に強調するべきだというのだった(94)。

つまり、当初、沖縄からの海兵隊撤退を主張していた国務省・駐日大使館は、日本政府内で在沖海兵隊が重視されていることを踏まえて、その姿勢を改めるに至った。さらに、日本政府が沖縄の海兵隊を重視していることを「交渉上の梃子」として利用し、日本側から協力を引き出す材料にすることが考えられたのである。

七月の米国政府内の防衛計画検討委員会では、これまでの対日協議を踏まえ、朝鮮半島有事の際、日本の保守政権は、在日米軍基地の使用を積極的に認めるだろうと考えられている。また内容は非公開だが、韓国の陸上兵力や、沖縄の海兵隊や空軍についても議論された[95]。ここでの議論を踏まえて、八月、キッシンジャー大統領補佐官は、ニクソン大統領に、「アジアにおける十分な軍事プレゼンスの維持は、アジアの安定と継続的な米国のコミットメントの自信を維持する上で極めて重要であることを見出した」と報告している。その上で委員会は、見通せる将来にわたって、アジアに配備される戦闘部隊の現在のレベルを基本的に維持することを計画するよう勧告したのだった[96]。

こうして八月、ニクソン政権は、ＮＳＤＭ230「アジアにおける米国の戦力と兵力」を決定する。ここでは、韓国・日本・沖縄・フィリピンの現在の米軍の兵力レベルを今後五年間維持することが明確化された[97]。すなわち、地上兵力としては、韓国の陸軍一個師団、沖縄の海兵隊三分の二個師団、航空兵力としては、沖縄・韓国・フィリピンにそれぞれ一個航空団を配備し続けることが決定されたのである。その際、「この地域における米国の継続的な配備は、……米国がそのコミットメントを満たし、アジアにおける平和の維持を助けるという継続的な決意の最善の証拠」だと考えられたのだった[98]。

当時、ニクソン政権は、軍事プレゼンスの効率化・合理化よりも、軍事的有効性のため、その維持を重視する方針を固めつつあった。ソ連による極東方面などでの軍事力増強や、軍事プレゼンス縮小に重点を置いた従来の政策が日本などの同盟国に不安を与えていることが反省されたのである[99]。それゆえ米国政府は、ベトナム戦争後も、アジア地域の安定と同盟の結束のため、日本や沖縄を含むこの地域に現状の兵力レベルを維持しようとした。

こうした中で、撤退も検討されていた沖縄の海兵隊は維持されることになった。八月の記者会見で、ゲイラー太平洋軍司令官は、ソ連の海軍力増強に対抗するべく米国は軍事プレゼンスをアジアに維持する方針であると強調した。その上でゲイラーは、沖縄はその地理的位置から戦略的に重要であり続け、海兵隊も「全体的戦略能力の重要な部分」で「撤退については何の計画もない」と言明したのである。(100)

この時期、国務省は、在韓米軍を韓国防衛だけでなく地域防衛を対象とした機動部隊にする代わりに、沖縄から海兵隊を撤退させれば、日米関係に良い影響を与えると分析している。しかし、「我々は、沖縄の地上兵力を移転するという将来のオプションを閉ざす傾向にある」と認めざるを得なかった。(101) ちなみに、在韓米軍も、この時期まで追加削減が米国政府内で検討されていたが、「東北アジア全般を安定化させる役割」が見出され、前述のように維持されることになった。(102)

2　日米協議の妥結

米国政府内では、この後も引き続き、沖縄米軍基地の縮小をめぐって国務省と軍部が対立した。九月、在日米軍は、これまでの検討作業や日本側の要請を踏まえて、沖縄基地のうち二九を全面返還、一九を部分返還、面積にして約三四〇〇haを縮小することを提言し、太平洋軍はこれを承認する。もっとも、このことは、太平洋軍や在日米軍が大規模な沖縄米軍基地の整理縮小に積極的になったことを意味しなかった。十月、パースレイ在日米軍司令官は、インガソル駐日大使への書簡で、すでに在日米軍は大規模な人員・基地を削減しており、さらに沖縄基地を削減すれば、軍事的有効性を損なうことは避けられないと主張する。それゆえパースレイは、軍事的有効性の維持と基地縮小による効率化・合理化は、両立することはできないとして、その二者択一を迫ったのである。(103) これに対しインガソル大使は、沖縄米軍基地の縮小は、長期的に基地を維持するため不可欠だと反論する。(104)

ところが、沖縄基地の整理縮小をめぐる協議は、日本側の経済的事情から停滞していく。前述のように、「関東計画」や那覇空港のP-3の移転で、この数年間に五〇〇億円近い経費を負担しなければならず、新しく大規模な基地統合の経費を負担するのは極めて苦しい状況にあった(105)。すでにこれまで合意した基地の統合についても、遅れが生じており、米国政府内では日本政府に対し不満が生じていた(106)。

こうした中、前述の沖縄米軍基地の整理縮小計画を米国側が十一月に日本側に提示した際、日本側はその移転費用について「天文学的」だと驚愕し、「実現するのは、政治的経済的に不可能」だと回答する(107)。また日本側は、「当該計画のための支出は約二〇〇〇億円であるが、支出が莫大であるが大きな問題であり、もっと節約できないものか」と主張している。しかし、米国側からは「日本側より米軍基地の整理・統合計画については財政的制約はない旨の説明があったことと矛盾する」と不満が表明された(108)。

しかも当時、田中政権が掲げた「日本列島改造論」によって、インフレと地価の高騰が加速した。さらに第四次中東戦争をきっかけに第一次石油危機が勃発し、日本経済を直撃していた(109)。その結果、「石油危機による物価の急騰や労働条件の悪化に対する財政経済立て直しのための抑制策」が、防衛施設庁が進める基地縮小作業にも深刻な影響を与えた(110)。こうして費用問題が大きな理由となり、沖縄基地縮小をめぐる日米交渉は停滞する(111)。

結局、一九七四年一月、日本側からは大平外相・山中防衛庁長官、米国側からはインガソル大使・ゲイラー太平洋軍司令官が出席した第一五回SCCで、前述のように、三八の沖縄米軍基地の返還について合意された。しかし、無条件に全面返還される基地は、久志訓練場・屋嘉訓練場・平良川通信所など七施設で、いずれも小規模だった。北部訓練場など一四施設は無条件の部分返還、牧港住宅地区や那覇軍港を含む一八施設の完全返還は移設が前提だった。北部牧港住宅地区や那覇軍港の返還は、沖縄返還時から重要な課題だっただけに、その返還合意は「目玉」だとされた。

しかし、これらの移転費用として、日本政府はさらに一〇〇〇億円以上の膨大な経費を抱えることになり、しかも沖縄の中核的な米軍基地に変化はなかった。日本国内では、沖縄米軍基地面積の一割の返還という目標に固執しすぎ、膨大な移転費用など、無理な条件を負わされたという批判も強かった(112)。

ＳＣＣでの合意に対し、日本側では、外務省が、米国の軍事戦略に今後大幅な修正が行われる見通しはなく、国際情勢に大きな変化も予想されないとして、沖縄基地の整理縮小は一段落したと判断した(113)。山中防衛庁長官も「今回の基地整理統合計画は米側がめいっぱいに応じたもの」だと評価している。しかし沖縄では、屋良知事らが、無条件返還は大部分が遊休施設で「地元の要求が十分考慮されていない」と反発した。沖縄県の考え方では、今回返還されるのは基地機能を損なわない遊休施設だけで、他のものは代替施設の提供を前提としていた。それゆえ「代替施設の提供を前提とした返還方式は……沖縄基地の再編強化につながり、沖縄基地の固定化を意図したもの」だと考えられたのである(114)。

土地連も、基地縮小が進むことは前進だと評価しつつも、大部分が一部返還や移設が前提の返還だとして、軍用地主の意思が十分に反映されていないと不満を表明した。その上で、返還される軍用地の地籍調査を実施することや、跡地利用ができるまでの賃貸料の相当額が保障されるよう要請した(115)。今回の基地縮小計画は沖縄県の南部が中心で、計画が実施されれば那覇市内から米軍施設はなくなることになった。しかし地主の中には、中部・北部で返還されるのはほとんど山林や原野という利用価値のない場所だという不満の声も挙がった。また那覇軍港の移転候補とされた浦添市は、移転計画に激しく反発する(116)。

一方、米国政府は、地元の反応も含め、基地縮小合意に満足した。スナイダー国務次官補代理は、沖縄米軍基地縮小計画が合意されたことについて、「我々も含め、みんなが幸せだ」と報告している(117)。駐日大使館も、今回の計画への沖縄での反応は、「この左翼の支配する島では、期待できる限りよいものだった」と評価した。その一方で、那覇軍港などの移転をめぐって地元で大きな障害があることを予想したが、「幸運なことに、大部分は日本政府が処理する問題」であった[118]。実際、那覇軍港は返還合意後四〇年を経ても、移転は実現せず現在に至っている。

米国政府は、沖縄を含め在日米軍基地の大幅な整理縮小を進める上で、「移転の費用を日本政府が支払うことを確保すること」を目標としてきた。そして、不可欠の作戦・兵站・通信上の能力を維持しつつ、有事の際には戦闘部隊と支援部隊を再び受け入れることのできる「最小限の中核構造」にまで沖縄を含む在日米軍基地を整理統合するべく、日本側と交渉を進めてきたのだった[119]。これらの目標を、米国政府は、一九七二年から一九七四年にかけての日米協議で達成したのである。もっとも、沖縄の米軍基地をできるだけ維持することは、当初から米軍部の方針であった。

この後、米国政府はこれ以上米軍基地を見直すよりも、現状の基地を維持することを重視していく。前述のように一九六〇年代末以降、米国政府内では、沖縄返還後の沖縄米軍基地やその他の西太平洋における米軍基地について、現地での反発からその使用に制約がかかることを予想し、マリアナ諸島に基地を建設する計画を進めた。この作業は一九七〇年代に入っても継続されていた[120]。特にテニアンは、「返還前まで沖縄に駐留していた戦略兵力や活動のための移転場所」として重視された。そこでは、空軍や海軍の航空部隊、そして沖縄に駐留しているのと同様の規模の「海兵水陸両用軍の規模までの海兵隊の地上兵力」を支援する基地の建設が期待されたのだった[121]。

しかし、一九七四年十一月には、JCSは、マリアナ諸島での基地建設を大幅に縮小するよう計画を修正した。その主要な理由は、日本政府の姿勢であった。JCSによれば、「沖縄の日本への返還は、当初予想されたように米軍基地を移転させることにはならなかった」。なぜなら、「明らかに、返還後の数年間で、東京は、沖縄における現在の米軍のレベルを積極的に受け入れようとした」からだというのだった[122]。このように、軍部も含めた米国政府は、沖縄返還後、沖縄米軍基地の代替策も検討していたが、日本政府の姿勢を重要な理由として、現状を維持していくのである。

おわりに

これまで論じてきたように、沖縄返還直後、日米両政府は、沖縄米軍基地の整理縮小に取り組んだ。それは第一に、「ニクソン・ドクトリン」の下で、世界中の米軍基地の削減が進む中で、沖縄の米軍基地の整理縮小は取り残された課題だったからである。第二に、この時期、米中接近・日中国交正常化・ベトナム和平協定調印など、アジアで緊張緩和が進展したという背景があった。こうした中で、日本国内や沖縄では、日米安保や米軍基地の存在への疑問が高まったのである。第三に、沖縄では、施政権返還後も多くの米軍基地が維持され、事故が頻発したため、地元住民の間でも不満が高まっていたからである。

日米両政府は、このような国内外の情勢に対応し、日米安保や重要な米軍基地を安定的に維持するため、米軍基地の整理縮小に取り組む必要があった。日本政府内では、山中防衛庁長官や防衛施設庁が、大規模な沖縄米軍基地の縮小に積極的だった。米国政府内では、国務省・駐日大使館が、沖縄米軍基地の大幅縮小を主張し、海兵隊の沖縄からの撤退も検討された。海兵隊の沖縄からの撤退については、その効率性から、国防省内でも支持する意見があった。

しかし、一九七四年一月に日米両政府が合意した沖縄米軍基地の整理縮小は、限定的なものにとどまった。それはまず、日米両政府が、ベトナム戦争後の自国と地域の安全保障のためには、米軍のプレゼンスをこれ以上削減するべきでなく、維持することが不可欠だと再確認したからである。日米両政府は、国際的に緊張緩和が進む中にあっても、米軍のプレゼンスをいわば「地域安定装置」として意義付け、その一環として沖縄米軍基地を維持しようとしたのである。

　注目すべきは、外務省や防衛庁が、当時、米国政府内で沖縄からの撤退が検討されていた海兵隊の維持を米国側に直接要請したことである。このことは、米国政府内で、沖縄米軍基地縮小をめぐり国務省と軍部が対立する中、最終的には海兵隊など主要な軍事機能を維持する方針が固められる上で重要だったといえよう。

　この時期、沖縄に海兵隊が維持されただけでなく、日米の思惑の一致から、横須賀への米空母母港化が進んでいる。一九七二年十二月、米空母「ミッドウェイ」の横須賀母港化が発表され、実際に一九七三年十月、同空母が横須賀に入港した。日本政府は、日本有事に米国を引き入れるための「導火線」として空母母港化を受け入れた。他方、米国政府は、空母母港化によって、軍事プレゼンス縮小への日本政府の不安を和らげ、対日防衛コミットメントを明確化することで日米間の紐帯を強化することを目指していた[123]。これと同様に、在沖海兵隊についても、日本政府は日本防衛の「人質」「導火線」としてその維持を望み、米国政府も、日本政府の不安を和らげ、しかもこれを対日交渉上の梃子として、負担分担を引き出すための材料として、海兵隊を維持しようとしたのである。

　さらに沖縄米軍基地の整理縮小への取り組みは、経済的・社会的制約に拘束されることになった。一九七三年のＳＣＣで合意された「関東計画」や那覇空港返還の実施のため、日本政府はすでに膨大な財政的負担を抱えていた。さらに「日本列島改造論」や第一次石油危機に伴うインフレにより、当初、基地縮小に積極的だった防衛施設庁も慎重にならざるを得なかったのである。

　こうして一九七〇年代前半、日本本土の米軍基地が大幅に縮小される一方で、沖縄の米軍基地の縮小は限定的なものにとどまった。つまり、施政権返還直後に行われた沖縄米軍基地縮小に向けた日米協議は、沖縄への在日米軍基地への集中がさらに進み、その状態が「固定化」される岐路になったといえよう。

注

（1）『土地連のあゆみ 新聞集成編』八一三頁。
（2）ニクソン訪中や米中接近の東アジア冷戦への影響については、増田弘編『ニクソン訪中と冷戦構造の変容—米中接近の衝撃と周辺諸国』慶應義塾出版会、二〇〇六年。
（3）南北共同声明については、李前掲書、第四章・高一『北朝鮮外交と東北アジア 一九七〇—一九七三年』信山社、二〇一〇年など。
（4）日中国交正常化については、服部龍二『日中国交正常化—田中角栄、大平正芳、官僚たちの挑戦』中公新書、二〇一一年・井上前掲書、第八章・神田前掲書、第三章第三節。
（5）我部『戦後日米関係と安全保障』二一七頁。
（6）田中前掲書、二三七—二三八頁。
（7）自由民主党沖縄県連史編纂委員会編『戦後六〇年沖縄の政情』自由民主党沖縄県支部連合会、二〇〇五年、二六〇頁。
（8）『沖縄タイムス』一九七二年六月二十七日朝刊。
（9）吉次「屋良朝苗県政と米軍基地問題」一九九頁。
（10）『朝日新聞』一九七二年七月三十一日。
（11）土地連三十周年記念誌編集委員会編『土地連のあゆみ 創立三〇年史 資料編』沖縄県軍用地等地主連合会、一九八五年、五四九頁。
（12）『屋良朝苗日誌』一九七二年八月十七日～九月二十九日、一一三頁、沖縄県公文書館（0000097098）。
（13）『朝日新聞』一九七二年九月二十一日朝刊。
（14）『朝日新聞』一九七三年十二月三十一日朝刊。
（15）「平和国家の行動原則」一九七二年五月八日、福永文夫監修『大平正芳著作集 第四巻』講談社、二〇一一年、三七四—三七六頁。
（16）「外務大臣に就任して」一九七二年九月、福永監修前掲書、三九三—三九四頁。
（17）Tokyo11443, "CINCPAC Call on Foreign Minister Ohira", Oct 28, 1972, NSA, JU01665.
（18）"16th US-Japan Planning Talks", Planning and Coordination Staff, Subject Files 1963-1973, Box72, RG59, NA.

(19) Memorandum for the File, "Future of US-Japan Security Relations", Jan 9, 1973, Office of Country Director for Japan, Records Relating to Japanese Political Affairs, 1960-1975, Box 10, NA.
(20) Ibid.
(21) 久保卓也「日米安保条約を見直す」久保卓也他『久保卓也・遺稿・追悼集』久保卓也・遺稿・追悼集刊行会、一九八一年、四〇—五八頁。
(22) 『防衛施設広報』№三〇五、一九七二年六月二十五日。
(23) Tokyo07544, "Press Coverage US", July 2, 1972, CFPF 1970-1973, Box 1790, RG59, NA.
(24) Briefing Paper, "US Military Presence in Japan", Aug 1972, NSA, JU01591.
(25) A-1091 from Tokyo to State, "The U.S.-Japan Security Relationship: Changing Japanese Attitudes", Nov 10, 1972, NSA, JU 01669.
(26) CINCPAC, *Command History 1972*, pp. 58-59.
(27) "Report on ANZUS Official's Talk etc.", Sep 28, 1972, undated, 3103/11/161PART41, A1838, NAA.
(28) Tokyo13404, "SCC Meeting", Dec 14, 1972, 石井修・宮里政玄・我部政明監修『アメリカ合衆国対日政策文書集成一九期 第二巻』（以下『集成一九—二』のように略記）柏書房、二〇〇六年、一八三—一八六頁。
(29) 『土地連のあゆみ 新聞集成編』七九三頁。
(30) 『朝日新聞』一九七三年一月九日朝刊。
(31) 『日本経済新聞』一九七三年一月十二日朝刊。
(32) 『朝日新聞』一九七三年一月八日朝刊。
(33) CINCPAC, *Command History 1972*, pp. 70-72.
(34) Tokyo07001, "Briefing of JCS", Jan 12, 1973, NSA, JU01688.
(35) A-86 from Tokyo to State, "SCC Meeting, January 23, 1973", Jan 31, 1973, NSA, JU01694.
(36) Tokyo00854, Jan 24, 1973, NSA, JU01693.
(37) 『読売新聞』一九七三年一月二十一日朝刊。
(38) 櫻川前掲論文、一一六頁。

(39) 我部政明は、このSCCでの基地改善費の日本政府による負担をもって「これが初めての『思いやり予算』となる」と論じ、一九七八年より前に「七三年にはすでに始まっていた」と説明している。我部『戦後日米関係と安全保障』二二三頁。
(40)『朝日新聞』一九七三年一月二十四日朝刊。
(41) 沖縄県総務部広報課『行政記録 第三巻』沖縄県総務部広報課、一九八〇年、四六二頁。
(42) ベトナム和平協定締結に至る過程については、手賀裕輔「米中ソ三角外交とベトナム和平交渉、一九七一―一九七三」『国際政治』第一六八巻、二〇一二年。
(43) 大河原前掲書、二四七―二四八頁。
(44) 毎日新聞編『転換期の「安保」』毎日新聞社、一九七九年、二九四頁。
(45) 沖縄県祖国復帰闘争史編纂委員会編前掲書、八四七頁。
(46)『読売新聞』一九七三年一月三日朝刊。
(47)『読売新聞』一九七三年二月二十八日朝刊。
(48)『朝日新聞』一九七三年三月七日朝刊。
(49)『防衛施設広報』№二一九、一九七三年一月二十日。
(50) 安全保障課「外務大臣・駐日米大使（一月十九日）用大臣ご発言要領」一九七三年一月十六日、外務省情報公開 2012-00622-1。SCGの設置過程については、吉田前掲書、二二七―二三一頁。
(51)「安保運用協議会について」一九七三年四月十三日、外務省情報公開 2012-0622-4。
(52) 米保「第一回安保運用協議会会議議事録」一九七三年四月二十四日、外務省情報公開 2012-00622・Tokyo05056, "First Meeting Security Consultative Group", Apr 24, 1972, NSA, JU1725.
(53) 防衛施設庁「沖縄に所在する米軍施設の整理統合について」日付なし、外務省情報公開 2012-00621-10。
(54)『読売新聞』一九七三年五月二日朝刊。
(55) 米保「第二回安保運用協議会議事録要旨」一九七三年五月十五日、外務省情報公開 2012-0622。
(56) 山中貞則防衛庁長官の発言、参議院決算委員会、一九七三年六月十三日、国会会議録検索システム。
(57) 大河原良雄氏へのインタビュー、二〇一二年十一月二十一日。

(58) 衆議院予算委員会第一分科会四号、一九七四年三月八日、国会会議録検索システム。
(59) 『日本経済新聞』一九七三年十一月一日朝刊。
(60) CINCPAC, *Command History 1973*, p. 84.
(61) 『琉球新報』一九七三年九月二十三日朝刊。
(62) 防衛庁「日本の防衛政策上の諸問題」日付なし、外務省情報公開 2012-00621-10。
(63) 『琉球新報』一九七二年十一月六日・一九七三年一月一日朝刊。
(64) 『沖縄タイムス』一九七三年六月十五日朝刊。
(65) 大河原良雄氏へのインタビュー。
(66) National Security Study Memorandum 171, "US Strategy in Asia", Feb 13, 1973, NSCIF, H-196, NPL.
(67) "NSSM171-Part5: UNCERTAINTIES IN ASIAN TRENDS AND THEIR POTENTIAL FORCE IMPLOCATIONS", NSCIF, Box H-196, NPL.
(68) National Security Study Memorandum 172, Mar 7, 1973, *FRUS, 1969–1976 vol E-12, Documents on East and Southeast Asia, 1973–1976*, Doc. 169.
(69) Memorandum of Conversation, "U.S.-Japan Security Roles", June 27, 1973, NSA, JU01742.
(70) CINCPAC, *Command History 1973*, pp. 76-77.
(71) Study, "Military Utility of the Ryukyus in Conventional Operations", May 1973, 外務省情報公開 2012-00621。
(72) 安全保障課「第八回日米安全保障事務レベル非公式協議議事要旨」一九七三年五月、外務省情報公開 2012-00621-10。
(73) Memorandum of Conversation, "US-Japan Talks: May 9", May 9, 1973, NSA, JU01731.
(74) Memorandum from Stoddart to Spiers, "Base Consolidation in Japan", Jan 3, 1973, NSA, JU01685.
(75) A-325 from Tokyo to State, "FY1974, PARA Japan", April 3, 1973, NSA, JU01717.
(76) State065955, "Master Facility Study-Japan", April 10, 1973, SNF 1970-1973, Box 1754, RG59, NA.
(77) A-18, from Naha to State, "Okinawa's First Year of Reversion", June 8, 1973, SNF 1970-1973, Box 1790, RG59, NA.
(78) Memorandum from Hill to Clements, "Korea/Far East Trip Report, 7-19 September 1973", Sep 21, 1973, The National Security

Archive(ed), *Japan and the United States: Diplomatic, Security, and Economic Relations, Part 2 1977-1992* , ProQuest Information and Learning 2004, [NSA Ⅱ], JA0070.

(79) Memorandum from Sneider to Godley, "Impressions on Japan", June 16, 1973, Subject Files of the Office of Assistant Secretary of State for East Asian and Pacific Affairs, 1961-1974, Box 24, RG59, NA.

(80) 吉田前掲書、二四二―二四七頁・瀬川高央「日米防衛協力の歴史的背景―ニクソン政権期の対日政策を中心に」『年報公共政策学』第一巻、二〇〇七年、九七―一二〇頁。

(81) Memorandum from Washington to Canberra, "United States Force Deployments in Asia", Oct 9, 1973, 3103/11/161PART41, A1838, NAA.

(82) Memorandum from Washington to Canberra, "United States Forces in Asia", May 7, 1973, 3103/11/161 PART41, A1838, NAA.

(83) Tokyo06186, "Master Facilities Study-Japan", May 18, 1973, SNF 1970-1973, Box 1754, NA.

(84) Memorandum from Washington to Canberra, "United States Forces in Japan and Korea", May 8, 1973, 3103/11/161 PART43, A1838, NAA.

(85) Walter S. Poole, *The Joint Chief of Staff and National Policy 1973-1976 History of Joint Chief of Staff*, Office of Joint History, Office of the Joint Chief of Staff, 2015, pp. 213-214.

(86) Memorandum from Washington to Canberra, "United States Deployment Korea, Japan, Micronesia", June 22, 1973, 3103/12/1 PART21, A1838, NAA.

(87) 『読売新聞』一九七三年六月十一日朝刊。

(88) 大河原良雄氏へのインタビュー。

(89) 大河原前掲書、二三九―二四六頁。

(90) Information Memorandum from Cargo to the Secretary of State, "US-Japan Planning Talks", June 26, 1973, NSA, JU01740

(91) Information Memorandum from Cargo to the Secretary of State, "US-Japan Planning Talks", June 26, 1973, NSA, JU 01740.

(92) Tokyo06718, "Eighth Security Subcommittee Meeting", May 30, 1973, NSA, JU01735.

(93) Tokyo8445, "Fourth Security Consultative Group Meeting--July 2, 1973", July 5, 1973, NSA Ⅱ, JA 00060.

（94）Letter from Shoesmith to Sneider, Nov 6, 1973, SNF 1970-1973, Box 1790, RG59, NA.

（95）Memorandum for Kissinger from Davis, "Minutes of the DPRC Meeting held July 26, 1973 on US Strategy in Asia (NSSM171)", Aug 1, 1973, NSCIF, Box H-193, NPL.

（96）Memorandum for the President from Henry A Kissinger, "Military Strategy for Asia", Aug 1, 1973, NSCIF, Box H-242, NPL.

（97）National Security Decision Memorandum 230, "US Strategy and Forces for Asia", Aug 9, 1973, NSCIF, Box H-242, NPL.

（98）State3222, "US Strategy and Forces in Asia", Aug 24, 1973, ibid.

（99）李前掲書、二三二頁。

（100）『琉球新報』一九七三年八月十二日朝刊・『沖縄タイムス』一九七三年八月十二日朝刊。

（101）"Political and Diplomatic Implications of Converting the US Second Infantry Division to a More Mobile Configuration", attached Memorandum for Major General Brent Scowcroft, "Strategy and Forces for Asia- NSSM 171", Nov 27, 1973, NSCIF, Box H-191, NPL.

（102）李前掲書、二三四―二三六頁。

（103）Letter from Parsley to Ingersoll, Oct 12, 1973, Office of Country Director for Japan, Records relating to Japanese Political Affairs, 1960-1975, Box 10, NA.

（104）Letter from Ingersoll to Parsley, Oct 26, 1973, ibid.

（105）『読売新聞』一九七三年六月十一日朝刊。

（106）Letter from Ingersoll to Parsley, June 13, 1973, Office of Country Director for Japan, Records relating to Japanese Political Affairs, 1960-1975, Box 10, NA.

（107）CINCPAC, *Command History 1973*, pp. 84-85.

（108）米保「第七回安保運用協議会（ＳＣＧ）議事要旨」一九七三年十一月二十日、外務省情報公開 2012-00622。

（109）第一次石油危機への日本外交の対応については、白鳥潤一郎『「経済大国」日本の外交―エネルギー資源外交の形成　一九六七～一九七四年』千倉書房、二〇一五年。

（110）米保「第九回日米安保事務レヴェル協議（記録）」一九七四年一月二十一日、外務省情報公開 2012-00620。

(111)『朝日新聞』一九七三年十一月二十九日朝刊・『読売新聞』一九七三年十一月二十九日朝刊。
(112)『朝日新聞』一九七三年一月二十七日朝刊・『読売新聞』一九七四年一月三十一日朝刊。
(113)『朝日新聞』一九七四年一月三十一日朝刊。
(114)『沖縄タイムス』一九七四年一月三十一日朝刊。
(115)『土地連のあゆみ 資料編』五五三―五五四頁。
(116)『土地連のあゆみ 新聞集成編』八一六―八一九・八二三頁。
(117) Letter from Sneider to Ingersoll, Feb 22, 1974, Subject Files of Office of the Assistant Secretary of State for East Asian and Pacific Affairs, 1961-1974, Box 23, NA.
(118) Naha 000054, "Okinawan Initial Reaction to Base Releases", Jan 31, 1974, NSA, JU01848.
(119) Briefing Paper, "U.S. Bases in Japan", Feb 15, 1974, NSA II, JA 00080.
(120) Memorandum from the President's Personal Representative for Micronesian Status Negotiations to Chairman, NSC Under Secretaries Committee, "Negotiations on the future Political Status of the Mariana Islands District of the Trust Territory of the Pacific Islands",, March 19, 1973, National Security Adviser, NSC East Asian and Pacific Affairs Staff, (1969)1973-1976, Working Files on Guam, Micronesia, and Korea, Box 36, Gerald R. Ford Presidential Library, An Arbor, Michigan [GFPL].
(121) DOD Assessment of US Strategic Interest and Objectives in Micronesia", undated, National Security Adviser, NSC East Asian and Pacific Affairs Staff, (1969)1973-1976, Working Files on Guam, Micronesia, and Korea, Box 37, GFPL.
(122) Poole, *The Joint Chief of Staff and National Policy 1973-1976*, p. 234.
(123) 吉田前掲書、一八二―一八七頁。横須賀への空母「ミッドウェイ」母港化については、小谷哲男「空母『ミッドウェイ』の横須賀母港化をめぐる日米関係」『同志社アメリカ研究』第四一号、二〇〇五年・長尾秀美『日本要塞化のシナリオ』酣燈社、二〇〇四年。

第四章　サイゴン陥落と沖縄米軍基地の再編　一九七四〜七六年

はじめに

一九七五年四月、サイゴンが陥落し、北ベトナムによってベトナムは統一される。こうして、インドシナ半島の共産化を阻止しようとしてきた米国の長年の努力は挫折に終わった。一九六五年に米国がベトナムへの軍事介入を本格化させて以来、沖縄米軍基地は、海兵隊基地や嘉手納空軍基地、陸軍の牧港補給地区など、ベトナム戦争に密接にかかわってきた。それゆえ、サイゴン陥落によってベトナム戦争が完全に終結したことは、沖縄米軍や米軍基地のあり方と無関係ではあり得なかった。

ところが沖縄では、米陸軍が大幅に削減される一方で、米海兵隊と米空軍の機能が強化された。特に海兵隊は、ベトナムから部隊が再配備されたことに加え、一九七六年には岩国から第一海兵航空団司令部が沖縄へ移転するなど、兵力が増加した。また、キャンプ瑞慶覧やキャンプ桑江、牧港補給地区など、陸軍が管理していた基地が海兵隊に移管され、海兵隊基地も増大する。

これに対し、サイゴン陥落によって、他のアジアにおける米軍プレゼンスは縮小が加速している。ベトナム戦争で米軍にとって空軍基地として重要な出撃拠点だったタイでは、新たに発足した文民政権が駐留米軍の段階的撤退を米国政府に要求し、その結果、一九七六年七月までに二七〇人の軍事顧問のみを残し米軍が撤退する(1)。またスービック海軍基地とクラーク空軍基地という、二つの米軍にとっての重要基地があるフィリピンでは、国際情勢の変化や国内のナショナリズムに対応してマルコス大統領が在比米軍の基地協定の改定を求めた。これを受けて一九七六年から基地協定の改定をめぐる米比交渉が開始された。(2) また、米中国交正常化を見据えて、台湾から米軍が撤退する（図8参照）。

図8　1974～1978年のアジアにおける米軍の兵員数の推移

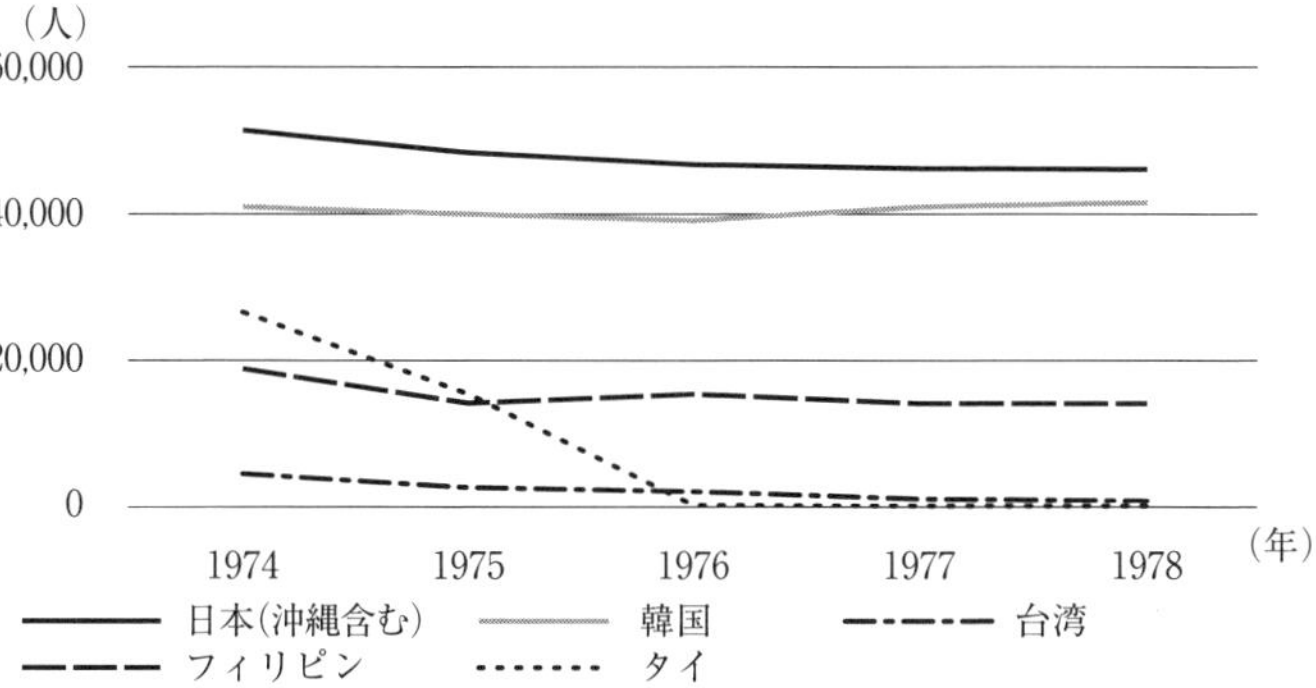

出典：Department of Defense, *Active Duty Military Personnel*より著者作成.

サイゴン陥落前後の米軍再編の中で、なぜ海兵隊の兵力・施設の増強という形で沖縄米軍基地の再編は進められたのか。その際、日米両政府は、沖縄米軍基地や在沖海兵隊を安全保障上どのように位置付けていたのか。また沖縄社会の反応はどのようなものだったのか。本章では、これらの問題を検討する。

一　沖縄米軍基地縮小の停滞

1　米国政府の方針転換

一九七三年から米国政府内で開始された対日政策検討作業NSSM172の報告書は、一九七四年に提出される。そこでは、在日米軍基地の見直しの必要性についても言及されている。すなわち、米国政府は、在日米軍基地のうち、不可欠な機能を維持する一方、「大きな苛立ちを軽減するために、日本における基地機能と基地使用の漸進的な手直しを行うこ

とを継続する」ことが勧告されたのである。(3)

一九七四年八月、ウォーターゲート事件によってニクソン大統領が退陣し、副大統領だったジェラルド・R・フォード（Gerald R. Ford）が大統領に就任した。この後、十一月のフォード訪日に向けて、米国政府内では、対日政策検討作業NSSM210が開始され、十月にその報告書が提出される。そこではまず、これまで現在の活動に必要な最小限の「中核構造」へと在日米軍基地を整理統合し、その結果、日本国内の政治的圧力を和らげてきたことが指摘された。その際、日本の田中角栄政権が、米軍基地の整理統合のために財政面と政治面とで力を注いでいることも評価されている。とはいえ、この後も米国の財政上の制約や、議会の圧力、そして日本国内の物価上昇による基地維持コストの上昇のため、在日米軍基地をさらに削減する必要があることも示唆されたのだった。(4)

NSSM210の報告書を作成するにあたって、在日米軍基地のさらなる縮小を主張したのは、国防省だった。当時、国防省内では、在日米軍基地を維持する上で、円高ドル安の進行や物価の上昇などによって基地従業員の賃金や退職金の費用が大きくなっていることが懸念されていた。(5)それゆえ国防省は、在日米軍の兵力と施設をさらに削減する一方で、対潜水艦戦や早期航空警戒態勢といった面で日本が防衛負担を分担することが必要だと訴えたのである。(6)

ところが国務省やNSCは、これに反論する。国務省政策調整部のマイケル・H・アマコスト（Michael H. Armacst）は、NSSM210で在日米軍縮小の方向性が示されたことに不満を示した。アマコストは、一方では、米国の財政的制約のため、「日本の海兵隊や陸軍の補給機能の長期的将来」については、検討する必要を認めてはいた。しかし彼は、米国の軍事プレゼンスは、軍事的重要性だけでなく、アジアにおける政治的・心理的重要性があることから、維持されるべきだと主張する。(7)アマコストはこの後さらに、在日米軍基地の規模について、「日本側の見方を正確に判断することは、いつも極めて困難」で、「この問題についての日本側の正式な分析を知らない」と指摘し、

日本側が基地縮小を求めているという前提に疑問を呈している。(8)

このような観点からアマコストは、在日米軍基地削減の要因となっているのは、「日本の政治的圧力よりも米国の予算上の決定」であると論じた。それゆえ彼は、日本政府が米軍基地縮小を懸念しているならば、むしろ米国政府は、今や経済力を有する日本政府に「在日米軍を維持する経費への貢献を増大させること」を提案したのである。アマコストが特に取り上げたのは、基地従業員の労務費の一部を日本政府に引き受けさせることだった。(9)

国務省政治軍事問題局のライアル・ブレッコン（Lyall Breckon）も、日本政府が米軍のプレゼンスの縮小を望んでいるという議論に反論している。彼によれば、日本は戦略兵力と戦域兵力の両面で米国の抑止力に依存している。そして日本政府は「地域的予備としての沖縄の海兵隊の駐留や、横須賀への攻撃空母であるミッドウェイを含めた海軍部隊の母港化を受け入れることで、我々の兵力のプレゼンスに貢献している」というのであった。(10)

実際、日本政府は、米軍プレゼンスの維持を求めていた。四月の田中角栄首相とニクソン大統領との会談では、ニクソンが、米国がアジアから軍事的に引き上げた場合についてどう考えるか質問したところ、田中は米軍撤退に強く反対する。その上で田中は、「韓国、日本、沖縄、フィリピンにおける米国の軍事プレゼンスは不可欠」だと強調したのである。(11)

このような日本政府の姿勢は、米国政府の上層部でも確認されている。NSSM210の報告書を踏まえて行われた十一月の上級検討グループの会合で、ジョージ・S・ブラウン（George S. Brown）JCS議長は、大統領補佐官と国務長官を兼務するキッシンジャーに対し、「日本人が本当に懸念しているのは、米軍の削減についてである」と強調した。フィリップ・C・ハビブ（Philip C. Habib）国務次官補も、「日本人は、兵力面で我々にそこにいてほしいと思っている」と同調した。これを受けてキッシンジャーも、フォードと確認の上、部隊の小さな調整はあるかもしれないが、

「我々はアジアの米軍を削減しない」との意向を示したのだった。[12]

この後、米国政府内では、むしろ在日米軍の維持経費を日本政府に分担させようという動きが本格化し始める。アマコストが指摘したように、当時、米軍が国防予算の削減と在日米軍維持経費の上昇に悩む一方で、日本政府は米軍プレゼンスの維持を望んでいたからである。すでに一九七三年八月には、在日米軍が、米軍基地の従業員にかかる労務費を日本政府が支払ったり分担したりすることを提起していたが、この時は国防省内では時期尚早だとして取り下げられた。[13]しかし、一九七四年十一月には、ウィリアム・P・クレメンツ（William P. Clements, Jr）国防次官が、キッシンジャーに対し、日本政府は無料での基地提供など米国の安全保障に貢献しているとはいえ、在日米軍の費用の上昇は、深刻な問題となっていると訴えた。その上で彼は、この問題を解決するため、日本政府の協力を追求することが重要だと論じたのである。[14]

同じ時期、在日米軍も、米軍の維持経費に関する負担分担を促進するためには、日本政府と米国政府双方のより高いレベルでの協議が必要だと訴えている。これを受けて、一九七五年一月、太平洋軍も在日米軍の意見を支持し、次回行われるＳＣＣでこの問題を優先的な議題とするべきだと勧告した。[15]国防省でも、「日本における労務費の費用分担についての議論を主導する」という方向性が固まっていく。そこでは、日米地位協定上、日本側の抵抗が予想されるものの、「後で拡大することができるような小さな費用分担は可能かもしれない」と考えられたのだった。[16]

こうして、米国政府内では、財政的制約と在日米軍維持経費の上昇に対し、財政上の負担分担を引き出すべく、日本政府に働きかけを行うという方針が固められていく。その背景には、ここまで述べてきたように、日本政府はもはや在日米軍の縮小を望んではいないという認識が米国政府内にあったのである。

2 米軍基地をめぐる沖縄社会の変容

グローバルな規模で米軍再編が進められる中、沖縄でも、米陸軍部隊を中心に、人員が削減された。一九七四年一月、米軍によって、牧港補給地区の整備業務局を含む総数一三三七人の日本人従業員を解雇することが発表されている(17)。六月には沖縄の米陸軍司令部の縮小が発表され、これによって沖縄に約一万人いた米陸軍の軍人と軍属は半減されることになる。また沖縄現地の従業員も、年内に一五〇〇人が解雇されることになった(18)。基地の縮小が伴わないまま、基地従業員の大量解雇が進められることへの反発から、九月には全軍労が二四時間ストライキを断行している(19)。沖縄米軍基地が縮小されない一方で、人員削減などによって効率化が進むことに対し、復帰協は、「核抜き本土並みといわれた米軍基地にほとんど変化はなく、逆に基地機能は強化される方向にあ」ると非難した(20)。

これに対して日本政府は、沖縄の米陸軍の縮小にもかかわらず、沖縄米軍基地が削減されるとは考えていなかった。防衛庁防衛局長から防衛施設庁長官になった久保卓也は、七月に沖縄を訪問し、記者会見で「アジアの安定から沖縄は重要」であるため、「沖縄における（米軍の）軍事的機能の縮小はありえない」と強調した。それゆえ、陸軍の削減にもかかわらず、沖縄で「現時点で基地が返還されるというのはまちがい」だというのだった(21)。

前章で見たように、一九七四年までに米軍基地の整理縮小が合意されたものの、これ以上の縮小が見込めない中、沖縄では米軍基地への姿勢の変化も見られるようになっていく。その理由の第一は、日本政府が支払う軍用地料の上昇である。沖縄の軍用地料は、日本復帰前の一九七一年度の約二八億円から復帰後の約二一五億円へと跳ね上がり、さらに一九七三年度には約二二一億円、一九七四年度には約三一三億円へと上昇し続けていた。こうした中で、読谷村・宜野座村・嘉手納村など一一市村では、軍用地料の額がその歳入額を上回り、米軍基地への経済的依存が深まっていた。[22] その結果、軍用地主たちは、基地返還にむしろ反対し、基地返還後も「軍用地並み」の補償を求めるようになった。

第二に、軍用地の地籍の問題である。沖縄では、戦争による地籍の焼失や戦後の米軍基地建設による地形の変更によって、軍用地の地籍の確定が進まなかった。そのため、基地返還後の跡地利用の計画策定が困難になっていたのである。こうして地主の間では、跡地利用さえできない返還地の現状から、基地返還の動きに対しても、「今返されたら困る」という不安の声も出始めた。[23]

このような背景から土地連は、一九七四年十二月、「施設・区域の返還に関する要請」を外務大臣や防衛庁長官などに提出する。ここで土地連は、沖縄米軍基地の返還合意にもかかわらず、「その殆どは地籍確認ができない上、跡地利用についても十分な計画がたてられていない現状のまま返還が進められているため、関係土地所有者の不安は増大するばかり」だと訴えた。それゆえ土地連は、返還要求リストを修正し、当面、返還を要求するのは、一三施設、約一四〇〇haにとどめることにする。[24] これは、全軍用地面積の五・一％にすぎず、復帰直後に土地連が返還要求したのは全軍用地面積の一〇・九％であったことを考えると、その返還要求面積は半分になっていた。基地返還後も、地籍が確定されず、軍用地料の値上がりに見合うような収益のあがる跡地利用ができる見通しが少なくなったため、軍用地の地主たちは、米軍基地の返還に消極的になっていったのである。[25]

米那覇総領事館も、一九七五年一月のワシントンへの電報で、「軍用地の返還問題は、最近、大きくねじれてきている」と指摘している。なぜなら、軍用地料の上昇によって、軍用地主たちは、日本政府による莫大な賃貸料を受け取ることに積極的になってきたからである。それゆえ軍用地主たちは、基地縮小を訴える沖縄の革新県政に批判的な勢力となっていると総領事館は分析した。[26]

日本政府もまた、このような沖縄社会の変化の兆しに注目していた。一九七四年末には、那覇防衛施設局は、「地主が返してもらいたくないということであれば、地主の要望を聞いていく」という方針を示している。[27] 一九七五年一月の第一六回ＳＣＧでも、久保防衛施設庁長官は、「米軍施設区域の返還が多くなるにつれて、特に沖縄で社会問題が生じつつある」と指摘した。それゆえ久保は、主として沖縄の米軍施設・区域の整理・統合については、どういう手順で、どういう考え方でやるのかの点について慎重でなければならないと考える」と、基地縮小に消極姿勢を示したのである。これに対し米国側でも、「施設・区域を余りに縮少することは在日米軍の presence の credibility をそこなうのではないかという懸念をもっている」との意見が出された。[28]

このように、軍用地をめぐる問題によって沖縄社会では、米軍基地縮小に消極的な勢力が台頭しつつあった。これを受けて、日米両政府も、沖縄米軍基地縮小に慎重になっていくのである。

二　サイゴン陥落と在沖海兵隊基地

1　サイゴン陥落後の米軍プレゼンスと日本

前述のように一九七五年四月三十日、北ベトナム軍の攻勢によってサイゴンが陥落し、南ベトナムの親米政権が崩壊する。同じ四月には、北朝鮮の金日成主席が北京を訪問し、朝鮮半島の武力統一の可能性を示唆する演説を行った。これまで韓国と北朝鮮は南北対話を進めてきたが、すでに一九七四年には対話は行き詰っており、この金日成の演説によって朝鮮半島情勢は再び緊迫化する。

このような中で米国のフォード政権は、これからもアジアへの関与を維持するという方針を明確化する。フォード政権では、サイゴン陥落後、世界中の国々が米国の対外関与への決意に疑問を感じ始めているので、米国の決意を明確化する必要があると考えられたのである。(29)すでにサイゴン陥落直前の四月一日、フォード大統領は議会での演説において、インドシナの事態に多くの友好国が不安を感じている状況に対処しなければならないと述べ、特に日本との安全保障関係の重要性を強調した。(30)

さらに十二月、フォードはハワイで「新太平洋ドクトリン」を発表する。ここでフォードは、太平洋地域の安定の基礎としての米国の力や、日本とのパートナーシップ、中国との国交正常化、東南アジアにおける利益などをアジア戦略の前提として強調した。その上で「アジアへの米国の積極的な関心とアジア太平洋地域における米国のプレゼンスを維持する」と宣言する。(31)この「新太平洋ドクトリン」は、アジア関与縮小に重点を置く「ニクソン・ドクトリン」に区切りをつけ、米国のアジア関与維持を明確化することを目的としていた。

米国政府は、アジアにおいて、効率性と柔軟性を有する軍事プレゼンスを維持しようとした。すなわち、地上軍の使用を回避しつつ、いざ有事となれば、迅速に軍事介入して初期に制圧できるような、空軍・海軍・海兵隊の部隊が重視されたのである。(32)

こうした中、米国政府にとって、ベトナム戦争後、在日米軍のプレゼンスの重要性はむしろ高まったといえる。なぜなら国務省のペーパーで指摘されたように、「第七艦隊、戦術航空部隊、機動的な海兵師団など、在日米軍のプレゼンスのほとんどの構成要素の主要な特徴」がまさにこの「柔軟性」だったからである。(33)また在日基地は、米軍が極東ソ連への作戦行動を行うことを可能にするとともに、補給や艦船の修理などの面で不可欠だと考えられていた。(34)さらに、前述のように朝鮮半島の緊張が高まる中、米軍にとって「朝鮮半島有事における在日米軍基地の即時使用は不可欠」であった。(35)

その一方で、実はこの間、米軍部内では、財政的制約から、米太平洋軍の大規模な再編計画が検討されていた。その一つが、一九七四年十二月にハワイの米太平洋陸軍司令部が解体されたことである。同じ時期、米太平洋空軍司令部の解体も発表される。これらはいずれも、司令部解体によって、米軍の人員を削減することを目的としていた。(36)当時、太平洋空軍内では、ハワイの司令部の解体に伴い、アジアのすべての米空軍の作戦・管理を、フィリピンのクラーク空軍基地を拠点とする米第一三空軍の指揮下に置くことが「最も効果的でコストの面でも効率的な方法」だと提起されたのである。(37)

さらにこの時期、このような動きの一環として、在日米軍の大幅な変更も検討されている。すなわち、前述のように太平洋空軍の再編に伴って、横田基地を拠点とする第五空軍を廃止する一方、沖縄の嘉手納基地から第三一三航空師団を横田基地に移転させることに加え、沖縄の海兵隊のうち六個中隊約一二〇〇人を撤退させるというのである。(38)しかし、これらの計画は、フィリピンや日本の反発が予想されるとして、国務省の厳しい批判を受けることになった。(39)こうしたこともあり、空軍の再編は実現しなかった。

一方日本政府は、サイゴン陥落を「早晩起こるべきことが起こったということ」として、比較的冷静に受け止めていたが、(40)全く不安がない訳ではなかった。それは第一に、ベトナム戦争後、米国のアジア関与がさらに縮小されるのではないかと日本政府は見ていたからである。一九七五年六月に行われた在米公館長会議では、米国内において「国民の間には二度と再びベトナム戦争のような問題にまき込まれたくないという意識が強い」と観察されている。(41)第二に、前述のような北朝鮮の動向ゆえに、ベトナム共産化が、朝鮮半島情勢に波及することが懸念されたのである。(42)七月に開催されたアジア太平洋公館長会議では、「『釜山に赤旗がたった』場合わが国への影響は避けられない」など、朝鮮半島情勢が日本の安全保障と密接に連関していることが確認された。その上で、米国側に対し、在韓米軍について「引き続き米軍駐留の必要性をとくべし」という議論が展開されている。[43]

こうして、一九七四年十二月に発足した三木武夫政権の下で、日本政府は、日米安全保障関係の有効性を確保することを目指す。一九七五年四月には宮沢喜一外相が訪米し、日米外相会談で、日米安全保障条約上の義務を日米双方とも遵守することが合意された。八月には三木首相が訪米し、フォード大統領との会談で、米国が韓国防衛に関与し続けることの重要性が確認されている。首脳会談後発表された日米共同声明では、「朝鮮半島における平和の維持は日本を含む東アジアにおける平和と安全にとり必要」だという、「新韓国条項」が明記された。[44]

日本政府はまた、米国側に対し在日米軍のプレゼンスを維持するよう要請している。一月のＳＣＧで白川元春統幕議長は、日本政府が必要とする米軍のプレゼンスを次のように説明した。それは、「有事に展開されるであろう作戦部隊を受け入れるのに必要な基幹部隊」で、「日本防衛のためいつでも米国が立上がるという意志の確証を与える部隊」、「侵略のある場合初動の作戦に即応しうるような部隊」である。具体的には、陸上面では「海兵隊及び支援航空部隊を含む最小限一ヶ戦略単位の陸上部隊」、海上面では「海上機動部隊（日本に派遣されている空母を含む）及び哨戒部隊の常駐」、航空面では「戦術航空部隊及び偵察部隊並びに展開に必要な航空基地」などであった。そして白川は、「少なくとも、現在の在日米軍の規模及び機能を削減しないこと」を要請する。同時に、「日本としては、在日米軍が、このようなわが期待にそい易く、しかも部隊を良好な状態に維持できるよう寄与することが、日本の防衛のみならず、アジアの安全保障に貢献できる所以である」との考えを示したのである。[45]

このように日本政府は、在日米軍の安定的維持のために米国側に積極的に協力する姿勢を示していた。六月の在米公館長会議では、米国政府が、日本の海上防衛力の強化や、「在日米軍の経費負担のけい減をかねてから希望している」ことが注目されている。[46]こうして日本政府は、在日米軍維持のために財政支援を行っていく姿勢を徐々に固めていく。

また日本政府は、この時期以降、米国との防衛協力を推進していく。その直接的なきっかけとなったのは、一九七五年三月から四月にかけて行われた国会論議であった。野党が日米の防衛分担の取り決めの存在を問い詰めたのに対し、坂田道太長官はじめ防衛庁は、これを利用する形で、米国側の防衛協力の推進を目指したのである(47)。もっともその背景には、ベトナム戦争敗北後、米国政府が孤立主義へ向かう可能性があることに対し、日本政府内で米国政府との安全保障協力を深化させる必要性が認識されていたという事情があった(48)。こうして一九七五年八月、坂田防衛庁長官とジェームズ・R・シュレジンジャー（James R. Schlesinger）国防長官の会談で日本有事の際の防衛協力を検討するための新機関を設置することが合意された。

当時、防衛庁は、日米防衛協力の中で自衛隊と米軍の役割分担の明確化を目指した。六月のSCGで丸山昇防衛局長は、「米軍が核抑止、補給支援、侵略国の基地への攻撃能力を提供する一方で、日本の自衛隊は、日本の直接防衛を行う」という役割分担を説明している。また外務省の有田圭輔審議官は、侵略国への攻撃について、「米軍はそのような攻撃目的のために日本の基地を使用することができる」との考えを示した(49)。

このように、日米間の防衛上の役割分担を進める上でも、日本政府内では、米軍が在日基地を安定的に使用できることが重要であることが確認されている。なぜなら、米軍が有事の際に攻勢作戦を展開する上で、基地使用が最大の焦点になると考えられたからである。特に坂田防衛庁長官は、「日本の安全に対して自分たちの税金を支払い、また自分たちの生命と引き換えに努力してくれている米軍に対して、その基地の使用を安定的に供与、提供し、安定的使用ができるようにすることは日本の義務である」との考えを持っていた。そのため、米軍基地の使用や在日米軍の演習が妨げられない施策が必要だと考えられたのである(50)。

在沖米軍では、「インドシナは終わっても、フィリピン、朝鮮半島といつ戦火が勃発しないとも限らない情勢なので、これらの地域での相手側勢力に対する抑止力として、また不測の事態が起こった場合の緊急即応兵力として、在沖米軍基地はこれまで同様に大きな役割を果たす」と考えられていた。[51] こうした観点から、ベトナム戦争後の沖縄では、陸軍が大幅に削減される一方で、空軍と海兵隊を主体に機能の強化が進められる。

ベトナム戦争後の米軍プレゼンスの変更の中で、まず、嘉手納基地の空軍が強化される。タイから空軍を中心に米軍が撤退される中で、飛行中隊が嘉手納基地へと移転する。[52] また、台湾から米軍が削減される中、嘉手納基地のF-4ファントム戦闘機二部隊が台湾の防空任務にあたることになった。[53]

2　在沖海兵隊の増強と米軍基地

ベトナム戦争後の沖縄の米軍の中で、最も存在感を強めることになったのは、海兵隊であった。当時、米海兵隊は、ベトナム戦争後の米国社会において批判を浴びたため、自分たちの存在意義や役割の再定義を模索していた。海兵隊の新たな役割の検討作業に取り組んだのが、ルイス・H・ウィルソン（Louis H. Wilson）海兵隊総司令官である。ウィルソンは、将来の海兵隊の使命はどうあるべきかについての本格的検討を行うため、ヘインズ委員会を設置する。検討を経て同委員会は、一九七六年三月の上院軍事委員会で、海兵隊は、グローバルな即応部隊になるべきだと報告した。すなわち、海兵隊は特定の一つの戦闘を行うのではなく、全世界どこへでも行ける役割を担うべきで、そのための兵力や装備を充実させるべきだというのであった。[54]

このような米海兵隊の役割の再定義は、沖縄の海兵隊にも反映される。その結果、沖縄の海兵隊は、太平洋地域における「戦略的予備兵力」と位置付けられていく。一九七五年六月のＳＣＧでは、ローレンス・Ｆ・スノーデン

(Lawrence F. Snowden) 在日米軍参謀長は、日本側に対し、沖縄と岩国の海兵隊の役割について、「太平洋軍司令部に戦略的予備兵力を提供し、太平洋のいかなる場所の有事にも対応するのに使用されるために、即時に適合できる兵力を提供できる」と説明した。そして「沖縄は、海兵隊にとって地理的に最善の位置」にあり、「沖縄から後方地域への後退は、現在のような軍事的有効性を提供できない」と強調したのである(55)。

実際、沖縄の第三海兵師団は、「有事即応の強力な打撃部隊」として、大統領の命令で、西太平洋地域はもとより世界中のどの紛争地点へも直ちに出動できる態勢をとっていた。そして彼らは、「沖縄の戦略的位置が西太平洋における有事即応部隊の前進基地として重要」だと考えていた。この時期、第三海兵師団が出動する可能性があるとされたのは、サイゴン陥落の波及の恐れがあり、不安定だと考えられた朝鮮半島とラオスであった(56)。実際、一九七六年の米国防白書でも、特に沖縄の米軍は在韓米軍の主要な「バックアップフォース」だと説明されている(57)。また当時、米国政府内では、沖縄は、地理的位置だけでなく、巨大な訓練施設を備えている点で「主要な不可欠の海外基地」だとも考えられたのだった(58)。

このように、依然として不安定な朝鮮半島や東南アジアなどをにらんで、海兵隊は、「西太平洋の火消し部隊」として今後も沖縄に駐留し続ける方針だった(59)。加えて海兵隊内部では、海兵隊のプレゼンスは、この地域において敵国への抑止や「同盟国に対し、米国が条約上の義務を遵守する意図があることへの保証として必要」だとされている。特に日本と沖縄の海兵隊は、その「米国の決意の目に見える証拠」だと主張されたのである(60)。

在沖海兵隊がこのような役割を発揮する絶好の機会になったのが、サイゴン陥落前後のインドシナでの作戦だった。サイゴン陥落直前には、沖縄の海兵隊は、南ベトナムにおいて救出作戦を行った。また、サイゴン陥落直後の五月に、米艦船マグヤゲーツ号がカンボジアで拿捕された際には、その救出作戦に沖縄の第三海兵師団の兵力が中核的役割を果たす。(61)特にマグヤゲーツ号救出作戦は、ベトナム戦争後、米国の対外関与への疑問が世界で広がる中で、「我々の決意を証拠によって見せる」機会として米国政府内では捉えられた。この救出作戦の成功によって、フォード政権は、米国内の自信を回復させることができたのである。(62)

在沖海兵隊の任務は、アジア太平洋地域にとどまらず、欧州や中東などグローバルな有事に対応するものとされた。一九七五年七月、シュレジンジャー国防長官は演説で、今後、海兵隊には、欧州での戦争にも対応できる、通常兵力としての役割が求められており、西太平洋に配備された海兵隊もそのような方向へ再編されることを示唆した。これを受けて、同月のＳＣＧで、ウォルター・Ｔ・ガリガン（Walter T. Galligan）在日米軍司令官は、日本側に対し、「在日米軍は、米国の世界的目的の為訓練を行っている」として、在沖海兵隊を含む在日米軍は、日本防衛だけでなく、米国のグローバル戦略の一翼を担っていることを強調する。そして「今度戦争が起こるなら、それは中近東であり、欧州に広がるであろう」との見通しを紹介した上で、これらの有事の際には「在沖縄海兵隊も米軍の assets として考えられうる」と指摘する。さらにガリガンは、「鍵は米軍の“mobility”であり、一定の兵力を一定の地点に固定化しないことである」とも付け加えた。(63)

このように太平洋地域のみならず中東や欧州などグローバルな危機に対応する「戦略的予備兵力」とされた在沖海兵隊は、この時期、使用施設を増大させた。米陸軍部隊が大幅に削減され、その司令部がキャンプ瑞慶覧から牧港補給地区へと移動したのに対し、これに代わってキャンプ瑞慶覧にはキャンプ・マクトリアスから海兵隊基地司令部が移転する。これとともに、それまで陸軍司令官が務めていた在沖米軍の四軍調整官を、海兵隊司令官が務めることになった。(64)

さらに七月、ウィルソン海兵隊総司令官が、岩国から第一海兵航空団司令部を沖縄に移転させることを提案した。

第一海兵航空団司令部を第三海兵師団が配備された沖縄に置くことで、空・陸の一体運用のための訓練や作戦をより効率的に行うことができる。さらに、岩国の人口過密化が軽減されるという副産物もある。何よりも、第一海兵航空団司令部と第三海兵水陸両用軍の司令部、そして第三海兵師団の司令部を沖縄という同一場所に配置することは、海兵隊にとって「長年の願望」だったのである(65)。

このような在沖海兵隊の動きに対し、米国政府内で東京の駐日大使館や那覇の総領事館は懸念を示している。那覇総領事館は、沖縄の中心に近いキャンプ瑞慶覧に在沖海兵隊の司令部が移転することは沖縄住民の反発を招くのではないかと疑問を表明した(66)。また駐日大使館は、第一海兵航空団司令部の沖縄移転について、日本国内世論の不安を引き起こす可能性や、移転先の普天間基地が街の真ん中にあるという危険性を指摘している(67)。しかし、このような懸念にもかかわらず、海兵隊は六月にはキャンプ瑞慶覧を管理することになり、翌年には、第一海兵航空団司令部が沖縄に移転するのである。

一方日本政府は、在沖海兵隊について、前述のように、「日本防衛のためいつでも米国が立上がるという意志の確証を与える部隊」、「侵略のある場合初動の作戦に即応しうるような部隊」である在日米軍の不可欠な要素として重視していた。その際、重要だったのは、海兵隊が、在日米軍の唯一の陸上実戦部隊だったことである。一九七五年二月の国会答弁で山崎敏夫外務省アメリカ局長は、日本で「陸軍は実戦部隊としては、ほとんどなくなっておる」中で、「海兵隊が唯一のそういう意味での主戦部隊としてお」り、「日本の防衛に寄与する」と説明している。久保卓也防衛施設庁長官も、「アメリカは、海兵隊というものは……今後も相当長期間にわたって存在させるように見受けられ」、「その海兵隊の駐留ということに関連する施設というものは最小限必要」だという考えを示した(68)。五月の国会答弁でも山崎アメリカ局長は、約一万八〇〇〇人の規模を持つ在沖海兵隊について、「日本の防衛と極東の平和と安全のた

めに最小限度必要な兵力」と述べている。(69)

さらに日本政府は、日米防衛協力の推進にあたり、在沖海兵隊の役割についても再確認している。当時、防衛庁内では、日本の自衛隊と米軍の防衛上の役割分担について、米国の第七艦隊や在沖海兵隊が敵基地攻撃や上陸作戦を行い、日本は日本海と太平洋を結ぶ宗谷・津軽・対馬海峡の封鎖などを担うことが検討された。(70)つまり防衛庁は、日米防衛協力において自衛隊が「盾」、米軍が「矛」という役割分担を進める中で、在沖海兵隊に敵地への上陸作戦という「矛」としての機能を期待していたのである。

しかし沖縄現地では、この時期起こった二つの事件によって、海兵隊への反発が強まっていた。第一に、県道一〇四号線越えの実弾射撃訓練である。県道一〇四号線は、キャンプ・ハンセンに隣接する恩納村と金武町を結ぶ一般道路で、在沖海兵隊は、この道路をまたいでしばしば実弾訓練を行い、そのたびに一〇四号線を通行止めにしていた。この実弾訓練に現地への反対運動は次第に高まり、三月には、県原水爆禁止協議会が着弾地点を占拠したため、在沖海兵隊は一時的に訓練中止を発表した。

第二に、四月十九日に、在沖海兵隊員が女子中学生二人を暴行するという事件が起こった。これに対し、沖縄県議会では、「米兵による女子中学生暴行傷害事件に関する抗議」が全会一致で採択された。しかし、山崎アメリカ局長は、「駐留軍がいる以上はやむを得ない」「基地維持のためには、県民の少々の犠牲はやむを得ない」などと発言したため、沖縄での反発がさらに強まった。(71)その後、五月には、沖縄県議会の代表団が、外務省や防衛庁に対し、事件への抗議や第三海兵師団の沖縄からの撤去などを求めた県議会決議書を手交している。しかし、これらの要求に対し、山崎局長は「部隊の撤去、司令官の解任については、国策としては政府として米側に申し入れることはできない」と退けたのだった。(72)

このように、依然として沖縄では米軍基地に対する反発は根強かった。一九七五年の沖縄県民の世論調査によれば、米軍基地について、「日本の安全にとって必要」と回答したのは六・〇%、「日本の安全にとってやむを得ない」と回答したのが一九・七%に過ぎなかったのに対し、「日本の安全のために必要でない」と回答したのは二五・二%、「日本の安全のためにかえって危険」と回答したのは三四・四%にのぼった。(73) つまり、沖縄県民の約六割が米軍基地に否定的な姿勢をとっていたのである。

これに対して、この時期、日本国内全体では、日米安保への支持が高まっていた。世論調査によれば、一九七三年を境に、日米安保が日本の安全に「役立っている」と考える人々が「役立っていない」「かえって危険」と考える人々の数を上回るようになる。その背景として、中国が日本と国交正常化するにあたって日米安保を容認したことや、ベトナム戦争が終結したことなどを挙げることができる。(74) 特にサイゴン陥落によって、日本国内では、いざという時、米国は日本を守るのかという不安が高まった。こうして一九七五年には、日本国内における世論の日米安保支持は決定的なものになる。前述のように、日本政府が日米防衛協力を進めようとした背景には、このような国内世論の変化も重要だったのである。(75)

もっとも日本国内で日米安保支持が強まったとはいうものの、米軍基地は決して肯定的に受け止められてはいなかった。一九七五年の世論調査によれば、米軍基地があるから日本の平和が保たれたという見方に肯定的な回答をしたのが二二・七%に対して、三六・二%が否定的な回答をした。一方、米軍基地は戦争の不安を招いてきたという見方に肯定的な回答をしたのが二八・六%だったのに対して、否定的な回答をしたのは二六・七%であった。(76) このように、日本国内全体でも、米軍基地の存在そのものはどちらかというと否定的に捉えられていたのである。

つまり、米軍基地の存在は、日本国内全体では、相変わらず忌避されていたものの、日本本土では、一九七二年か

図９　日本本土と沖縄の米軍基地面積の推移

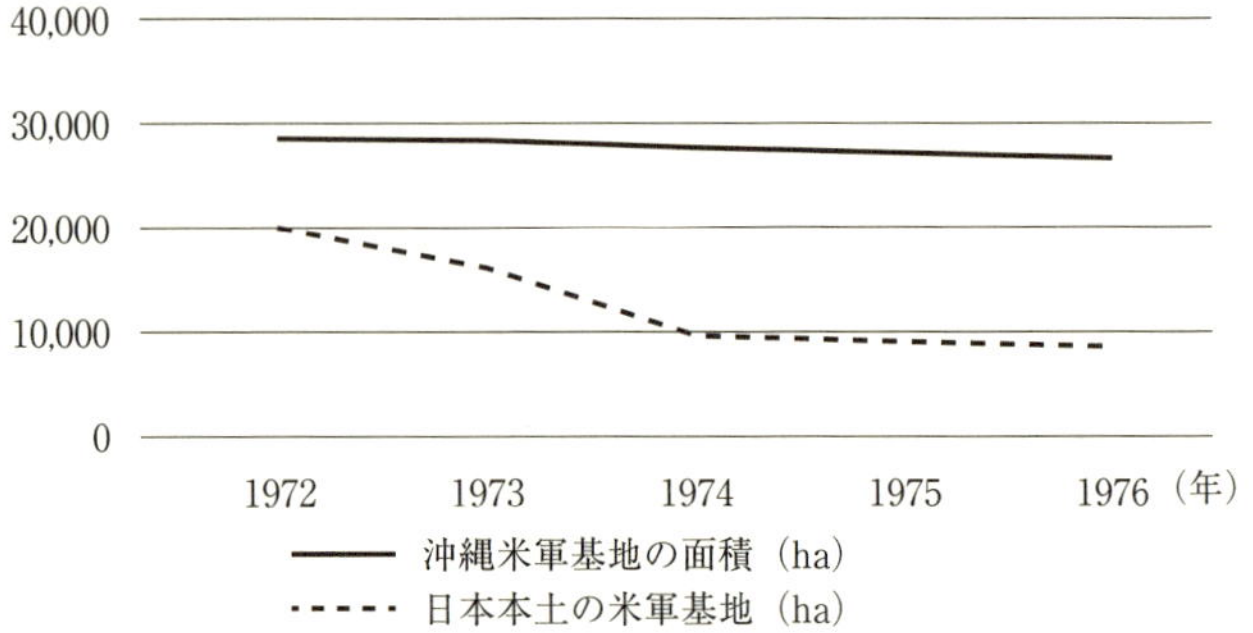

出典：沖縄県知事公室基地対策課『沖縄の米軍及び自衛隊基地（統計資料集）』2015年より筆者作成.

ら一九七五年までにそれは約半分へと大幅に縮小された結果、より目立たないものになった。これを重要な理由として、沖縄には依然として巨大な米軍基地が存在するにもかかわらず、日本国内全体では日米安保が多数の人々から支持されることになったのだといえよう（図９参照）。

この時期、日米両政府内では、「現在、基地に関連する重要な問題は日本にない」とまで考えられるようになっていた。米国政府の見方によれば、依然として沖縄に大規模な米軍基地が存在しているが、日本政府は、地主たちがかなりの軍用地料を受け取っていることを理由に、もはや沖縄米軍基地の縮小を強く要求しなくなっていた(77)。実際、一九七六年四月には、奥山正也那覇防衛施設局長が記者会見で、沖縄米軍基地について「今後、部分返還はあるだろうが、大規模なのはない」との見通しを述べている。奥山によれば、すでにこれまでの合意で返還すべきところは返還しており、返還に消極的な地主もいるというのだった。さらに、すでにこれまで移設条件付き返還が合意された基地も、予算関係上、依然として返還が実現していなかった(78)。

このように日本国内で日米安保への支持が高まる一方で、看過されていくことになったのが、沖縄の米軍基地をめぐる状況だった。日本本土で米軍基地の存在が不可視化される一方で、海兵隊の増強といった沖縄の米軍基地問題は、もはや日本全体の問題としては考えられなくなっていくのである。

三　日米防衛協力の模索と沖縄米軍基地

1　在沖海兵隊の見直し論議と沖縄社会

前述のように、フィリピンのマルコス大統領が在比米軍の基地協定の改定を求めたことをきっかけにして、米比間では、基地協定の改定をめぐる交渉が開始された。交渉開始に先立って、一九七六年一月、フォード政権内では、ベトナム戦争後のアジア太平洋地域における米国の国益の文脈で在比米軍基地の役割を検討するというＮＳＳＭ235の検討作業が開始される[(79)]。そこでは、米国が今後数年間で直面すると思われる安全保障問題として、「沖縄における大規模な海兵隊の部隊を含めた在日米軍の将来と、相互安全保障条約の下での日米防衛協力の向上」が挙げられた[(80)]。

ＮＳＳＭ235で言及されているように、沖縄における海兵隊のあり方は、この時期、米国内で見直し論議の対象となった。米国の財政的制約や戦略的考慮、さらに沖縄の現地情勢のために、一九七五年から一九七六年にかけて、米国内で議会・シンクタンク・海兵隊内部から、在沖海兵隊の見直しを求める政策論議が展開されるのである。

話はさかのぼるが、すでに一九七五年五月には、米上院軍事委員会が、在沖海兵隊の代替基地を模索するようシュレジンジャー国防長官に勧告する。その背景には、沖縄現地で海兵隊への反発が高まっていることや、同時期に起きたマグヤゲーツ号事件で在沖海兵隊がカンボジアに出撃したことに対して日本国内で事前協議制度の適用の可否をめぐって批判が高まったことがあった。それゆえ米上院軍事委員会は、日本や沖縄では米軍基地使用への政治的制約があるので、米国の国益が損なわれるのではないかと懸念を示した。そして「日本と沖縄に駐留する海兵師団と同航空団に関する代替的な基地取り決め」を検討するべきだと主張したのである。ここでは代替案として、海兵隊を西太平洋に巡回させるという方式や、海兵隊の一部のグアム移転などを検討するように勧告がなされた(81)。

一九七六年二月には、米国の著名なシンクタンクであるブルッキングス研究所が、海兵隊は、今後水陸両用作戦を行う可能性がなく、装備も時代遅れだとして、海兵隊の大幅な縮小と組織再編を求める報告書を発表する。この中でも、沖縄の第三海兵師団と第一海兵航空団を米本国へ移転することが提案される(82)。

さらに海兵隊内部からも、在沖海兵隊のあり方を見直す議論が提起されている。一九七六年二月の米海兵隊の準機関誌といえる *Marine Corps Gazette* には、在沖海兵隊の縮小・撤退を主張する海兵隊将校による二本の論文が掲載された。一つ目の論文は、在沖海兵隊は日本国内世論の批判が強いため、在沖海兵隊を「海外の陸上を拠点とするのではなく、本質的に海上を拠点とする態勢」へ再編し、縮小することが提言されている。具体的には、沖縄には第三海兵師団のうち一個連隊のみ残して、司令部をハワイへ移転した上で、部隊を洋上に前方配備し、ハワイ・沖縄・カルフォルニアを巡回させる。これによって海兵隊は、外国への配備による政治的制約や経済的支出などを低下させつつ、即応性のあるプレゼンスを維持できるというのである(83)。

この議論は、海兵隊内部の西太平洋における兵力配備についての見直し論議にも反映されたようである。この時期、海兵隊内部では、戦闘即応性や、隊員が家族と離れる期間を短縮して士気を高めるため、六ヵ月ごとのローテーション方式を取り入れることが検討された。これは、右記の論文でも提案されたものだった(84)。このような海兵隊のローテーション化は、後述するように、翌年に実現される。

もう一つの論文は、米国の戦略の重点が欧州に向けられる中、海兵隊を日本・沖縄に置いておくのは有益でなく、高い費用がかかるので、沖縄から海兵隊を撤退させ、米本国に再配備するべきだと主張している(85)。

米国政府内でも、在沖海兵隊の見直し作業が行われている。四月、国防省では、沖縄の第三海兵師団から八〇〇人をカリフォルニアの第一海兵師団に移転することが決定される。その目的は、「一言でいえば、海兵隊は、西太平洋の兵力である第三海兵師団を犠牲にして、NATO向けの兵力である第一海兵師団の力と即応性を改善するとともに、その過程で転属にかかる資金を節約したい」ということであった。この再編は数の面では大きなものではなかったが、この時期米国政府内外で行われていた「海兵隊は、水陸両用作戦上の役割かNATOを補強するという潜在力のどちらに重点を置くべきなのか?」という議論にとって重要な含意があると考えられた。なぜなら、第三海兵師団は「太平洋の水陸両用作戦のために構成された非常に軽装備の歩兵部隊」である一方、第一海兵師団は、「より重武装で欧州での師団規模での作戦のために構成されたNATOのバックアップフォース」であり、今回の再編は、後者を強化することを目指すものだったからである。とはいえ、アジアの米軍縮小に日本政府は敏感になっているので、「戦闘兵力、特に海兵隊は、難しい問題」であるとも指摘されている。[86] 実際、次章で述べるように、海兵隊の部隊の移動は、翌年に行われ、日本政府を不安にさせるのである。

しかし、米国政府内外でのこれらの政策論議とは切り離された形で、現場レベルでは在沖海兵隊の増強が進められている。一月のSCGでは、前年から米国政府内で検討されていた、岩国の第一海兵航空団司令部一二〇〇人の沖縄への移転計画が、日本側に対して説明されている。ここでガリガン在日米軍司令官は、第三海兵師団と第一海兵航空団などからなる第三海兵水陸両用軍（ⅢMAF）について「わが相互防衛上の義務を支えるための即応性の高い前方展開兵力」であり、「この見事に調和のとれたミリタリー・マシンは、米国のプレゼンスに対する信頼性を高める」と強調した。彼によれば、海兵隊の任務は海軍の作戦を推進し、「水上艦艇とヘリコプターとからなる強襲部隊を使用しての海上から行なう兵力投入」を行うことだが、「海兵隊の柔軟性に対する鍵は、海兵隊の空/地ティームの密接な協同連携の態勢にある」。それゆえガリガン司令官は、第一海兵航空団司令部の沖縄移転によって、「ⅢMAF、第三海兵師団及び第一海兵航空団の司令部を一箇所にまとめることは計画及び総合的な訓練を容易にする」と力説したのである。これに対し日本側は、「司令部要員が一二〇〇名とはいかにも多いではないか」と難色を示した。しかしガリガンは、「司令部要員一二〇〇名には電子機械関係者等司令部機能遂行上必要な各種人員が含まれている」と返答し、日本側もそれ以上異論を唱えることはなかった。(87) こうして二月には、第一海兵航空団司令部が沖縄に移転することが正式に発表された。具体的には兵員約一二〇〇人とC-117輸送機九機がキャンプ瑞慶覧と普天間基地に移駐する。

沖縄現地において、この発表への反発は激しいものだった。現地メディアは、「第一海兵航空団司令部の沖縄移駐で、海兵隊の沖縄恒久駐留体制が確立され、西太平洋地域の米軍の主力が沖縄に集中されつつあるのではないか」と疑っている。(88) 屋良朝苗知事も「在沖縄米軍基地の機能強化になる移動には反対だ」と反発した。(89) また沖縄県議会でも厳しい声が挙がった。大島修沖縄県渉外部長は、「今度の海兵隊移駐は、朝鮮半島を想定した作戦計画」で、「岩国に残っている実戦部隊を含めて沖縄基地に移駐するキッカケ」だとの見通しを示した。また社会大衆党から「海兵隊移駐は県にとって極めて重大で決して許してはならない」（知花英夫議員）との声が挙がっただけでなく、自民党からも「沖縄基地の再編強化」に対し「県議会としても態度を明らかにし、移駐に強硬に反対表明すべき」（翁長助裕議員）との意見が出されている。(90) こうして二月二十八日、沖縄県議会は、第一海兵航空団の国外撤去を保革を超えて全会一致で決議したのである。(91)

しかし、このような沖縄現地の声は、日本政府に届いたとはいえなかった。五月二十一日の衆議院沖縄及び北方問題に関する特別委員会で、第一海兵航空団司令部の沖縄への移転について問われた浅尾新一郎外務省アメリカ局参事官は、「もともと第一海兵航空団と沖縄にございます第三海兵師団、これは非常に密接な関連」があり、移転先のキャンプ瑞慶覧は、「そこに従来米軍の陸軍がおりましたが、これが移転してスペースに余裕が生じたんで、連絡を密にするために移動」したのだと説明した。その上で浅尾は、「この問題は外務省がイエス、ノーと言う立場にございません」と述べるにとどまったのである。(92)

この時期、在沖海兵隊は、アジア太平洋地域のみならず、グローバルな危機や有事に対応する即応部隊としての重要性が強調されている。ウィルソン海兵隊総司令官は、沖縄を含む西太平洋の海兵隊は、「太平洋地域とインド洋地域における米政策支援のための緊急出動に備えたものだ」と説明する一方で、欧州を中心とする「世界的規模の通常戦争においては、西太平洋地域の海兵隊も重要な寄与をする」とも説明した。ウィルソンはまた、日本本土と沖縄の海兵隊は、主に西太平洋地域やインド洋地域への警戒態勢をとっており、「これら部隊は常に最高レベルの戦闘出動態勢にあって、一部隊は常時、海上にあり、万一の水陸両用作戦の出動に備えている」と説明した。(93)

一方で、米国政府内では、沖縄現地での反発や、在沖米軍の再編に伴い、沖縄の米軍基地の見直しの必要性を唱える意見も存在していた。十月、駐日大使館は、沖縄からほとんどの陸軍部隊が撤退していることから、さらなる基地縮小要求が現地で強まるのではないかと予想した。それゆえ大使館は、沖縄の米軍基地について全体的な検討を行うよう提案したのである。しかし太平洋軍は、基地縮小は「日本の直接的防衛への米国のコミットメントの欠如として見られる可能性がある」としてこれを否定する。太平洋軍によれば、沖縄で陸軍が縮小されたが、海兵隊や空軍がそれらの施設を継続的に使用したいと要請している。それゆえ、現在陸軍が使用している牧港補給地区のようなコストのかかる施設を日本政府に返還するという計画があるが、それも検討が必要だというのだった。(94)実際、牧港補給地区は、この後、陸軍から海兵隊へ移管されるのである。

2　平良県政の誕生と第一六回SCC

沖縄では、屋良朝苗知事の任期満了による退任に伴い、一九七六年六月に県知事選挙が行われた。ここでは、社会大衆党の指導者で革新勢力「沖縄県政革新共闘会議」が推す平良幸市が、自民党と民社党が推す安里積千代に三万一〇〇〇票の差をつけて勝利する。平良は、選挙戦において基地の撤去や自衛隊の撤退を要求して反戦平和を掲げるとともに、屋良県政の継承を目指す。知事選挙と同時に行われた沖縄県議会選挙でも、革新陣営が過半数を制した(95)。その一方で、自民党は、この選挙で敗れたとはいえ、民社党を抱き込んで革新陣営を分断することに成功し、前回の七万票の差を三万票の差にまで縮めたことで、この後の県政奪還への布石とした(96)。さらに、これまで政治的に中立の立場をとっていた土地連が安里を支持し、軍用地返還に反対するという態度を明確化する(97)。これを受ける形で、安里も選挙戦において、米軍基地縮小の必要性を認めつつ、地主の利益を最優先に守ることを強調した(98)。このように沖縄では、依然として革新勢力が優勢だったとはいえ、徐々に自民党を中心とする保守勢力が力を伸ばしていたのである。

革新陣営の勢力の低下を象徴的に示すのが、復帰協の解散であった。沖縄返還から三年目を迎えた一九七五年五月、復帰協は、「沖縄の現状は、社会、経済、県民生活全般に亘り、一層混乱を深めている」と捉えた。しかし復帰協は、このような返還後の情勢に「対応する体制を確立することができず、混迷、模索を続けてきた責任は大きく、このことを率直に反省」せざるを得ないと考えていた(99)。そして翌年七六年、沖縄返還後の諸課題は何ら解決されていないものの、運動の分化や財政上の問題から、もはや組織を維持できないとして、復帰協は解散を決定する(100)。こうして沖縄返還後の課題に取り組むための態勢を見出せないまま、復帰協は一九七七年五月に解散するのであった。

ところで、知事となった平良は、沖縄米軍基地をめぐる諸問題への取り組みに意欲を抱いていた。平良は、沖縄県政の課題は「何といっても軍事基地の縮小、撤去、経済の自立振興」であり、この点で「沖縄と類似する県なんてない」と捉えていた。こうして平良は、「基地は諸悪の根源」と位置付け、基地問題の解決を日本政府に訴えていく(101)。その一方で平良は、沖縄の基地問題についての日本政府の対応について、「この異常な状態を払いのけてやろうという策を講じるならばともかく、そうしないで、ただそのものを固定化しようというあり方には、私は人間としてもそれは考えられない話だと思」うと不満を感じていた(102)。

この時期、沖縄県では、米軍基地への経済依存度が低下していることがすでに明らかになっていた。復帰前の一九六八年には約三〇%だった県経済の基地依存度は、復帰時の一九七二年には約一五%へ、そして一九七四年には九%台まで低下していた(103)。一九七七年の沖縄県民への世論調査でも、米軍基地が仕事・生活に「大きく役立っている」と答えたのが四・三%、「どちらかといえば役立っている」と答えたのが一八・六%だったのに対し、「どちらかといえば役立っていない」と答えたのが二〇・三%、「全然役立っていない」と答えたのが四一・九%にも上り、経済面でも否定的な意見が多数を占めた(104)。

その一方で、返還された軍用地は、地籍が不明確などであることから、未利用のまま放置されることが多く、一九七五年十二月の時点で返還軍用地の跡地利用率はわずかに五%にとどまっていた(105)。平良は、基地返還が進まないのは、返還された軍用地の跡地利用が進まないからだと考え、軍用地の跡地利用のための制度化に向けて精力的に動き、県知事と三六関係市町村長で構成する「沖縄県軍用地転用促進協議会」を設置する(106)。

平良は、米国側に対しても基地問題の解決を訴えている。これより後の話になるが、マイク・J・マンスフィールド（Michael J. Mansfield）駐日大使と会談した際、平良は「米軍基地従業員の解雇と基地の返還は、計画的にやってもらいたい」と要望し、特に基地返還について、「跡利用しやすいように、計画を立てて返してもらうように特に力を貸してほしい」と訴えた。また平良は、沖縄での米軍の実弾演習を問題視し、「どうせ狭い沖縄ではどこでやっても必要な場所ということになるので、演習は広いところ、アメリカ本国でやってはどうか」と提起している。マンスフィールドは、基地返還や基地従業員の問題について難しいが検討すると答えたものの、実弾訓練の移転については、「沖縄に滞在する米軍は、太平洋の平和と安全に寄与するためにあり、非常に備えて訓練する必要がある」と否定的に回答したのだった。(107)

平良の勝利という、沖縄県知事選挙での再度の革新陣営の勝利は、当時、日本政府に大きな衝撃を与え、改めて沖縄米軍基地をめぐる問題に取り組む必要性を認識させた。こうした中、三木武夫首相、大平正芳蔵相、宮沢喜一外相、福田赳夫経済企画庁長官、坂田道太防衛庁長官はそれぞれ、当時上院議員だったマンスフィールドが一九七六年七月に訪日した際、沖縄米軍基地の問題についての考えを述べている。

まず三木首相は、「日本の基地問題は沖縄にある」と述べ、「非常に小さな島」である沖縄本島の二〇％、県全体の一二％を米軍基地が占めていることを指摘し、この問題に対処する必要性を強調した。(108)大平蔵相も、軍事力の有効性を維持しつつも「もっと基地を統合するべき」だと述べている。(109)また宮沢外相も在日米軍基地の「真の問題は沖縄である」と指摘する。もっとも宮沢の考えによれば、難しい問題は、日本政府と沖縄県民との考えにギャップがあることだった。日本政府は基地問題の対処に努力しているが、「我々は、日本全体のために基地が必要だと理解しているが、彼ら（沖縄県民）は、日本全体のために、負担を負っていると感じている」というのである。(110)

一方、福田や坂田は、米軍基地の維持により重点を置いた発言をしている。この後首相となる福田赳夫経済企画庁長官は、「米国の軍事プレゼンスが、日本の防衛を支援するために居続けるのを見たい」と述べている。(111)坂田防衛庁長官は、沖縄県の一二％を米軍基地が占めていることから様々な問題が生じていることを認める一方、平良知事が当選したことに懸念を示し、「沖縄の米軍プレゼンスは、日本、韓国、そして東アジア全体にとって死活的だと信じている。大規模で急速な削減はよくない。我々は、大衆の不満と安全保障上の懸念を調整しなければならない」と強調した(112)。

七月八日に開催された第一六回ＳＣＣでは、沖縄米軍基地のあり方が議題となった。ここで坂田防衛庁長官は、在日米軍基地は、日本とアジアの安全保障にとって不可欠なものだと強調した上で、基地が住民から歓迎されてない場合もあると指摘する。そして坂田は、「沖縄においては米軍施設・区域の占める割合は本土に比較すると相当大きく、一方、地元の開発計画等のため施設・区域の返還要望も非常に強い」として、その整理縮小を要請したのである。同時に坂田は、日本政府としては、基地対策を総合的に講じ、基地の安定的使用が可能になるよう努力するつもりだと表明した(113)。

こうして第一六回ＳＣＣでは、北部訓練場の一部など四施設が移設条件なしに返還、伊江島補助飛行場の全部や八重嶽通信所の一部など八施設が移設条件付きで返還されることが合意された（総計七三一・二ha）。もっとも、ここでも返還が合意されたものはほとんどが移設条件付きであったため、沖縄県の平良知事は、「県民の要求している形の返還ではない」と不満を表明した(114)。

第一六回ＳＣＣでは、沖縄米軍基地の整理縮小とともに、日米防衛協力についても議論がなされている。前年一九七五年の坂田防衛庁長官とシュレジンジャー国防長官の会談を踏まえ、日米間の作戦・運用面の軍事協力を話し合うための日米防衛協力小委員会（ＳＤＣ）の設置が合意される。防衛庁は、米国の軍事プレゼンス縮小によって日米安保の信頼性が低下していると懸念し、防衛協力を推進した。他方、米国政府は、日本に防衛上の負担を分担させると

ともに、日本の防衛能力を統制するため、作戦・運用面での日米協力を進めようとしていた。(115)

また、米軍と自衛隊の協力が進められる中、在日米軍基地の安定的維持・使用は日本側の重要な責任であり続けることが確認されている。ゲイラー太平洋軍司令官は、欧州やアジアにおいてソ連が兵力を増大させていることに懸念を示した上で、米国と日本の役割分担を次のように説明している。すなわち、「米国は核抑止力、長距離海・空軍力、日本及び韓国の防衛および軍事技術面について寄与できるが、日本が寄与できるものは基地の提供、強力な経済力を背景とした一般的後方支援、自衛隊による日本の防衛である」というものだった。その上でゲイラーは、在日米軍基地について、「ミッドウェーとその支援航空部隊、在沖縄戦術航空部隊、在横田空輸部隊、海兵隊等米国艦船、航空機の前進展開は、日米相互の防衛上重要」と強調したのである。(116)

在日米軍基地の安定的使用のために必要だと考えられたのが、在日米軍駐留経費の負担分担であった。米軍内では、沖縄が日本の施政権下に入って以来、「あらゆる活動や基地外の住宅のコストの高さ」が問題になっていた。(117)こうした問題を踏まえて、第一六回ＳＣＣでは、在日米軍駐留経費の負担分担をめぐる協議を開始することも合意されている。ここでゲイラー司令官は、特に労務費について、「今後、引き続き労務経費が上昇し続けるとすれば、在日米軍にとって極めて困難な事態を招くことになろう」と警告した。これに対し、斉藤一郎防衛施設庁長官は、「基地の安定的使用を図る上で、基地に働く日本人従業員の雇用の関係と安定が不可欠であるということは、私も全く同感」と述べている。その上で斉藤は、「この機会に、日本人従業員の雇用関係を円滑にし、基地の安定的使用に充分貢献し得るよう、我々も米側の立場を理解し、事態の改善に最善を尽くす覚悟である」と協力姿勢を示したのである。(118)

このような日本政府の姿勢に対し、在日米軍基地の経費負担をめぐり米国政府内では期待が高まった。一九七六年末、国防省のペーパーでは、「日本が、日本における米国の防衛設備の費用をもっと引き受けるかもしれない」と指摘されている。特に日本側による負担分担が期待されたのが、労務費の分野だった。もっとも日米地位協定第二四条第二項では、日本側が提供するのは施設や区域であって、施設にかかる費用は米国側の負担だとされていた。このような制約の中で、いかに日本政府が在日米軍駐留経費の負担を引き受ける方法を見出すのか、米国政府は注目していたのである(119)。

おわりに

サイゴン陥落前後にあたる一九七四年から一九七六年は、沖縄米軍基地縮小への道がさらに閉ざされていった時期だったといえる。

当初、米国政府は、ベトナム戦争に伴う財政制約や日本国内の物価上昇のために、在日米軍基地のさらなる削減の必要性を考慮していた。また在沖海兵隊についても、米国議会やシンクタンク、海兵隊内部から、削減や撤退が提案された。しかしサイゴン陥落後、同盟国の不安を和らげるとともに、軍事力を増強させるソ連に対抗するべく、米国政府はアジアへの関与を明確化し、その中で日本を含めこの地域における軍事プレゼンスを維持しようとしていく。また日本政府も、ベトナム戦争後の米国のアジア関与縮小を懸念し、その維持を望んだ。このような日本政府の姿勢もあって、米国政府は在日米軍基地を維持するのみならず、その費用を日本側に分担させていくという方針に転じていくのである。

このような中、沖縄では、米陸軍の兵力や基地が削減される一方で、米海兵隊が兵力・施設ともに強化されるという形で再編が進む。在沖海兵隊は、陸軍が管理していたキャンプ瑞慶覧などの施設を管理するようになり、また岩国からは第一海兵航空団司令部が移転してきた。これによって海兵隊は、沖縄に部隊を集結させ、その一体的運用を向上させることを目指した。このような海兵隊の強化に対して、日本政府は特に否定的反応を示さなかった。むしろ日本政府内では、沖縄の海兵隊は、日本政府にとって、在日米軍の中で唯一の地上戦闘兵力として、米国が日本防衛のために即応する意思と能力の証拠として重視されていたのである。

一方、沖縄では、依然として米軍基地への批判は根強く、海兵隊の増強に対しては保革ともに反発の声が上がった。こうした情勢を反映し、屋良県政に引き継いで平良県政が誕生し、米軍基地に批判的な姿勢をとる。しかし一九七〇年代半ばまでには、日本政府が支払う軍用地料の上昇や、返還された軍用地の地籍が不明確であることなどから、地主などを中心に、基地返還に消極的な動きも出てきた。この時期、すでに沖縄経済の米軍基地への依存度はむしろ低下しつつあった。そして、米軍基地に反対する意見は依然として多数を占めていた。それにもかかわらず、日本政府の政策や基地縮小の見通しの暗さから、米軍基地の維持を望む勢力が沖縄社会で台頭しつつあったのである。

注

（1）　水本義彦「ニクソン政権のベトナム政策とタイ　一九六九—一九七三年」『ＣＯＳＭＯＰＯＬＩＳ』第八巻、二〇一四年・高埜健「ヴェトナム戦争の終結とＡＳＥＡＮ—タイとフィリピンの対米関係比較を中心に」『国際政治』第一〇七号、一九九四年。

（2）　中野聡『帝国経験としてのアメリカ—米比関係史の群像』岩波書店、二〇〇七年、二九四—二九五頁・高埜前掲論文。

（3）　Study Prepared by the NSC Interdepartmental Group for East Asia and Pacific Affairs, Washington, "NSSM 172 U.S. POLICY TOWARD JAPAN", undated, *FRUS 1969-1976 vol E-12, Documents on East and Southeast Asia*, 1973-1976, Document 190.

（4）　National Security Study Memorandum, "NSSM 210-Review of Policy toward Japan", Oct 21, 1974, NSA Ⅲ, JT00150.

（5）　Information Memorandum from Ellsworth to Schlesinger, "Topics for Discussion at Luncheon Hosted by Minister Yamanaka", October 16, 1974, NSA Ⅱ, JA00092.

(6) Memorandum for Kissinger from Smyser, "Japan NSSM", Oct 15, 1974, National Security Adviser, NSC East Asia and Pacific Affairs Staff, (1969) 1973-1976 Box4, GFPL.
(7) Memorandum from Armacost to Sherman, "NSSM 210--Review of Policy toward Japan", Sep 30, 1974, NSA II, JA00089.
(8) Memorandum from Armacost to Sherman, "NSSM 210", Oct 16, 1974, NSA II, JA00093.
(9) Memorandum from Armacost to Lord, "NSSM 210--Review of Policy toward Japan", Nov 6, 1974, NSA III, JT00151.
(10) Memorandum from Breckon to Sherman, "NSSM210", Oct 4, 1974, NSA II, JA0091.
(11) Memorandum of Conversation, Paris, April 7, 1974, 10:15 a.m., *FRUS 1969–1976 vol E-12. Documents on East and Southeast Asia, 1973–1976*, Document 187.
(12) Minutes of Senior Review Group Meeting, Washington, November 11, 1974, 11:06 a.m.–12:02 p.m., "SENIOR REVIEW GROUP MEETING", Nov 11, 1974, *FRUS 1969–1976 vol E-12, Documents on East and Southeast Asia, 1973–1976,* Document 197.
(13) CINCPAC, *Command History 1973, Vol.2*, pp. 574-575・CINCPAC, *Command History1975*, p. 483.
(14) Memorandum for the Assistant to the President for National Security Affairs from Clements, "Additional Briefing Papers for the President's Trip to Japan", Nov 13, 1974, NSA II, JA00098.
(15) CINCPAC, *Command History 1975*, p. 483.
(16) Memorandum for the Assistant Secretary of Defense (ISA), "East Asian Perspectives for the Upcoming Year" Feb 1975, NSA II, JA01920.
(17) 『全軍労・全駐労沖縄運動史』二七四頁。
(18) 『朝日新聞』一九七四年六月二十八日・二十九日朝刊・『全軍労・全駐労沖縄運動史』二七五頁。
(19) 『朝日新聞』一九七四年九月十九日夕刊。
(20) 沖縄県祖国復帰闘争史編纂委員会編前掲書、八五八―八五九頁。
(21) 『琉球新報』一九七四年七月十日。
(22) 『土地連のあゆみ 新聞集成編』八三一頁。
(23) 同前書、八三四頁。

(24)『土地連のあゆみ 資料編』五五五頁。
(25)『土地連のあゆみ 新聞集成編』八三六頁。
(26) A-1, from Naha to State, Tokyo, "Okinawa-the State of Island and Our Interests", Jan 6, 1975, NSAⅢ, JT00157.
(27)『土地連のあゆみ 新聞集成編』八四〇頁。
(28) 外務省アメリカ局安全保障課「第十六回安保運用協議（ＳＣＧ）議事要旨」一九七五年一月二十九日、外務省情報公開 2012-00623。
(29) ジェラルド・フォード（関西テレビ放送株式会社訳）『フォード回顧録―私がアメリカの分裂を救った』サンケイ出版、一九七九年、三一五頁。
(30) 長史隆「米中接近後の日米関係―アジア太平洋地域安定化の模索一九七一―一九七五年」『立教法学』第八九号、二〇一四年、一六七頁。
(31) Address by President Gerald R. Ford at the University of Hawaii, Dec 7, 1975, Gerald R. Ford Presidential Library and Museum HP, http://www.fordlibrarymuseum.gov/library/speeches/750716.asp.
(32) マイケル・クレア（アジア太平洋資料センター訳）『アメリカの軍事戦略―世界戦略転換の全体像』サイマル出版会、一九七五年、五一―六・五〇頁・阪中友久「米極東戦略の新展開」『世界』第三五七号、一九七五年、八六―九三頁。
(33) Briefing Paper, "U.S.-Japan Security Relations: Their Place in U.S. Strategic Thinking", Nov 1974, NSA, JU01916.
(34) CINCPAC, *Command History 1975*, p.86.
(35) Suggested Discussion Point for Meeting with Prime Minister Miki, Aug, 1975, NSAⅡ, JA00112.
(36) CINCPAC, *Command History 1974*, pp.63-64, 80-82.
(37) Manila02053, "Proposed Reorganization of USAF in Western Pacific", Feb 18, 1975, National Security Adviser, Presidential Agency File, 1974-1977, Box 7, GFPL.
(38) Tokyo02477, "Changes in US Military Command Structure", Feb 26, 1975, National Security Adviser, Presidential Agency File, 1974-1977, Box 7, GFPL.
(39) Memorandum for Scowcroft from MacDonald, "DOD Briefing on Proposed USAF Pacific Area Reorganization", March 18, 1975,

National Security Adviser, Presidential Agency File, 1974-1977, Box 7, GFPL.
(40) 長前掲論文、一七一頁。
(41) 安川大使発外務大臣宛第二九四四号「在米公館長会議」一九七五年七月一日、「米国、カナダ公館長会議」(昭和五〇年度) 2013-2710、外務省外交史料館。
(42) 宮城大蔵「米英のアジア撤退と日本」波多野編前掲書、六二―六九頁。
(43) 「アジア・太平洋公館長会議議事要旨(その三) 朝鮮半島関係」「歴史資料として価値が認められる開示文書(写し)」外務省外交史料館。
(44) 若月秀和『「全方位外交」の時代―冷戦変容期の日本とアジア 一九七一~八〇』日本経済評論社、二〇〇六年、一一八―一二〇頁。「新韓国条項」については、崔慶原『日韓安全保障関係の形成』慶應義塾大学出版会、二〇一四年、第五章。
(45) 外務省アメリカ局安全保障課「第十六回安保運用協議(SCG)議事要旨」一九七五年一月二十九日。
(46) 安川大使発宮沢外務大臣宛第二九九四号「在米公館長会議」一九七五年七月一日。
(47) この間の経緯については、武田前掲書、四一―四八頁・吉田前掲書、二六〇―二六四頁などを参照。
(48) 有馬前掲書、二九一頁。
(49) Tokyo08731, "Seventh SCG Meeting", July 01, 1975, NSA, JU01936.
(50) 『朝日新聞』一九七五年八月十二日朝刊。
(51) 『琉球新報』一九七五年五月一日朝刊。
(52) "Suggested Discussion Points for Meeting with Miyazawa", Aug 29, 1975, NSA II, JA00119.
(53) 『朝日新聞』一九七五年二月六日朝刊。
(54) Allan R. Millette and Jack Shulimson, *Commandants of the Marine Corps*, Naval Institute Press, 2004, pp. 428―430・Edwin H. Simmons, *The United States Marines: A History 4th ed*, Naval Institute Press, 2002, pp. 258―259・Allan R. Millett, *Semper Fidelis: The History of the United States Marine Corps*, Free Press, 1991, p.609・野中郁次郎『アメリカ海兵隊』中公新書、一九九五年、一三五―一三六頁。
(55) Tokyo08731, "Seventh SCG Meeting", July 01, 1975, NSA, JU01936.

(56) 『朝日新聞』一九七五年七月二十九日朝刊・『毎日新聞』一九七五年六月二十九日朝刊。
(57) James R. Schlesinger, *Department of Defense Annual Report FY1976-1977*, pp. 3-10.
(58) A-1, from Naha to State, Tokyo, "Okinawa-the State of Island and Our Interests", Jan 6, 1975, NSAⅢ, JT00157.
(59) 『琉球新報』一九七五年五月一日朝刊。
(60) John L. Tobin, "Why have a Marine Corps?" *Marine Corps Gazette*, June 1975, p. 36.
(61) *The 3D Marine Division and its Regiments*, p.6.
(62) フォード前掲書、三一五—三一六・三二四頁。
(63) 外務省アメリカ局安全保障課「第十八回安保運用協議会（ＳＣＧ）議事要旨」一九七五年七月三十日、外務省情報公開2012-00623。
(64) CINCPAC, *Command History 1975*, p.92.
(65) CINNCPAC, *Command History 1975*, pp.92—94.
(66) Naha00259, "Marine Move into Army HQ Facility in Okinawa", May 26, 1975, Access to Archival Database [AAD], NA.
(67) Tokyo10415, "Proposed Move of HQs Elements of 1st MAW to Okinawa", July 30, 1975, AAD, NA.
(68) 衆議院沖縄及び北方問題に関する特別委員会第三号、一九七五年二月二十七日、国会会議録検索システム。
(69) 衆議院沖縄及び北方問題に関する特別委員会第四号、一九七五年五月二十二日、国会会議事録検索システム。
(70) 『毎日新聞』一九七五年六月三十日朝刊。
(71) 沖縄県総務部広報課『行政記録 第四巻』沖縄県総務部広報課、一九八四年、六四—六五頁。
(72) 『琉球新報』一九七五年五月九日朝刊・沖縄県総務部広報課『行政記録 第四巻』六九頁。
(73) ＮＨＫ放送世論調査所編『ＮＨＫ世論調査資料集 五三年版』ＮＨＫサービスセンター、一九七八年、二八四頁。
(74) ＮＨＫ放送世論調査所編『図説戦後世論史 第二版』ＮＨＫブックス、一九八二年、一六八頁。
(75) 吉田前掲書、二五二—二五六頁。
(76) ＮＨＫ放送世論調査所編『ＮＨＫ世論調査資料集 五三年版』三四—三五頁。
(77) "Background Paper on Base Issues", July 31, 1975, NSAⅡ, JA0111.

(78) 『土地連のあゆみ 新聞集成編』八六五頁。
(79) National Security Study Memorandum 235, "Review of US Interest and Security Objectives in the Asia-Pacific Region--Issue: Military Bases negotiations with Philippines", Jan 15. 1976, *FRUS 1969-1976, Vol E-12, Documents on East and Southeast Asia, 1973-1976*, Doc.23.
(80) "NSSM235: US Interests and Philippine Bases-Section 1", undated, US National Security Council Institutional Files 1974-1977, Box 17, GFPL.
(81) 『朝日新聞』一九七五年五月二十一日夕刊。
(82) 『朝日新聞』一九七六年二月二日朝刊。
(83) Wallace M. Greene III, "Westpac afloat battalion", *Marine Corps Gazette*, Feb 1976, pp. 33-36.
(84) "Rotation system studied", *Marine Corps Gazette*, March 1976, p.2.
(85) Maji S. K. McKee, "Withdraw from Okinawa", *Marine Corps Gazette*, Feb 1976, pp. 50-51.
(86) Memorandum for Scowcraft from Boverie, "Adjustment of West Pac Fleet Marines Forces", April 6. 1976, National Security Adviser, Presidential Agency File, 1974-1977, Box 8, GFPL.
(87) 外務省アメリカ局安全保障課「第二二回安保運用協議会(SCG)議事要旨」一九七六年一月二十八日、外務省情報公開 2012-00623-11。
(88) 『琉球新報』一九七六年二月十三日朝刊。
(89) 『朝日新聞』一九七六年二月十三日朝刊。
(90) 『琉球新報』一九七六年二月十四日朝刊。
(91) 『琉球新報』一九七六年二月二十八日夕刊。
(92) 衆議院沖縄及び北方問題に関する特別委員会第三号、一九七六年五月二十一日、国会会議録検索システム。
(93) 『朝日新聞』一九七六年二月十三日朝刊。
(94) CINCPAC, *Command History, 1976*, pp. 52, 54—55.
(95) 沖縄社会大衆党史編纂委員会編『沖縄社会大衆党史』沖縄社会大衆党、一九八一年、一三三—一三五頁。

(96) 当山正喜『沖縄戦後史 政治の舞台裏―政党政治編』沖縄あき書房、一九八七年、一六四頁・自由民主党沖縄県連史前掲書、三〇三頁。
(97) 新崎盛暉『沖縄同時代史　第一巻　世替わりの渦のなかで』凱風社、一九九二年、一一二頁。
(98) 自由民主党沖縄県連史編纂委員会編前掲書、二九九頁。
(99) 沖縄県祖国復帰闘争史編纂委員会編前掲書、八六六頁。
(100) 同前書、九〇四頁。
(101) 平良幸市回想録刊行委員会編『土着の人―平良幸市小伝』平良幸市回想録刊行委員会、一九九四年、一六二・二五七頁。
(102) 「知事訓話」一九七六年十月十二日、平良幸市文書、沖縄県公文書館（0000061679）。
(103) 「革新県政八年のあゆみ」日付なし、平良幸市文書、沖縄県公文書館（0000061691）。なお、復帰後の沖縄経済の米軍基地への依存の低下は、財政支出の膨張や観光収入の増大の影響が大きかった（来間泰男『沖縄経済の幻想と現実』日本経済評論社、一九九八年、三〇九―三一五頁）。
(104) ＮＨＫ放送世論調査所編『ＮＨＫ世論調査資料集 五三年版』、三〇九頁。
(105) 沖縄県企画調査部『軍用地転用の現状と課題』一九七七年、七五頁。
(106) 平良幸市回想録刊行委員会編前掲書、二五七頁。
(107) 「マンスフィールド大使訪問のあらまし」日付なし、平良幸市文書、沖縄県公文書館（0000061783）。
(108) Notes on a Meeting between Senator Mansfield and the Prime Minister of Japan, Takeo Miki, July 12, 1976, NSA, JU02000.
(109) Notes on Meeting between Senator Mansfield and Japanese Finance Minister, July 17, 1976, NSA, JU2002.
(110) Notes on a Meeting between Senator Mansfield and Japanese Foreign Minister Kiich Miyazawa, July 12, 1976, NSA, JU01998.
(111) Notes on Meeting between Senetor Mansfield and Deputy Prime Minister and Director General of Economic Planing Agency, Takeo Fukuda, July 14, 1976, NSA JU2001.
(112) Notes on a Meeting between Senator Mansfield and the Director General of the Japan Defense Agency, Michita Sakata, July 12, 1976,NSA, JU01999.
(113) 外務省アメリカ局安全保障課「日米安全保障協議委員会第十六回会合議事要旨」日付なし、外務省情報公開 2013-00352。

(114) 『土地連のあゆみ 新聞集成編』八七〇―八七一頁。
(115) 吉田前掲書、二六二―二六四頁。また、ＳＤＣ設置に至る日米それぞれの政府内の動向については、武田前掲書、四五―四八頁。
(116) 外務省アメリカ局安全保障課「日米安全保障協議委員会第十六回会合議事要旨」。
(117) Memorandum for Record, "Trip to Alaska and Pacific area-Oct 15-21", Oct 22, 1976, NSAⅢ, JT00189.
(118) 外務省アメリカ局安全保障課「日米安全保障協議委員会第十六回会合議事要旨」。
(119) Background Paper, "U.S. Defense Issues in East Asia". Dec 3, 1976, NSAⅢ, JT00191.

第五章　日米安全保障関係の進展と沖縄米軍基地　一九七七〜八五年

はじめに

前章で述べたように、すでに一九七〇年半ばには、沖縄の米軍基地をめぐる問題は、もはや日本政治の重要争点ではなくなっていた。さらに、一九七〇年代末から一九八〇年代前半にかけて、次のような出来事によって、沖縄米軍基地の安定的維持が図られていく。

まず、一九七〇年代末、日米安全保障協力が進展する。一九七八年十一月には、「日米防衛協力の指針（ガイドライン）」が策定され、これによって自衛隊と米軍の共同作戦計画の作成や共同訓練の実施が本格化した。当時、国際的には米ソ対立の再燃によって新冷戦の時代が始まる中、「ガイドライン」は、新冷戦を「戦う」ための枠組みとなる(1)。さらに一九七八年以降、日本政府は「思いやり予算」とも呼ばれる在日米軍駐留経費の負担分担を本格的に開始する。前述のように、すでに沖縄返還時の経済・財政取り決めや、米軍基地の整理統合のための負担分担などで、これ以前から日本政府は在日米軍への財政支援を行っていた。しかし、一九七八年以降、日本政府は労務費や施設費を負担し、従来の日米地位協定の制約を超えて在日米軍基地の安定的維持のために積極的に協力していく。

また、同じ時期、沖縄政治には大きな変化が生じていた。一九七八年の沖縄県知事選挙で、自民党の西銘順治が勝利し、これによって、保守県政が、一九六八年以来続いていた革新県政にとって代わることになる。屋良朝苗・平良幸市と続いた革新県政が日米安保や米軍基地に反対していたのに対し、西銘県政は日米安保や米軍基地の存在を容認し、特に沖縄米軍基地の安定的維持のために日米両政府に協力するのである。

これらの点を踏まえ、本章では、一九七〇年代末から一九八〇年代にかけて、沖縄米軍基地をめぐって日本・米国・沖縄の相互関係がどのように展開されたのかを検討する。

一 カーター政権期における米軍プレゼンスの見直し

1 カーター政権の政策と日本政府の対応

一九七七年一月、米国ではジミー・E・カーター（Jimmy E. Carter）政権が発足した。カーターが大統領選挙時から公約に掲げたのが、在韓米軍、特にその地上兵力の撤退である。当時の米国社会では、ベトナム戦争後、海外への軍事介入への反発が強くなり、北朝鮮が攻撃した場合でも米国の介入に反対する意見が多数を占めていた。個人的にも米軍の海外駐留に疑問を抱いていたカーターは、政権発足直後の一月の大統領検討覚書（ＰＲＭ）13で、米軍の大幅縮小を含めた朝鮮半島への米国の政策の大規模な見直しを指示する。(2)

米軍の見直しが進められたのは、在韓米軍だけではなかった。すでにフォード政権期から米中国交正常化を見据えて、台湾から米軍の撤退が進められていた。そしてカーター政権も米中国交正常化の実現を目指す。(3)さらにフィリピンでは、前章で見たように、マルコス政権が在比米軍基地協定の改定を求めたため、フォード政権期から米比間交渉が行われていた。この交渉もフォード政権からカーター政権へと引き継がれた。(4)

このようにカーター政権は、発足当初から、外交政策上の重要課題としてアジアにおける米軍プレゼンスの見直しに取り組んだ。その背景として、当時、米国経済がインフレや失業率の上昇によって悪化しており、経済回復のためにもカーター政権は国防費を削減する必要があったことを挙げることができる(5)。さらに戦略面では、カーター政権はＮＡＴＯの防衛を重視する一方で、アジアなどそれ以外の地域にあまり重きをおいていなかった(6)。

それゆえカーター政権は、米軍プレゼンスを効率化するべく、「韓国、東南アジア、フィリピンへの政策の再検討に基づいて、太平洋における兵力再編を主導する」ことや、「同盟国による負担分担の増大や米国の機動性を強化することで、米国の海外配備を削減させ」ようとした。日本についても、防衛力強化を通して、安全保障上の負担分担を促進するとともに、一九七八年末までに「在日米軍基地での米国の労務費への、日本のより大きな財政上の支援を確保すること」を政策目標としている(7)。

これらのカーター政権による米軍プレゼンスの見直し、特に在韓米軍撤退政策に対し、日本政府内では、安全保障上の懸念が強まった。在韓米軍は、日本の安全保障にとって重要な朝鮮半島の安定に中核的役割を果たしていた。それゆえ、在韓米軍が削減されることに日本政府は不安を抱いたのである。また日本政府は、在韓米軍撤退を、より広い意味での米国の「アジア離れ」の一環ではないかと警戒していた(8)。

すでにカーター政権が発足する以前から、三木武夫政権は、在韓米軍撤退に批判的な声を上げ、一九七六年十二月に発足した福田赳夫政権もカーター政権にこの政策への慎重姿勢を要請している(9)。特に外務省の佐藤行雄アメリカ局安全保障課長と防衛庁の西廣整輝防衛局防衛課長は、米国側に対し、在韓米軍撤退によって北朝鮮に誤ったシグナルを送るべきではないと警告した。彼らによれば、地上兵力なしに韓国防衛は成り立たないし、もし韓国が落ちて朝鮮半島すべてが共産化されれば、対馬海峡の北半分をソ連が自由に通れるようになるというのだった(10)。

注目すべきは、日本政府が「地上兵力」の撤退が政治的・心理的に悪影響をもたらすことを懸念したことである。

当時、防衛庁防衛課長だった西廣によれば、韓国から米国の地上兵力が撤退すれば、海上兵力や航空兵力などが残されたとしても「それはいつでも飛んで逃げられちゃうんだから、動きにくいものがいるってことが非常に大事」だというのだった。それゆえ韓国に「象徴的なものとしての陸軍兵力のような、非常に動きにくいものを置いてもらわなきゃ困る」と考えられたのである。このような米軍の地上兵力を、政治的・心理的観点から重視する日本政府の姿勢は、沖縄の米海兵隊にも当てはまるものだったといえる。なお、西廣によれば、当時日本政府内では、「朝鮮半島の見通しがつくまでは……、海兵隊を含む沖縄の兵力なり基地の機能は動かしたくない」と考えられていた。また、台湾有事についても「アメリカがプレゼンスを沖縄にしてる状況で米台関係が緊密であればおきないという前提があった」という(11)。

同年九月の日米政策協議では、日本側は、在韓米軍撤退に加えて台湾のことを念頭に、「西太平洋からの米国の政治的・軍事的撤退は、日米関係に深刻な問題を提起し、日本人のナショナリズムを不健全なレベルへと高める危険性がある」と警告する。そして日本側は「米中国交正常化の過程は、台湾の安全保障及び経済上の安定性を確保するものでなければならない」と強調した。他方で日本側は、アジアの米軍プレゼンス縮小や在韓米軍撤退計画などによって、日本国内で「西太平洋において米国を維持するために防衛問題で米国ともっと協力しなければならない」という考えが強まったとも指摘している(12)。

米国政府内でも、在韓米軍撤退計画への日本政府の懸念は認識されていた。カーター政権のＮＳＣスタッフになったアマコストは、米軍プレゼンスの見直しに対する日本政府の反応を次のように分析している。彼によれば、日本政府内では、「韓国への我々のコミットメントの証拠」として、「形ばかりの地上兵力」だけでも維持してもらいたいと考えられていた。また日本政府は、在比米軍についても、地域の安定や市場及び原料供給地の確保、さらにシーレーンの安全といった観点から、その維持を望んでいるという。それゆえ、もし在比米軍が縮小されれば、日本政府からは、在韓米軍撤退と合わせて米国が欧州へ重点を移していると受け止められる恐れがある。逆に日本の一般大衆の間では、在比米軍縮小によって、在日米軍基地の縮小要求が高まる可能性があるというのだった。(13)

カーター政権内の高官たちの中でも、在韓米軍撤退計画を疑問視する意見はあった。しかし、彼らも大統領の公約に正面から強く反対することはできず、できるだけ穏当なものにするのがせいぜいであった。(14) こうした中で、米国がアジアから撤退すると域内諸国に思わせないための努力を行うことが目指されていく。

アマコストは、ズビグニュー・K・ブレジンスキー（Zbigniew K. Brzezinski）大統領補佐官に対し、在韓米軍撤退や、在比米軍基地改定交渉、さらに在台湾米軍撤退を同時に行うことで、米国の「地域からの全般的な退潮という誤ったシグナルを送る可能性がある」と懸念を示している。それゆえ彼は、在韓米軍撤退を進める一方で、「日本に配備された戦域予備兵力（theater reserve force）の大きな変化を回避するべき」だと論じた。(15) また、在比米軍基地協定改定交渉に関する米国政府内の政策検討委員会（ＰＲＣ）でも、参加者の間では、在韓米軍撤退などによって、日本などが将来的な米国のアジア関与に不安を持っていることが確認されている。それゆえ、現時点で在比米軍を大きく削減しないことが政治的に重要だという点で一致したのだった。(16)

四月には、米国政府内では、大統領指令（ＰＤ）18「米国の安全保障戦略」で、「韓国からの撤退を例外に……西太平洋において配備された、戦闘兵力の現在のレベルを維持する」ことが決定されている。(17) 七月に提出された、米国のグローバルな軍事態勢について検討したＰＲＭ10の報告書においても、軍事プレゼンスの維持によって同盟国を安心させる重要性が確認されている。同文書によれば、在韓米軍撤退を進めるとはいえ、アジアの米軍プレゼンスは、「目に見える米国の軍事力を示し、同盟国に安全保障の感覚を提供する」上で重要であった。そして、このような米国のアジア関与に対する域内諸国の信頼は、「米軍の実際の戦闘力よりずっとはるかに重要なもの」だと論じられたのである。[18]

2　在沖海兵隊の再編計画と日本政府の反応

在韓米軍撤退後の朝鮮半島有事に備えて、在日米軍の役割は米国政府にとってより重要になっていると考えられた。一九七七年の国防省の年次報告書によれば、朝鮮半島有事の際には、「日本（沖縄）の海兵隊の水陸両用兵力と戦域空軍兵力は、短期間で追加的な補強を提供することができる」と指摘されている。[19]具体的には、朝鮮半島有事勃発と同時に日本や沖縄の米空軍が、さらに二日以内に沖縄から米海兵隊が、それぞれ投入されることになっていた。[20]しかし、在日米軍の編成に全く変更がなかった訳ではない。以下に見るように、米国政府内では、特に沖縄に駐留する海兵隊の配備の見直しが検討されたのである。

まず、一九七七年、海兵隊のローテーション化が進められた。前章で述べたように、一九七六年から、米国政府内や海兵隊内部では、財政上の制約や欧州への重視姿勢のため、沖縄を含めた西太平洋の海兵隊の再編が検討されていた。その後、一九七七年二月、JCSは、海兵隊総司令部に対し、西太平洋の海兵隊の配備を次のように変更するよう指示する。まず、ハワイの第一海兵旅団から、一時的に一個海兵水陸両用部隊（MAU）を引き抜き、アジア太平洋地域に前方展開され洋上勤務する第三一海兵水陸両用部隊（31MAU）に配備する。同時に、沖縄の第三海兵師団から一個歩兵大隊をカリフォルニアの第一海兵師団へ移転する。こうして沖縄から海兵隊の一部を引き抜くことで、日本における過剰な米軍プレゼンスを削減することが目指された。そして沖縄から引き抜かれた海兵隊は、やがて31MAUの地上兵力にあてることとされる。在沖海兵隊の部隊が移動することについて、在日米軍は、全体としての兵力構造に変化はないので、日本政府の認識に悪影響を及ぼさないと予想していた[21]。

このような方針の下、一九七七年十月から実施されることになったのが、実戦部隊に所属する海兵隊員を、大隊ごとに沖縄と米本土、ハワイと沖縄の間を六ヵ月のサイクルで移動させるというローテーション方式だった。それまで、沖縄と米国本土の間を約一二ヵ月ごとに派遣されていたのが、六ヵ月ごとに移動させることで、隊員が家族と離れて海外で暮らす期間を短縮して士気を高め、さらに海兵隊全体の有事即応体制を強化することを目指したのである。このローテーション方式によって、海兵隊が六ヵ月ごとに、米国本土と沖縄、ハワイと沖縄と部隊ごとぐるぐる回ることになり、「在日米軍としての海兵隊の実体は、透明人間のようで安保条約のワクではとらえようがなくなった」のである[22]。

この時期、米軍の中で、海兵隊は、欧州北方地域における上陸作戦とグローバルな危機への対応という主に二つ役割が課せられていた[23]。そして後者において海兵隊は、危機が大規模戦争へと至らないように、自己完結的な組織によってこれを迅速に解決するという役割が期待され、「そのような能力のプレゼンスは、相手方に明確なシグナルを送る」と考えられたのである[24]。

このようなグローバルな危機への迅速な対応という任務に沿う形で、在沖海兵隊のローテーション化は、米軍による「高度な即応性を確保する」ことを目指して実施された[25]。こうして洋上配備された31ＭＡＵは、この地域の限定戦争に即応するべく、太平洋だけでなく、インド洋へ頻繁に配備されることになっていた[26]。この後、31ＭＡＵは、この地域を移動し、域内諸国との共同訓練・演習を行っていく[27]。

カーター政権内における在沖海兵隊の見直し論議はこれにとどまらなかった。前述のように同政権において欧州が重視される中、国防省や軍部によって、沖縄か米本国から海兵隊の一個旅団を欧州、特に英国へ移転させることが検討されたのである。これに対して十月、太平洋艦隊司令部は、海兵隊の太平洋地域から英国への移転は、在韓米軍撤退計画や、米国の関与についての「同盟国や潜在敵国の認識」に大きな政治的影響を与えるとして反対している[28]。

翌七八年に入っても、米軍部内では、海兵隊を欧州に移転することが引き続き検討された。しかし十二月、再び太平洋艦隊司令部は、太平洋地域に海兵隊を維持することは、この地域の米軍が縮小される中、「ソ連との兵力バランスを維持するため、見通せる将来、死活的に重要」だと強調する。なぜなら、太平洋の海兵隊は、ソ連とのグローバルな戦争でのアリューシャン列島の防衛、朝鮮半島有事における韓国支援、そしてより小さな危機において米国の意図や決意、及び能力を示す上で重要な役割を果たすからだというのである[29]。

一方、日本政府内では、カーター政権によって在韓米軍撤退計画が進められる中、在沖海兵隊はより重視されるようになっていた。外務省の佐藤安保課長は、在韓米軍のうち地上兵力が完全撤退すれば、在沖海兵隊はアジア太平洋地域で唯一の地上兵力になるので、米国のコミットメントの象徴としての重要性がさらに増すと考えていた。それゆえ佐藤は、第一海兵師団司令部があるカルフォルニアのキャンプ・ペンドルトンを訪問した際に、「海兵隊の存在をファシリテートする（便宜を図る）ために努力する」と発言し、海兵隊関係者から大いに歓迎された[30]。

こうした中、米国政府内の在沖海兵隊の見直し論議について、日本政府は神経をとがらせていた。すでに一九七七年八月、ハロルド・ブラウン（Harold Brown）国防長官と三原朝雄防衛庁長官との会談に同席した丸山昇防衛次官は「沖縄の海兵隊の兵力や第七艦隊に変更は予想されるか」と質問している。しかし、ブラウンは「どちらも探求されていない」と返答した[31]。

その後、十月から、海兵隊のローテーション化が進められたことに対し、日本政府は不安を強めた。防衛庁首脳は、ローテーションの開始に伴って、沖縄の第三海兵師団から一個大隊約八〇〇人が米本国へ帰国したことに対し、沖縄の海兵隊が縮小され、日本の安全保障に影響を与えることを懸念したのである。[32]一九七〇年代に入って在日米軍を含めアジア太平洋地域から米軍が急激に削減され、今回、在韓米地上兵力の撤退が決定したことから、日本・沖縄の海兵隊が今後急激に縮小されるのではないかと防衛庁は見ていた。その結果、庁内では、「八〇年代後半には、実質的に米陸上兵力は極東から姿を消すことも考えねばならない事態となった」との声も上がったのである。[33]それゆえ防衛庁内では、海兵隊が沖縄から引く場合、事前協議の対象になるのかも議論されている。[34]

一九七七年年末には、米国議会予算局が報告書を提出し、その中で第七艦隊の削減や日本からの海兵隊の縮小を提案した。こうした動きから、防衛庁は、「沖縄の米海兵隊の撤退は時間の問題」で、「そうなると沖縄の全基地の三分の二は不要になる」と懸念を強めた。[35]外務省も同報告書を受けて、「在日米海兵師団の規模等について何らかの変更が検討されているか」に関心を示している。[36]

一九七八年一月の日米安全保障高級事務レベル協議（ＳＳＣ）でも丸山防衛次官は、日本国内では米国の「アジア離れ」が議論されているとして、「自分としては米国の前進基地態勢に変化があるとは思わないが、いかん」と質問している。これに対し米国側は、「米国が次ぎは在沖縄海兵隊の削減を検討している等のことが日本では報道されたりしているが、かかることはなく、アジアに於る米軍のプレゼンスを減らしてＮＡＴＯに廻すなどという考えはない」と言明したのである。[37]

このように米国政府は、日本政府に対して、在沖海兵隊を含め、西太平洋地域の米軍に大きな変更はないと説明し、その不安を解消するよう努めた。しかし実際には、米国政府内では、在沖海兵隊の配備の変更が検討され続けていたのである。

二 「思いやり予算」開始をめぐる政治過程

1 労務費負担をめぐる日米協議

前章でも述べたように米国政府は、一九七〇年代後半、財政上の制約や日本国内の物価上昇のため、在日米軍駐留経費、特に労務費を日本政府に負担させることを目指していた。駐日大使館によれば、基地従業員の削減を進めているにもかかわらず、基地従業員にかかる費用は、一九六八年の一億四三〇〇万ドルから一九七五年の四億ドルへ増大していた。米国の国防予算の制約も考慮すると、このままでは、日本に信頼性のある米軍のプレゼンスを維持できなくなる可能性があった。それゆえ駐日大使館は、日本政府から財政支援を確保するべく、「高いレベルでの米国の関心」を明確化するよう訴えたのである(38)。

実際に一九七七年三月に行われた日米首脳会談では、カーター大統領は福田首相に対し、在日米軍基地の日本人従業員の費用が急激に上昇しており、米国議会でも問題になっていると指摘し、その負担の一部を日本側が分担するよう要請する。これに対し福田は、現在の日米地位協定の条件を超えることはできないが、地位協定の枠内で、「米国側を支援する『方法と対策』を探す準備がある」と応じている(39)。

同じ三月には、前年の日米合意に基づいて、在日米軍駐留経費問題をめぐる日米協議の第一回会合が開催された。続いて四月に開催された第二回会合では、米国側は日本側に対し、日本人基地従業員の退職金や社会保障費といった労務費を日本側が負担するよう求める。しかし、六月に行われた第三回会合で日本側は、これらの米国側の要求は、日米地位協定の枠を超えると反論した(40)。

日本政府内では特に外務省が、日米地位協定の観点から、労務費の分担に消極的だった。七月の鳩山威一郎外相とブラウン国防長官の会談でも、同席していた山崎敏夫アメリカ局長は、日米地位協定上、労務費の日本政府による分担は困難だと指摘した。彼によれば、日米地位協定の条文の解釈は、すでに詳細に国会で検討されており、解釈の変更はもとより地位協定そのものを改定するのも難しかった。その上で山崎は、すでに実施されているように、在日米軍基地の整理統合における費用負担で積極的に協力すると述べている[41]。九月に行われた日米政策協議でも、外務省からの参加者は、日本国内では依然として「米国が在日米基地を維持するのに日本側としてもある程度の貢献をすべしとの方向にはいっていない」と米国側に説明した。これに対し米国側は「日本が、在日米軍基地の維持のために貢献をすることは、象徴的な意味があり、貿易を含む日米関係全体に好影響を与えうる」と論じた。しかし外務省は、「基地の統廃合、基地の安定使用のために日本側が大きな支出を行っている」と反論する[42]。

とはいえ、外務省内では、「米国の主張に理はない」と考えられつつも、米国側の要求を「放置することはできない」とも考えられた[43]。当時、条約局長だった中島敏次郎も、「米ドルの価値がずっと下がって、日米間の問題としてこのままではいけない」と思っていた[44]。佐藤安保課長も、日米貿易摩擦によって米国議会で日本の「安保ただ乗り論」が噴出することに対応するためには、地位協定の枠内で「財政的にできることはしていかなければならない」と考えていた[45]。同様に駐米大使館参事官の有馬龍夫も、「米国内でだんだんと先鋭化している貿易問題が日米安保の関係にのめり込んでくるのを、どうやって阻むか」を懸念していた。それゆえ防衛協力や在日米軍の財政支援などについて「出来るだけのことはやるべきだ」と考えるようになっていたのである[46]。

こうした背景から外務省は、米国側に対し、代替案も提示している。七月、佐藤安保課長は、NSCスタッフのアマコストに対し、労務費を日本政府が分担することは極めて困難だと指摘した上で、次のような代替案を検討していることを伝えた。それは、在日米軍の住宅環境が厳しい中、「岩国や三沢のような場所に、米軍の新たな施設を建設する」ことで、労務費の負担分を相殺するというものであった(47)。

一方、防衛庁・防衛施設庁は、米国側の要求する労務費の負担分担に前向きだった。すでに七月、防衛施設庁は、健康保険や退職金などの労務費を引き受けるための基礎作業を開始する(48)。九月のブラウン国防長官との会談でも、三原朝雄防衛庁長官は、日米地位協定をめぐって日米で見解の相違があると指摘しつつも、労務費の分担について前向きに検討すると述べている(49)。

防衛庁・防衛施設庁が労務費の負担分担に前向きな姿勢をとった理由としては、次のような事情があった。第一に、防衛庁はこの時期、日米安全保障関係において発言力を高めていた。一九七六年にＳＤＣの設立が合意されるなど、防衛庁は、米国側の外交・安全保障問題担当者との話し合いの場を増やし、日本政府内でも安全保障政策をめぐって影響力を高めていた。そのような中、防衛庁は、米国側の要請に積極的に応じることで、対米発言力をさらに増大させようとしていたといえる。

第二に、在日米軍が経費削減のために、基地従業員の大規模な解雇を実施していたことに対し、沖縄を中心に、日本国内で混乱が生じたことである。五月三十一日には、沖縄で二三二人の基地従業員の解雇が発表され、これに対し、全軍労は抗議して那覇防衛施設局の前で抗議の座り込みを行っている(50)。こうした事態に対し、所轄官庁である防衛施設庁は、基地従業員の安定的雇用の維持という観点から、労務費の負担分担に積極的だったといえる。

日本政府内でも、労務費の一部負担は受け入れられていく。六月には、園田直官房長官も、記者会見で、「基地労務者が解雇されるような事態となっては困る」として、労務費の分担を検討する意向を示した(51)。さらには、野党の社会党も、基地従業員の雇用を重視する観点から、「日本政府が雇用主としての責任を果たすべきだ」として、日本政

府による労務費負担を支持する。(52)

こうして日本政府は、日米地位協定の範囲内で、労務費の一部負担の引き受けに応じていく。外務省・防衛施設庁・内閣法制局は、在日米軍が支出している経費の中で地位協定に定められた「米軍維持にともなうすべての経費」に該当しないものがあるのか精査し、日本人基地従業員の福利厚生費なら、日本政府が負担できるとしたのである。(53)日本政府の解釈によれば、日本人基地従業員の労働の対価は米軍の負担だが、労働の対価としての賃金以外は「地位協定で米側負担が義務づけられている経費ではない」のだった。(54)こうして十二月二十三日、日米合同委員会で、日本人基地従業員の労務費のうち、合計六一億八六〇〇万円（当時の米ドルで約二五〇〇万ドル）を日本政府が引き受けることが正式に合意される。

日米合意の一方で、外務省では、日米地位協定上、これ以上の労務費の負担分担は困難だと考えられた。外務省の考えでは、今回の約六二億円の引き受けは、「地位協定の枠内において最大限可能な額」だった。そして、地位協定の「無理な解釈、運用を行おうとすれば容易に国会で非難を招き、地位協定、ひいては安保条約の基盤をも揺がす結果にもなりかねない」。そのため、「安保条約、地位協定の枠内でなしうることは最大限これを行うよう努力しているが、他方、なしえないことはなしえない」ことを米国側にも明確化する必要があると確認されたのである。(55)実際、一九七八年一月、中島敏次郎アメリカ局長は、リチャード・C・A・ホルブルック（Richard C. A. Holbrooke）国務次官補に対し、近い将来において労務費の引き受けの増大は困難だと指摘し、米国側の圧力はむしろ「逆効果」だと牽制している。(56)

これに対し、米国政府内では、日本政府による労務費の一部負担が合意されたことは、「先例となるブレイク・スルー」として評価されるべきものだったが、その金額は「その雰囲気を台無しにするほど」少ないと失望感が漂っていた[57]。モートン・アブラモウィッツ（Morton Abramowitz）国防次官補代理も、駐米日本大使館員だった丹波實に、今回の合意は、「米側にとっては決して十分な解決でなかった」と伝え、「現在の日米貿易問題等にもかんがみ、本件労務費問題等を上手く処理しなければいずれはより大きな問題になりかねない」と警告したのだった[58]。

2 「思いやり予算」の開始と沖縄米軍基地

米国政府は、日本政府にさらなる労務費の負担の必要性を強調する一方で、日本政府にとってそれが困難であることも理解していた。それゆえ米国政府は、日本政府に別の形で在日米軍駐留経費を負担させようともしていた。それが、外務省も前向きな姿勢を示していた、施設費の分担であった。

注目すべきは、米国政府が、前節で述べたような在韓米軍撤退や在沖海兵隊の再編をめぐる日本政府の不安を利用しながら、在日米軍駐留経費の負担分担を日本政府に対して要求しようとしたことである。一九七七年十一月、デイヴィッド・E・マクギファート（David E. McGiffert）国防次官補は、ブラウン国防長官に対し、次のような覚書を送った。近年、日本政府は、在韓米軍撤退や、在比米軍基地協定改定交渉、さらに在日米陸軍基地及び海兵隊基地の再編などのため、米国の北東アジアへの関与に対する不安を強めている。これに対し、米国政府は、米国の軍事プレゼンスが恒久的に維持され、また同盟国にとって信頼できるものだと明確化する必要がある。こうした観点から、在韓米地上兵力の撤退後、この目的を実現するための「最も有効な手段」として、「西太平洋の海兵隊の立場を高めるための努力」を行うことを提起したのである。なぜなら、海兵隊は、在韓米地上兵力撤退後の米軍の「地域的機動性」や「日本における相対的な規模と可視性」という観点から重要となるからだった。それゆえ、「この地域に唯一残る地上兵力である、在日海兵隊の基地構造を改善し、この改善を支援するよう日本政府に要請する」ことが提案された[59]。

ここで具体的に提案されたのは、陸軍から海兵隊に移管される沖縄の牧港補給地区について、施設維持のための財政支援を日本政府に求めるというものだった。海兵隊が牧港補給地区を管理することで、政治的には「米軍の関与が恒久的」であることを示し、戦略的には、優れた兵站施設を維持することができ、作戦上も、海兵隊は岩国と合わせて貯蔵能力を向上させることができる。現在、米議会による国防予算の制約のため、海兵隊は「恥ずべき」生活状況に置かれ、「これらの嘆かわしい状況は、海兵隊が去るのではないかという日本側の不安を高め」ていた。それゆえ「これらの活動費用の支払いを支援するよう日本政府にアプローチするべき」だと考えられたのである。(60)

こうした中、一九七八年四月にジョージ・G・ラヴィング（George G. Loving）在日米軍司令官が丸山防衛次官と亘理彰防衛施設庁長官のもとを訪れ、円高ドル安の進行のため、在日米軍駐留経費の負担が増大しているとして、日本政府の支援を要請した。彼によれば、特に基地外に住む在日米軍人の家賃が上昇した結果、基地内に住宅を建設する必要があり、また、基地内の施設も老朽化しているので、施設を改修しなければならないというのだった。丸山と亘理は直ちにこのことを金丸信防衛庁長官に報告した。報告を受けた金丸は、「日本側が思い切ったテコ入れをしないと、在日米軍は財政面でパニック状態になってしまう」として「思い切った増額を考えてみてくれ」と指示するのである。(61)

金丸が在日米軍の財政支援の要請に積極的に応えようとした理由については、次のことが指摘できる。第一に、これまで述べてきたように、当時、日本政府内外では、米国のアジア関与縮小への懸念が高まっており、金丸もこの懸念を共有していたことである。金丸は、周囲から欧州重視の米国は「いざというとき、日本を助けてくれるのでしょうか」という声を繰り返し耳にし、「こうした不安を解消しなければならない」と考えていた。(62)金丸の考えでは、「米軍が極東に展開しているということの意義は非常に大き」く、「もしアメリカがいなくなったときの日本の防衛努力なんていうのはこんなものではとてもいかない」。従って、「アメリカの兵隊を傭兵として使う」ためには、「金も要るのだ」と判断したのである。[63]

第二に、米国側が観察していたように、これまで自民党で国会対策において活躍してきた金丸は、防衛庁長官になったことをきっかけに、日本政府内で安全保障問題における指導者としての地位を確立しようとしていた。それゆえ彼は、防衛庁長官就任以来、対米協力に積極的だったのである。[64]

同じ時期、外務省も、在日米軍基地内の住宅建設や施設改修といった施設費を日本政府が引き受けることを本格的に検討した。外務省は、一九七三年の「大平答弁」によって、施設費の引き受けは代替施設の建設に限るとしていた。しかし外務省は、新たな見解を発表することで、施設費を日本政府がもっと負担できるようにしようとしたのである。[65]

こうして施設費の引き受けに向けて日本政府は方針を明確化していく。六月六日、衆議院内閣委員会で、亘理防衛施設庁長官は、「大平答弁の趣旨は、リロケーション（再配置・移転）や老朽施設の改善についての運用を述べたものであり、一般的に在日米軍の（施設などの）新規提供を禁じたものではない」という見解を示した。これは、「大平答弁」の解釈を改め、日本政府は制約なく在日米軍の施設費を引き受けることができるという方針を明確化したものだった。ここで金丸は、「在日米軍は円高・ドル安で苦しんでおり、日米安保体制の信頼性を高めるためにも、思いやりがあっていい」と述べている。[66]

このような日本政府内の動向に対し、米国政府は期待を高めた。米国政府は、この問題で日本政府に圧力をかけすぎるのは日本の国内政治上よくないと理解していた。日本政府も、米国政府からの圧力がなければ、完全に「自発的な」やり方で負担分担を推進することができると米国政府に伝えていた。アマコストはブレジンスキー大統領補佐官に対し、「もし彼らが我々の要請の必要なしに行動するのならば、全くその方がよい！」と強調している。[67]

この後、米国政府は、施設費だけでなく、労務費についてもさらなる分担を日本政府に要求する。その背景となったのは、またも在沖米軍の再編計画だった。三月、在沖米陸軍は、牧港補給地区の管理責任やキャンプ瑞慶覧に所在する諸部隊の基地支援業務を海兵隊に移管し、これに伴って現地の基地従業員を解雇するという整理統合計画を発表した。[68]こうした中で、六月九日に米国側は、「日本政府は労働者の賃金や福祉手当を支払う何らかの手段を見つけない限り、陸軍は、九月三十日までに、八〇〇人もの労働者を解雇しなければならない」と日本側に伝える。[69]アマコストはブレジンスキーに、日本政府は施設費の負担分担を明確化したが、労務費についても可能性は開かれていると報告している。[70]いわば米国側は、基地従業員のさらなる解雇を梃子に、労務費負担の増大を日本政府に迫ったのである。

これを受けて日本政府は、基地従業員の解雇の中止を在日米軍に求めるべく、米国側の負担とされてきた労務費・給与のうち、退職金の一部を新たに負担する方針を固めた。もしこれらの基地従業員が解雇されれば、失業率が七％で全国最悪の沖縄で大きな社会不安を引き起こすことが懸念された。さらには、この問題を放置すれば、「日米安保体制下、唯一の在日米軍戦闘部隊である第三海兵師団の駐留規模の縮小に直結する公算も大きい」と考えられたのである。[71]

六月二十日、訪米した金丸は、ブラウン国防長官と会談し、円の価値の上昇に伴い、在日米軍に様々な問題が生じていることから、日本政府は「思いやりをもって」、在日米軍を支援するべきだという考えを述べている。その一方で、日本国内で合意を形成するために野党を説得する際に、沖縄の基地従業員の大量解雇が問題となっていると指摘した。彼によれば、野党社会党も沖縄の基地従業員の解雇を憂慮しており、平良沖縄県知事や沖縄県議会からもこれを中止するよう要請を受けていた。それゆえ金丸は、基地従業員の解雇の数を縮小するよう要請したのである。[72]

結局、この会談後、日本政府が在日米軍にかかる労務費の負担を増大する代わりに、沖縄での基地従業員の解雇を最小化することが合意された[73]。結局、解雇されることになっていた基地従業員の八五一人は縮小され、三九七人は別の部門へ移管される[74]。

帰国した金丸は、六月二十九日の参議院内閣委員会で、「駐留経費の問題については、……『思いやり』の立場で地位協定の範囲内で出来る限りの努力を払いたい」と答弁する。これを契機に、日本政府による在日米軍駐留経費の支払いは、「思いやり予算」といわれるようになる。七月十四日には、防衛庁・防衛施設庁・外務省・内閣法制局の議論で、日米地位協定第二四条の新見解がまとめられ、日本政府は、施設の新築のための費用を引き受けることができるし、労務費負担も国会承認があれば可能とされた[75]。そして十二月二十八日、前年度の負担も含め、日本政府は約二八〇億円を負担することで最終決着した。

こうして日本政府は、労務費や施設費の負担分担という形で米軍基地の維持を財政的に支援していく。当時、外務省アメリカ局長だった中島敏次郎によれば、日本政府による在日米軍駐留経費の負担分担は、「日本自身のイニシアティブ」によって「在日米軍をキープして、自国の防衛を確かにするための非常に重要な手段」であると考えられたのである[76]。

このような日本政府の方針を米国政府は大いに歓迎した。七月末に行われたSSCでも、米国側は、日本政府による負担分担は、「単に在日米軍経費の負担を減少せしめた以上に、米国内における対日『ただ乗り』批判を緩和せしめたほか、在日米軍の志気（ママ）を向上せしめ、在日米軍のプレゼンスに安定性を与え」たと絶賛したのである。

その一方で日本側は、ここでも依然として在沖海兵隊の行方について懸念を示している。米国側が「海兵隊の展開についての変更は何ら計画されていない」と述べたにもかかわらず、日本側は「沖縄に関し、海兵隊の態勢に変更があり得るか」と重ねて質問し、米国側が再び「何ら変更ない」と返答する場面が見られた[77]。

図10　沖縄における駐留軍従業員の推移

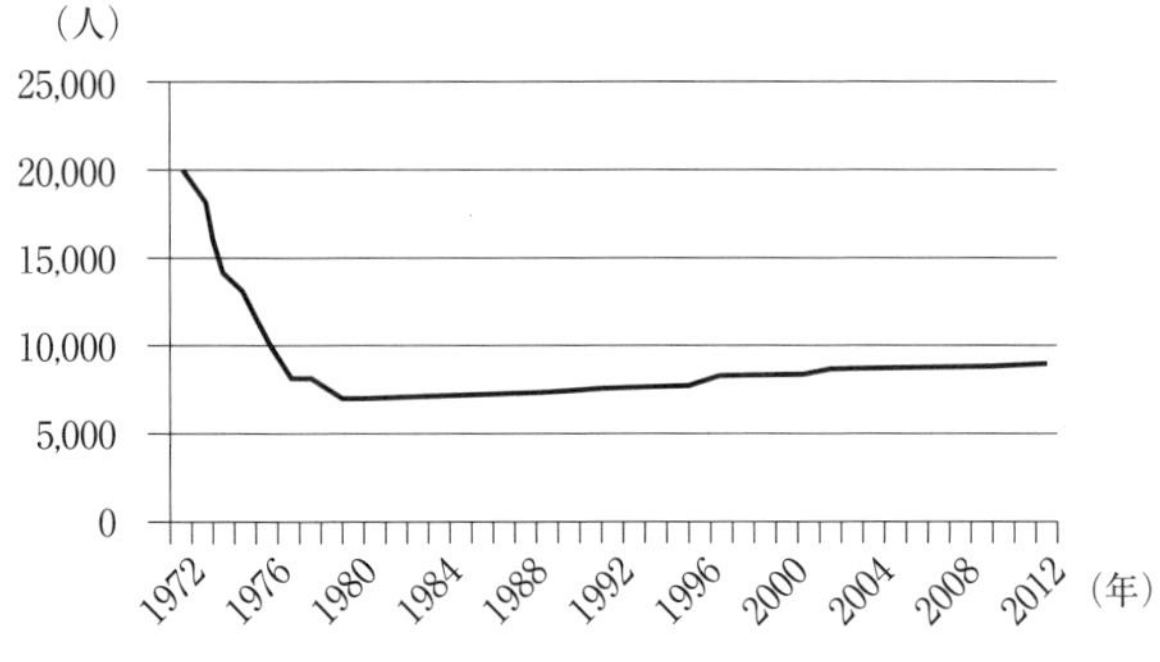

出典：沖縄県知事公室基地対策課『沖縄の米軍及び自衛隊基地（統計資料集）』2015年，26頁より著者作成．

またこれより前の六月、久保卓也国防会議事務局長は国防省当局者に対し、米国内での「沖縄からの海兵隊の移転や、在比米軍基地の削減、NATOの紛争における太平洋から大西洋への兵力の再配備に関する声明」は「有益ではなかった」と述べている。それらは米国政府の政策そのものではないことは理解しているが、日本国内で注目されるので、「面倒」だというのだった(78)。

ここまで見たように、日本政府が在日米軍駐留経費の負担分担を引き受ける上で、カーター政権において進められた米軍プレゼンスの見直しは、大きな影響を与えた。特に、在韓米軍撤退計画とともに、海兵隊の撤退・縮小や基地従業員の大量解雇といった沖縄の米軍基地再編の動きを日本政府は強く懸念し、在日米軍への財政支援を行っていったのである。この後、一九八七年には在日米軍駐留経費負担特別協定が締結され、日本政府が在日米軍基地の日本人従業員の手当を負担するようになった。さらに、一九九一年以降、日本政府が在日米軍基地の光熱費を負担するようになるなど、

「思いやり予算」は拡大していく。

沖縄では、日本政府が在日米軍駐留経費の負担分担を開始したことで、沖縄返還以降、財政的制約のために米軍が進めてきた基地従業員の解雇にも歯止めがかかることになる（図10参照）。これによって基地従業員のすべてが米軍基地を容認するようになった訳ではなかったが(79)、これ以降、沖縄社会は、米軍基地を維持しようとする日本政府の政策

に経済的により大きな影響を受けることになるのである。

三　新冷戦と沖縄米軍基地

1　新冷戦の中での在沖海兵隊の役割

一九七〇年代末、アンゴラやエチオピア、ソマリアといった第三世界をめぐる対立などから、米ソデタントは終焉を迎えようとしていた。ソ連は極東においても空軍や海軍を増強し、これを背景として、米国政府はアジアにおいて軍事プレゼンスを維持する方針を固めていった。こうして一九七九年一月には、困難な交渉の末、米国政府が巨額の軍事援助を提供する一方で、在比基地の自由使用を確保するという形で在比米軍基地協定改定が合意された。七月にはカーター政権は在韓米軍撤退計画を事実上撤回する。

その後、十二月にはソ連がアフガニスタンに侵攻し、これをカーター政権は厳しく非難した。ソ連のアフガニスタン侵攻は、世界の石油供給にとって重要な中東地域の安定を脅かし、ひいては米国とその同盟国の安全保障上の脅威となると考えられたのである。(80) 一九八〇年一月、カーター大統領は、議会演説でソ連を非難するとともにペルシャ湾岸地域の外国勢力による支配に対してあらゆる必要な手段をとるという、「カーター・ドクトリン」を発表する。この中でカーターは、国防費の増額とともに、ペルシャ湾地域や朝鮮半島など、第三世界の有事に迅速に展開できる緊急展開部隊（ＲＤＦ）の創設を発表した。こうして米ソ対立は決定的となり、新冷戦が始まる。(81)

新たに設立されるＲＤＦについて、海兵隊内部では、脅威に対し多様かつ迅速に対応できる部隊として、自分たちこそが重要な役割を果たすべきだと考えられた。(82) 実際に、一九八〇年三月には、陸軍・海軍・空軍・海兵隊などの部

隊を統合して設立された緊急展開統合任務部隊（ＲＤＪＴＦ）の初代司令官は海兵隊から任命される。(83)

このような中、在沖海兵隊の役割も中東へと拡大する。一九八〇年一月、ブラウン国防長官は記者会見で、沖縄の海兵隊がペルシャ湾有事で陸上兵力の中核になると説明した。(84) ロバート・Ｈ・バロー（Robert H. Barrow）海兵隊総司令官も、翌月の米下院軍事委員会で、沖縄の第三海兵師団は、西太平洋からインド洋、さらに中東、アフリカでの必要な事態に即応すると証言している。(85)

このように在沖海兵隊の役割が中東へ拡大していく一方で、太平洋地域における役割も見直されるようになっていた。その背景にあったのは、米海軍内の戦略見直し作業であった。この時期、米海軍内部では、カーター政権の政策への反発やソ連海軍の増強への対抗のため、海軍と海兵隊の兵力や任務を再検討するための研究作業が行われていた。そこでは、米海軍がソ連海軍に対して攻勢的な作戦をとるべきだという議論がなされたのである。この作戦構想は、政府内でも批判があったものの、一九八〇年に発足したロナルド・Ｄ・レーガン（Ronald D. Reagan）政権が新冷戦の中で対ソ対決姿勢を鮮明にする中、一九八四年、米海軍がソ連海軍に対し攻勢に出て打撃を与えるという「海洋戦略」として発表される。(86)

このような中で、海兵隊は、極東ソ連に上陸作戦を行うという任務が構想されていく。すでに一九七九年九月の海兵隊準機関誌 *Marine Corps Gazette* の論文では、ソ連海軍は、大西洋や太平洋に進出するには狭い海峡を通らなければならないという地理的制約を抱えており、太平洋では、対馬・津軽・宗谷の三海峡がソ連にとっての地理的障害であることが指摘された。そのため、このようなソ連の弱点を利用し、有事の際には、米海兵隊は米海軍とともに大西洋やオホーツク海のソ連の前方基地を武力で奪取し、ソ連海軍を封じ込めることが提唱されたのである。(87) 一九八〇年一月に掲載された論文でも、日本と千島列島は、ソ連海軍の活動にとって障害となり得る戦略的に重要な位置にあるので、ソ連海軍の活動を抑えるため、米海兵隊が、千島列島やソ連の潜水艦基地のあるペトロパヴロフスクに上陸作戦を行うべきだと主張されている。その際、「日本のナショナリズムによって日本本土に大規模な基地を築くことはできないため」海兵隊は死活的な重要性を有すると説明されている(88)。

一九八五年には、前述の「海洋戦略」に資することを目的として、海兵隊の「水陸両用戦略」が策定される。ここではまず、海兵隊の役割について、「平和時のプレゼンス」と様々な種類の「危機対応」が重要であることが強調されている。特に海兵隊による前方地域への「平和時のプレゼンス」は、「米国の国家的意思の物理的証明」であり、同盟国や友好国の米国に対する信頼性を高め、潜在敵国を「抑止」する上で重要である。ここでは、海兵隊は、定期的に同盟国を訪問し、共同訓練を行うことで、米国と同盟国との関係改善の促進や米国の力の誇示によって、紛争を未然に防ぐ。そしていざソ連とのグローバルな通常戦争が起こった場合には、海兵隊は「戦略的予備」と位置付けられ、戦争当初は「決定的使用のために能力を保持する」ため、太平洋から大西洋への移動も含め、必要な場所へ移動する。その後の局面では、米海軍が主導権を握るための攻勢をかける一方、海兵隊は、北ノルウェーや南千島などのソ連の側面地域に対する上陸作戦を仕掛けるための「戦略的選択肢」を提供するという「二次的役割」を果たす。そして戦争の最終段階において、海兵隊は、コラ半島・樺太・バルチック海沿岸などの上陸作戦を行い、ソ連の脆弱な地点を攻撃することよって、有利な条件での戦争終結に向けた梃子を獲得することができるというのである(89)。

在沖海兵隊は、このように中東から極東ソ連に至る広大な地域で任務を果たすことになった。このような任務を行うことを想定して、すでに一九七九年八月には、沖縄で、第七艦隊と海兵隊によって艦艇二六隻、航空機二八〇機、兵力四万人が参加するという大規模な上陸作戦演習「フォートレスゲール」が行われる。この演習で想定されたのは、カムチャッカ湾など極東ソ連の原潜基地、国後・択捉などの千島列島、朝鮮半島沿岸、さらにペルシャ湾岸といった多様な地域だった。この演習について、外務省や防衛庁は「安保条約の趣旨に沿うもので、抑止力を高める結果になる」と評価している(90)。

このように在沖海兵隊が広大かつ多様な地域において軍事的役割を担うことになった背景には、当時、ベトナム戦争後の米国内の批判に対して、海兵隊が自らの存在意義を模索し再定義していたという事情があったといえる。とはいえ、米軍の戦略において、海兵隊の役割として特に重視されたのは、平和時の訓練などの活動や小規模な危機への対応によって、同盟国や潜在敵国に米国の意思を示すことだった。言い換えれば、対ソ戦といった実際の戦闘での海兵隊の活動は、前述のように戦局の中盤以降の、限定的なものだったといえる。

2　日米防衛協力と在沖海兵隊

一九七〇年代末、ソ連が、北方領土への軍事基地建設、ベトナムのカムラン湾への艦船寄港港、さらに新戦略爆撃機バックファイアーの極東配備を進めたことに対し、外務省内でも安全保障環境の悪化が懸念されていた(91)。このように日本政府内では、ソ連のアフガン侵攻の前から、ソ連への脅威認識がすでに醸成されつつあったのである(92)。

こうした中、日本政府は、安全保障上の懸念を米国側に度々表明している。一九七八年八月の日米政策協議で日本側は、ソ連は海軍力などの軍事力増強によって「今やグローバル・パワーとして米国と対峙しうる能力を備えつつある」と警戒感を示した。その上で、「米国は、ソ連及びアジア諸国をして米国はアジアから撤退する考えであるとの考えを抱かしめることの無いようにすべき」だと強調する(93)。翌年十一月の同協議でも、日本側は、ソ連の軍事力増強や、米国は欧州防衛のために有事の際にはアジアの米軍を欧州に回すという、いわゆる「スウィング戦略」の情報が出回ったことに警戒感を示している。外務省によれば、「いざという場合米国は日本を助けないだろうとする悲観論が無視出来ないまでに増し」、「日米安保の有効性を疑問視するとともに、米国の信頼性（credibility）に対する強い懸念が日本国内にみうけられる」ようになっていたのである。[94] それゆえ外務省は、米国側が「日本に対する安全保障上のコミットメントがゆるぎないことを明確にし、かつその裏付けとしての信頼ある抑止力を確保してゆくことが重要」だと主張する。[95]

防衛庁内でも、米国が欧州を重視しているのは理解できるが、「東アジア、西太平洋地域が通常戦争における第二正面（second front）として、ソ連を牽制、拘束する重要な役割を果たして」いると考えられた。それゆえ、「米国としては、今後もこの地域における major power としての credibility を同盟国及び敵対国に対する関係において維持していく」必要性があると論じられている。[96]

米軍がインド洋や中東を重視するようになっていることについても、日本政府はこれらの地域の重要性を理解しつつも、不安も感じていた。一九七九年八月のＳＳＣでは、日本側は、米国が戦略上、中東を重視することで、「アジアにおける米軍プレゼンスが削減されるというような印象を与えないことが重要」だと強調する。[97] 自衛隊の内部でも、「もし中東に火がつけば、米軍が中東へスイングする可能性があり、その結果、わが国周辺に軍事的空白が生じ、わが国に対して限定的な侵攻があるかもしれない」と考えられた。[98]

これらの日本政府の主張を受けて、米国政府内では、「安全保障上のコミットメントを順守する意思とそれを行う能力について、日本を再保障するとともに／または、日本を警戒させることを回避するべき」だと確認されたのだった。[99]

こうした中、前述のように沖縄の海兵隊が中東へ派遣される可能性があることに対し、日本国内で評価は分かれていた。外務省では、ソ連のアフガニスタン侵攻後、「ペルシャ湾情勢に対しての即応体制の一環」として在沖海兵隊が前方展開されていることが注目されていた。中東の石油に依存する日本にとって、沖縄の海兵隊を含む米軍のプレゼンスが、アジア太平洋地域だけでなく、周辺地域の安定にも寄与することは重要だと考えられたのである。[100]浅尾新一郎外務省アメリカ局長も一九八〇年二月の国会答弁で、在沖海兵隊は「そこに駐留しているということ自身が戦争の抑止になっている」との考えを示した上で、中東方面にこれらの部隊が出て行ったとしても、「沖縄から直接に戦闘作戦行動を行うわけではございませんので、その限りにおいては問題がない」と説明している。[101]

その一方で、在沖海兵隊の移動への懸念も日本国内には存在していた。大来佐武郎外相は、一九八〇年二月のマンスフィールド駐日大使との会談で、国会でRDFの中東派遣の問題が取り上げられていることを紹介した。その上で大来は、「在日海兵隊がいつのまにか移動していって、わが国の防衛ができなくなるのではないかという疑問が国民一般に広くでてきている」と指摘したのである。これに対しマンスフィールドは、太平洋地域における米国のコミットメントを弱めることはないと強調する。[102]元自衛隊幹部のシンポジウムでも、もし中東で有事が起きれば、在沖海兵隊はRDFとして中東へ派遣される可能性が高く、そうなれば、ソ連も日本を攻撃しやすいという声も出た。それゆえ、「これらの部隊で北方四島作戦を行うことだって考えられる」ので、「日本にいてくれたほうがいい」と考えられたのだった。[103]

このように安全保障上の懸念が存在する中、日本政府は、米軍の日本防衛へのコミットメントを確保するため、日米防衛協力を推進する。一九七六年に設置されたSDCで日米防衛協力についての検討が進められ、ここでの議論に基づいて一九七八年十一月、「ガイドライン」が策定された。ここではまず、日本に対する侵略を抑止するため「米国は、核抑止力を保持するとともに、即応部隊を前方展開し、及び来援し得るその他の兵力を保持する」ことなどが明記されている。次に、日本が武力攻撃された際には、自衛隊が自国の防衛作戦を行う一方、米軍は攻勢作戦を実施するという役割分担が明確化された[104]。海兵隊はここでは明示されていないが、侵略を抑止するための「即応部隊」、さらに上陸作戦を行い攻勢作戦に寄与する部隊と位置付けられていたといえる。

「ガイドライン」策定後、自衛隊と米軍の共同訓練が公式に行われるようになった。すでに海上自衛隊と米海軍、航空自衛隊と米空軍は、事実上協力を進めていたが、遅れをとったのが陸上自衛隊であった。しかし、一九七九年五月、永野茂門陸上幕僚長は記者会見で、「米陸軍は日本に駐留しないので共同訓練はできないが、地上軍である米海兵隊との共同訓練を行うよう、すでに検討中」だとして、陸上自衛隊と在沖海兵隊との合同訓練を行うべく準備していることを明らかにした[105]。

実は、これ以前の一九七六年から、陸上自衛隊と在沖海兵隊は相互に演習に数人を見学させるなど、交流を行っていた。今後数年以内に、かつて米国で学んだり訓練を受けたりした自衛隊幹部の多くが引退するのに対し、次の世代が米国へ訪問をするには、多大な費用がかかることから、陸上自衛隊が米海兵隊に相互の訓練の見学を要請したのである。米軍としては、この交流が、将来の共同訓練・作戦の促進に向けた、自衛隊との関係の基礎となることを期待していた[106]。

一九八四年十月、陸上自衛隊と在沖海兵隊の合同演習が北海道で行われる。上田秀明防衛庁教育訓練局訓練課長は、国会答弁で、「沖縄におります米海兵隊は、我が国に駐留しております数少ない米地上部隊、地上実力部隊」なので、様々な訓練ができ、戦術的にも有益であるとして、訓練を今後も重ねていきたいと強調した[107]。

当時、陸上幕僚部防衛部長を務め、陸上自衛隊と海兵隊の共同訓練を推進した西元徹也は、「海兵隊と陸上自衛隊との新たな関係というものは、どうしても築いておく必要がある」と考えていたと回想する。なぜなら、陸上自衛隊の主たるカウンターパートは米陸軍だが、日本には司令部機能以外、ほとんど部隊が存在しない一方で、在沖海兵隊こそが「ブーツ・オン・ザ・グラウンドという意味のプレゼンスを具現している」からだった。「万が一わが国有事ということがあれば、とりあえずプレゼンスしている海兵隊がよそに行ってしまわない限り、日本有事に沖縄から駆けつけないことなんてことはあり得ない」ので、日本有事には「いちばん最初にまず海兵隊とともに戦っていて、そこに次第に米陸軍が増援してくると、こういう構図になる」というのである[108]。

実際、一九八五年二月にも、北海道で陸上自衛隊と在沖海兵隊の共同訓練が実施され、この後、さらに陸上自衛隊と在沖海兵隊の交流は積み上げられていったのである。

四　沖縄の「保守化」と米軍基地

1　平良県政から西銘県政へ

一九七七年五月で沖縄は日本への復帰から五年を迎えた。この節目の時期、沖縄米軍基地をめぐって日本の国会で争点となったのが、「地籍明確化法」であった。第二章でふれたように、沖縄返還直前の一九七一年、「公用地暫定使用法」が制定され、日本政府と契約しない地主の軍用地を、日本政府が五年間強制的に使用できるようになった。そして一九七七年五月で同法は期限を迎え、日本政府と契約しない地主が数百名いる中、それらの土地を引き続き軍用地として米軍に提供できるようにするため、日本政府は新たな法律を必要としたのである。

前章で述べたように、当時、沖縄の平良幸市知事は、米軍基地の跡地利用を促進するべく、不明確な地籍の確定への取り組みを日本政府に求めていた。これに対し日本政府は、基地内の地籍を確定することと合わせて、政府と契約していない地主の軍用地を引き続き使用できるような措置をとるべく「地籍明確化法」の成立を目指す。土地連はこれを支持したが、沖縄の平良県政は、基地内の地籍の明確化と基地の確保を合わせたこの法律に激しく反発し、あくまで県内のすべての地籍の明確化を対象にした特別立法が必要だとした(109)。

野党の反対や沖縄現地での反発のため、一九七六年の臨時国会では廃案になったものの、翌七七年五月十八日、与野党の妥協によってついに国会で「地籍明確化法」が成立する。これを受けて平良知事は、日本政府に対し、「地籍の明確化と跡利用がうまくできないとこの法律はあまり意味がない」と不満を表明し、特に跡地利用についての政府の財政措置についての法律整備を強く要請した(110)。平良は引き続き軍用地の跡地利用に向けた作業を進め、「軍用地転用特措法案要綱」をまとめる。これは、軍用地返還のあり方を見直し、計画的な返還と有効な跡地利用を進めるために、軍用地転用行政に国の責任を引き出していこうとするものだった(111)。

ところが一九七八年七月、平良知事は脳梗塞で倒れ、病のために辞任を余儀なくされた。これを受けて十二月、沖縄県知事選挙が行われる。革新陣営では候補者選びが難航し、最終的に社会大衆党委員長の知花英夫に落ち着く。一方、自民党からは衆議院議員の西銘順治が立候補した。

一九七〇年代末のこの時期、日本全国では、国民の生活水準の上昇や中流意識の定着、国際情勢の厳しさなどから、有権者の安定志向が強まり、保守回帰の傾向が現れた。その結果、一九七八年四月に行われた統一地方選では、東京都知事選を含め全国一五の知事選挙のうち自民党が推した候補者がすべて当選する(112)。沖縄でも、一九七七年六月に二五の市町村で行われた首長選挙で、普天間基地が位置する宜野湾市の市長選で自民党の安次富盛信が勝利したほか、保守が一九を制したのに対し、革新は六にとどまった。

沖縄の保守化傾向の背景にあったのが、当時の沖縄経済の不振と革新県政による経済運営への批判の高まりだった。一九七五年に海洋博覧会が開催された際には、沖縄に多くの観光客が訪れ、観光業が活性化した。しかし、海洋博が終了すると、建設・土建業が不振に陥り、観光客も半減したことで宿泊施設の倒産が相次いでいたのである。(113)これに対して革新陣営は、前述のように一九七七年五月をもって復帰協が解散したように、沖縄返還後の方針を明確化することができず、混迷していた。

このような沖縄現地の情勢の変容については、米国側も注目している。一九七八年六月の那覇総領事館のワシントンへの電報によれば、当時、沖縄住民の関心は、基地問題から生活や経済といった問題へと移行していた。特に高い失業率に見られるように経済問題への関心は、米軍基地のない地域だけでなく、米軍基地が多く存在する中部や北部でも高まっていたのである。その上で総領事館は、「沖縄米軍基地の将来にとっての鍵は、東京の日本政府である」と論じ、日本政府の支援によって沖縄米軍基地を安定的に維持することが重要であると指摘した。(114)

保守陣営から立候補した西銘は、選挙戦においてまさに「経済」を強調した。西銘は、企業の倒産、高い失業率といった沖縄の経済問題を、「県民の要求を国政に反映させ、国庫支出の大幅な増額を図」ることで解決することを公約に掲げた。西銘は田中派に所属する自民党国会議員だったという経歴を生かし、政府との結びつきを通して大規模な財政出動によって道路・港湾・空港などの大型公共事業を実施して景気対策・雇用対策としようとしたのである。その一方で米軍基地の問題については、「広大な米軍基地の整理統合が急務」としつつも、日米安保条約の重要性を説いた。(115)

結局、沖縄県知事選挙では、西銘が知花に二万六〇〇〇票の差をつけて勝利し、復帰以来七年間続いた革新県政に終止符を打った。厳しい不況やそれに伴う深刻な失業といった経済問題に対し、沖縄県民は県政を保守陣営に委ねたのである。(116)翌年六月の沖縄県議会選挙でも、保守勢力が二四議席をとったのに対し、革新勢力は二二議席にとどまり、沖縄の「保守化」は決定的になった。

西銘県政の時代には、復帰以来これまで日本政府によって行われてきた沖縄における振興開発計画が徐々に効果を発揮し、沖縄県民にもそれが実感されるようになっていた。そして、日本本土と沖縄の所得格差も縮まっていた。このような状況を踏まえつつ、西銘は、衆議院議員時代の田中派の人脈を生かして利益誘導政治を展開し、沖縄振興のための国庫支出を増額させるとともに国との一体化を強めた(117)。

米軍基地に批判的だった革新県政に対し、日米安保に肯定的な西銘県政は、米軍基地問題をめぐって日本政府や米軍に協力的な姿勢をとる。このような傾向から、米国側は、一九七九年十一月の日米政策協議で、「沖縄に関して最近特に米軍基地問題についての現地住民の反映が良いように見うけられる」と評価している。これに対し日本側は、「沖縄の基地感情が良くなったことの原因は保守知事が誕生したことが大きい」と応じた。もっとも日本側は、「沖縄を考える際には、同地域が日本本土に対して有する圧倒的に屈折した感情を留意する要がある」と指摘し、沖縄の米軍基地問題の難しさを示唆したのだった(118)。

実はすでにこれ以前から、沖縄では徐々に米軍基地の存在を容認する傾向が強まっていた。沖縄県民への世論調査によれば、米軍基地について「必要」または「やむをえない」と考える人は、一九七五年には約二六%だったのに対し、一九七七年には約三四%へと徐々に上昇する。これに対して、米軍基地について「必要でない」「かえって危険」だと考える人は、一九七五年には約六〇%だったのに対し、一九七七年には約五三%へ低下したのである(119)。西銘県政は、沖縄県内における日米安保受け入れ傾向に拍車をかけることになったといえる。

西銘は、一九八二年十一月の県知事選挙で再選を果たし、一九八四年六月の沖縄県議会選挙では保守勢力が再び過半数を獲得した。こうして西銘による保守県政は安定的に運営されていく。

こうした中で、沖縄における米軍基地問題の鎮静化は当分続くかに見えた。米那覇総領事館は、一九八三年五月の電報で、沖縄住民が米軍基地の存在を受け入れる傾向にあると分析している。特に総領事館は、沖縄返還以来、日本政府が米軍基地問題について間に入って対応するとともに、莫大な補助金を投下していることで、米軍基地の安定化に協力していることを評価した。そして日本政府と日本国民の協力がある限り、沖縄県民による米軍基地の受け入れ傾向は継続するという見通しを示したのだった。[120]

一九八五年五月の那覇総領事館の分析によれば、西銘は日米安保の重要性を理解し、沖縄は基地負担を負い続けなければならないと認識していた。その上で西銘は、このような沖縄の安全保障上の役割や、首相退任後も隠然として影響力を有していた田中角栄や中曽根康弘首相との個人的な関係を利用し、当時の緊縮財政にもかかわらず、日本政府から莫大な補助金を獲得していたのである。[121]

このように西銘は、経済問題を前面に打ち出して基地問題を非争点化することに努めた。さらに西銘は、経済開発のために基地を利用することもいとわなかった。そして日本政府は、西銘の政策に協力することで沖縄米軍基地の安定的維持を目指したのである。

2　西銘知事訪米と普天間基地返還問題

一九七〇年代末から一九八〇年代にかけて、西銘知事による保守県政が続く中で、沖縄県民による米軍基地への姿勢は徐々に軟化しつつあったとはいえ、少なくともその縮小を求める意見は多数を占めていた。一九八二年の沖縄での世論調査では、「全面撤去」が三二%、「本土並みに少なく」が四四%だったのに対し、「現状のまま」という回答は一五%にとどまった。[122]

一九八五年になると、金武町での海兵隊員による男性殺害事件など、米軍をめぐる事件が続出し、沖縄住民の間で米軍基地への反発が強まった。四月には、沼田貞昭外務省北米局安保課長は、米国側に対し、最近、沖縄で米軍関係の事件が頻発し、現地の雰囲気がこれまでになく厳しくなっていることに懸念を表明した。沼田は、「事件がもっと起これば、米軍を弁護することがますます難しくなる」と苦言を呈している。[123]

このような中、西銘知事は、自らワシントンを訪問し、沖縄の米軍基地問題を米国政府に直接訴えようとした。西銘は、日米安保体制を最大限に尊重し、日米間の友好と信頼関係を堅持することを重視していた。その一方で、米軍基地の負担によって沖縄県民の生活が圧迫されていては、「日米関係にも影響する」と考えたのである。[124] このように、保守派で日米安保に肯定的な西銘でさえも、「沖縄の基地が過密で、それゆえいろいろな基地問題が派生している」ことを問題視していた。しかし、西銘訪米に対し、那覇防衛施設局は、「外交ルートを通さないでアメリカに直談判されるということ自体、国の機関としてはなかなか賛成しがたい」「どこまで実りがあるのかと多分に疑問」だと冷やかに見ていた。[125]

一方、米国政府は、西銘の存在を沖縄の米軍基地の安定的維持のために極めて重視していた。那覇総領事館は、西銘の訪米に積極的に協力するべきだとワシントンに訴えている。総領事館の見方では、西銘訪米の目的は、対米発言力があることを県民に示し、一九八六年の県知事選での勝利を確実にすることだった。この点を理解しつつ、総領事館は、西銘は米軍にとっての貴重な友人であると論じたのである。[126] リチャード・L・アーミテージ（Richard L. Armitage）国防次官補は、キャスパー・W・ワインバーガー（Caspar W. Weinberger）国防長官に対し、西銘のイメージを向上させ、その三選を助けるため、彼と会うことを勧告している。沖縄ではずっと米軍基地をめぐって難しい問題が続いていたが、西銘が知事になって以来、これらの問題は解決されてきたというのだった。[127]

一九八五年六月に訪米した西銘は、国務省や国防省の高官と次々に面会し、沖縄の基地問題の解決を訴えている。

西銘は、「ベトナム戦争が終わり、米中、日中の新しい友好の時代、南北朝鮮の雪解けムードなど好転している」という国際情勢を踏まえつつ、沖縄には在日米軍専用施設面積の約七五%が集中し、都市経済や産業振興の障害になっていると強調した。その上で西銘は、米軍基地を整理縮小し、「専守防衛の立場から沖縄の基地を見直してほしい」と訴えるとともに、キャンプ・シュワブやキャンプ・ハンセンでの海兵隊による演習を中止して県外に移設することや、米軍の綱紀を粛正することなどを要請する。[128] このように西銘は、「沖縄県民の間で反基地感情が高まっており、県民の理解と協力を得ることが困難になりつつある」と米軍基地をめぐる問題の是正を訴えた。[129]

西銘が特に強調したのが、在沖海兵隊の問題だった。その中でも注目すべきは、西銘が、海兵隊の普天間基地の危険性を強調し、その返還を申し入れたことである。普天間基地が所在する宜野湾市では、一九八一年に米軍の攻撃機Aスカイホークが同基地へ移駐したことをきっかけに、市民の間で基地被害・事故への不安が高まり、基地返還要求が強まっていた。同年十月には、宜野湾市は初めて西銘知事に対し、普天間基地の移設を要請している。ちなみに当時の宜野湾市長も、保守の安次富盛信であった。[130] このような要求を受けて西銘は、普天間基地返還を米国側にぶつけようとした。ちなみに彼は当時、普天間基地を、那覇空港の近くを埋め立てて移設することを考えていた。[131]

六月十日、西銘はワインバーガー国防長官と短時間会見した後、アーミテージ国防次官補と会談し、「発展する都市に今や囲まれた普天間で訓練するヘリによる事故」への不安を表明している。[132] さらにポール・X・ケリー（Paul X. Kelley）海兵隊総司令官との会談で西銘は、キャンプ・シュワブやキャンプ・ハンセンにおける実弾演習中止を要請するとともに、普天間基地の返還を訴えた。[133] ウィリアム・C・シャーマン（William C. Sherman）国務次官補代理に対しても西銘は、都市の発展の阻害となっているので、「普天間飛行場が返還されるよう検討されることが望ましい」と述べている。[134]

もっとも、在日米軍の情報によれば、この時期、日本政府は、普天間基地の返還は「今取り組むにはあまりにも巨大」だと考えており、見通せる将来に何か行動を起こすことは予想されていなかった[135]。西銘自身も、沖縄県民に対し、自分が基地問題解決を米国側に迫っていることをアピールしていることを示したことは政治的に有益だったと評価しつつも、自分の提案が明確な結果を生み出すとは考えていなかった[136]。こうしてしばらくは、普天間基地の返還問題は日米両政府間の議題の俎上にのらなかったのである。

とはいえ、日米安保や米軍基地を容認する西銘知事の下で、直接米国側に基地問題の是正が訴えられた意義は小さくなかった。西銘訪米をきっかけに、普天間基地の返還は、沖縄の重要な課題になっていくのである。一九八六年には、知事や基地関連市町村長による沖縄県軍用地転用促進・基地問題協議会が、「米軍基地の返還要望とその転用計画」をまとめ、一三施設、約二〇〇〇haの基地返還を求めている、さらに西銘は、一九八八年にも訪米し、基地問題解決を米国側に要請した。

さらにこの時期、国際的には、ソ連にゴルバチョフ書記長が登場し、冷戦は終結へと向かっていく。こうした中、沖縄の保守県政の揺らぎが見られるようになっていた。一九八八年の沖縄県議会選挙では、保守勢力が二五議席に対し、革新勢力は二議席増やして二二議席となり、保革伯仲状態に入った。そして沖縄では、基地問題の本格的な解決に向け、保守県政を打倒する動きが開始されていく。その背景として、冷戦終焉に向けた国際情勢の変容に対応できなければ、米軍基地について「沖縄はそのままになるのではないか」という懸念が存在していた。また沖縄には、「復帰の時も復帰後もそうだけれど、沖縄問題に対する日米政府の対応が変わらない」という不満が蓄積していた。このような動きは、革新勢力が擁立した一九九〇年の大田昌秀県政の誕生へとつながっていくのである[137]。

おわりに

カーター政権発足当初、米国政府は、財政上の制約や戦略上の欧州重視といった観点から、米軍プレゼンスの見直しを進めようとした。それゆえ在韓米軍撤退が掲げられ、在沖海兵隊についても配備の見直しが検討された。このような動きを日本政府は懸念し、米軍のプレゼンスを維持するべく、在日米軍駐留経費の負担分担を本格的に開始した。

こうして本格的に開始された日本政府による在日米軍駐留経費の負担分担、いわゆる「思いやり予算」の支払いは、米軍基地の多くが存在する沖縄では、特に重要な意味を持った。すなわち、それまで在日米軍は費用削減のために基地従業員を大幅に削減していたため、沖縄では社会的混乱が生じていたが、「思いやり予算」によって解雇に歯止めがかかった。また在沖海兵隊は、ベトナム戦争後、米国政府内でその撤退や縮小が再三議論されてきたが、日本政府の経費負担は、その駐留を支えることになった。こうして「思いやり予算」は、沖縄米軍基地の維持に大きな役割を果たしたのである。

一九七〇年代後半、米ソ関係の悪化によってデタントが終焉し、新冷戦が始まると、沖縄の米軍も改めて役割を再定義されることになった。特に在沖海兵隊は、中東から極東ソ連までの広範な地域において役割を果たすことが期待された。同時に、陸上自衛隊と在沖海兵隊の交流が促進され、日米防衛協力が進展していった。

一方、沖縄では西銘順治の保守県政が誕生し、西銘は、米軍基地の安定的維持を経済開発と引き換えに目指していく。沖縄県内でも、米軍基地は徐々に受け入れられつつあると見られるようになっていた。

ところが一九八〇年代半ば、米軍による相次ぐ事件をきっかけに沖縄では海兵隊を中心に米軍基地への反発が強まっていく。親米保守の西銘知事も、沖縄における反基地感情の高まりを和らげるべく、普天間基地の返還や海兵隊の射撃訓練の県外移転をワシントンで訴える。保守県政であっても、住民の米軍基地への反発の高まりを無視できなかったのである。さらに冷戦が終結に向かう中、改めて米軍基地のあり方を見直そうという動きが沖縄で強まっていたのである。

注

（1）田中前掲書、二八四—二八六頁。

（2）ドン・オーバードーファー『二つのコリア—国際政治の中の朝鮮半島』共同通信社、二〇〇二年、一一〇—一一一頁・村田前掲書、一〇九—一一三頁。

（3）カーター政権による米中国交正常化交渉については、佐橋前掲書、第六章。

（4）中野編前掲書、二九四—二九五頁・清水文枝「在比米軍基地改定交渉における米国の対比宥和政策」『政治学研究論集』第三〇号、二〇〇九年、八四—八五頁・伊藤裕子「カーター政権の『人権外交』とフィリピンのマルコス独裁」『アジアの人権状況—アジア研究所・アジア研究シリーズ№七四』亜細亜大学アジア研究所、二〇一〇年、六七—六八頁。

（5）Jussi M. Hanhimaki, *The Rise and Fall of Détente: American Foreign Policy and the Transformation of the Cold War*, Potomac Books, 2013, p. 102.

（6）David M. Walsh, *The Military Balance in the Cold War: US perceptions and policy, 1976-85*, Routledge, 2008, pp. 136-137.

（7）"Four Year Foreign Policy Objectives", undated, Brzezinski Collection, Box23, Jimmy Carter Presidential Library, Atlanta, Georgia [JCPL].

（8）吉田前掲書、二六八頁。

（9）村田前掲書、一六四—一六七・一七一—一七二頁・若月前掲書、一五八頁。

（10）佐藤行雄「在韓米軍撤退問題をめぐって」西廣整輝追悼集刊行会編『追悼集 西廣整輝』西廣整輝追悼集刊行会、一九九六年、八三頁・佐藤行雄氏へのインタビュー、二〇一五年九月十八日。

おわりに

（11）「インタビュー西廣整輝（元防衛事務次官、防衛庁顧問）」National Security Archive, US-Japan Project, Oral History Program, http://www2.gwu.edu/~nsarchiv/japan/ohpage.htm.

（12）Memorandum from Kreisberg to the Secretary, "US-Japan Planning Talks, Sep 6-8, 1977", Sep 15, 1977, Policy Planning Staff, Office of the Director, Records of Anthony Lake, 1977-1988, Box 2, RG59, NA.

（13）Memorandum for Brzezinski from Armacost and Oksenberg, "Japanese and Chinese Perceptions of Adjustments in the US Military Presence in Korea and Philippines", March 4, 1977, National Security Affairs, Staff Material, Far East, Armacost, Box2, JCPL.

（14）村田前掲書、二三三―二三四頁。

（15）Memorandum for Brzenzski from Armacost and Oksenberg, "Action/Decion Caleder and Strategic Planning", Feb 2, 1977, ibid.

（16）Policy Review Committee meeting, "Philippine Base Negotiations", April 21, 1977, National Security Affairs, Staff Material, Far East, Armacost, Box2, JCPL.

（17）Presidential Directive/NSC18, "US National Strategy", April 28, NLC-132-24-3-3-2, Remote Archives Capture Program [RAC] JCPL.

（18）PRM/NSC-10, June, 1977, JCPL.

（19）Harold Brown, *Annual Defense Department Report FY 1978*, p. 99.

（20）『朝日新聞』一九七八年二月二十二日朝刊。

（21）CINCPAC, *Command History 1977*, pp. 39-40.

（22）高嶺朝一「『核戦争の捨て石』オキナワ―復帰後の米軍基地」『世界』第四三九号、一九八二年六月号、二三〇―二三一頁。

（23）Millett, *Semper Fidelis*, pp. 616-617.

（24）"Sea Plan 2000", in John B. Hattendorf, ed. *US Naval Strategy in the 1970s: Selected Documents*, Naval War College Newports Papers, No. 30.

（25）Talking Points, "Your Meeting with Japanese Defense Minister and JDA Officials", Nov 9, 1978, NSA II, JA00459.

（26）Briefing Book, "Eleventh US-Japan Security Subcommittee", Aug 2, 1979, NSA III, JT00296.

(27) 31st Marine Expeditionary Unite, "Our History", http://www.31stmeu.marines.mil/About/History.aspx.
(28) CINCPAC, *Command History 1977*, p.40.
(29) CINCPAC, *Command History 1978*, pp. 181—182.
(30) 佐藤行雄氏へのインタビュー、二〇一五年九月十八日。
(31) Memorandum of Conversation, "Meeting with Japanese Defense Minister Mihara", August 16, 1977, NSA Ⅱ, JA00257.
(32) 『読売新聞』一九七七年十一月十八日朝刊。
(33) 『読売新聞』一九七七年十二月二日朝刊。
(34) 防衛省防衛研究所編『オーラル・ヒストリー冷戦期の防衛力整備と同盟政策③』防衛省防衛研究所、二〇一四年、八二・一〇八頁。
(35) 『日本経済新聞』一九七八年一月十八日朝刊。
(36) 外務省アメリカ局安全保障課「第十回日米安保事務レベル協議用資料」一九七八年一月、外務省情報公開2013-00354。
(37) 外務省アメリカ局安全保障課「第十回安保事務レベル協議（議事概要）（未定稿）」一九七八年二月、外務省情報公開2013-00354。
(38) Tokyo02559, "Fukuda Visit Paper: US-Japan Security Relationship", Feb 24, 1977, NSA Ⅲ, JT201.
(39) Memorandum of Conversation, March 21, 1977, National Security Affairs, Staff Material, Far East, Armacost, Box2, JCPL.
(40) CINCPAC, *Command History 1976*, p.361.
(41) Memorandum of Conversation, "Meeting with Japanese Foreign Minister Hatoyama", July 27, 1977, NSA Ⅱ, JA00235.
(42) 外務省国際調査部企画課「第三回日米企画政策協議要録」一九七七年九月、2012-2881、外務省外交史料館。
(43) 丹波實『わが外交人生』中央公論新社、二〇一一年、四〇頁。
(44) 中島『外交証言録』一五二頁。
(45) 佐藤行雄氏へのインタビュー、二〇一五年九月十八日。
(46) 有馬前掲書、三二六—三二七頁。
(47) Memorandum for Brzezinski from Far East, "Evening Report", July 8, 1978, NLC-10-3-7-3, RAC JCPL.
(48) Memorandum for Brzezinski from Armacost, "Evening Report", July 12, 1977, NLC-10-3-7-24-4, RAC, JCPL.
(49) Memorandum of Conversation, "Meeting between the Secretary of Defense and Asao Mihara, Japanese Minister of State for

"Defense", Sep 26, 1977, NSA II, JA00317.

(50) 全駐労沖縄地区本部編前掲書、三〇九頁。

(51) 『読売新聞』一九七七年六月十一日夕刊。

(52) 『朝日新聞』一九七七年十一月十九日朝刊。

(53) 丹波前掲書、四〇頁。

(54) 『朝日新聞』一九七七年十二月二十三日朝刊。

(55) 外務省アメリカ局安全保障課「第十回日米安保事務レベル協議用資料」一九七八年一月、外務省情報公開 2013-00354。

(56) State017251, "Holbrooke-Nakajima Meeting-1/19/78", Jan 21, 1978, NSA II, JA00352.

(57) Tokyo19898, "SSC Meeting", Dec 29, 1978, NSA III, JT00238.

(58) 東郷発外務大臣宛て第五五一三号「日米防衛関係（A）」一九七七年十二月二十一日、外務省情報公開 2013-00354。

(59) Memorandum for the Secretary of Defense, "Improving the Force Structure in West Pac-Action Memorandum", 1977, NSA II, JA00144・CINCPAC, *Command History 1977*, p. 156. 前者の文書では、この行動は正確に実行された、とメモ書きがなされている。

(60) "Concept for improving USMC Basing Structure in WESTPAC" attached with Memorandum for the Secretary of Defense, "Improving the Force Structure in West Pac-Action Memorandum".

(61) 金丸信『わが体験的防衛論』エール出版社、一九七九年、七八—七九頁・『朝日新聞』一九七八年四月五日朝刊。

(62) 金丸前掲書、七八・九五頁。

(63) ＣＯＥオーラル政策研究プロジェクト『オーラルヒストリー伊藤圭一（元内閣国防会議事務局長）下巻』政策研究大学院大学、一八七頁。

(64) Briefing Book, "Meeting between the Secretary of Defense Harold Brown and the Japanese State Minister for Defense Shin Kanemaru", June 20, 1978, NSA II, JA00406.

(65) 『読売新聞』一九七八年四月十一日朝刊。

(66) 『読売新聞』一九七八年六月七日朝刊。

(67) Memorandum for Brzezinski from Armacost, "The President's Meeting with Prime Minister Fukuda", April 27, 1978, NSA III,

JT00254.

(68) 全駐労沖縄地区本部編前掲書、三二八—三二九頁。

(69) Memorandum for Brzezinski from Armacost, "Evening Report", June 6, 1978, NLC-10-12-5-22-8, RAC, JCPL.

(70) Memorandum for Brzezinski from Armacost, "Evening Report", June 9, 1978, NLC-10-12-4-1-2, RAC, JCPL.

(71) 『読売新聞』一九七八年六月十一日朝刊。

(72) Cable from Secretary of Defense to CINCPAC, "SECDEF-DEF Minister Japan Meeting ", June 22, 1978, NSA II, JA00411.

(73) Cable from CINCPAC to Secretary of Defense, "Okinawa RIF and Cost Sharing", June 24, 1978, NSA II, JA00413.

(74) 全駐労沖縄地区本部編前掲書、三二九頁。

(75) 『読売新聞』一九七八年七月十六日朝刊。

(76) 中島『外交証言録』一五二頁。

(77) 外務省アメリカ局安全保障課「第十一回日米安保事務レベル協議（議事概要）」一九七八年八月、外務省情報公開 2013-00355。

(78) Memorandum of Conversation, "Meeting between Takuya Kubo, Secretary-General, National Defense Council, Cabinet of Japan, and Deputy Secretary of Defense Duncan", July 6, 1978, NSA II, JA00418.

(79) 一九七八年九月、基地従業員の組合である全軍労は、日本全国の基地従業員の統一組織である全駐留軍労働組合（全駐労）と統一されることになった。その際も運動方針として、「反戦、平和、安保廃棄、自衛隊反対」を掲げた。全駐労沖縄地区本部編前掲書、三二八頁。

(80) Hanhimaki, *The Rise and Fall of Détente*, p.136.

(81) Walsh, *The Military Balance in the Cold War*, pp. 155-160.

(82) David A. Quinlan, "The Marine Corps as a rapid deployment force", *Marine Corps Gazette*, March 1980, pp. 33-40・Raymond L. Garthiff, *Détente and Confrontation: American-Soviet Relations from Nixon to Reagan*, Revised Edition, The Brookings Institution, 1995, pp. 1082-1093.

(83) Walsh, *The Military Balance in the Cold War*, p. 160.

(84) 『朝日新聞』一九八〇年一月二十九日朝刊。

(85)『朝日新聞』一九八〇年二月一日朝刊。

(86)武田前掲書、六二—六三頁・John B. Hattendorf, "The Evolution of the US Navy's Maritime Strategy, 1977-1986", Naval War College Newport Papers No. 19, p.14-19.

(87)Bruce VanHeertum, "Power projection as a part of sea control", *Marine Corps Gazette*, Sep 1979, pp. 28-33.

(88)Michael A. Gay, "The role of the Marine Corps in today's US defense strategy", *Marine Corps Gazette*, Jan 1980, pp. 54-58.

(89)"The Amphibious Warfare Strategy", 1985, in John B. Hattendorf, Peter M. Swarts (eds), *US Naval Strategy in the 1980s: selected documents*, Naval War College Newport Papers, No. 33・道下徳成「アジアにおける軍事戦略の変遷と米海兵隊の将来」沖縄県知事公室地域安全政策課調査・研究班編『変化する日米同盟と沖縄の役割—アジア時代の到来と沖縄』二〇一二年、六七—六八頁も参照。

(90)『朝日新聞』一九七九年八月十七日朝刊。

(91)有馬前掲書、三四八—三四九頁。

(92)Wataru Yamaguchi, "The Ministry of Foreign Affairs and the Shift in Japanese Diplomacy at the Beginning of the Second Cold War, 1979: A New Look", *The Journal of American-East Relations Vol. 19*, 2012.

(93)外務省調査部企画課「第二四回日米政策企画協議要録（一九七八年六月五日、六日、於ワシントン」一九七八年八月、「日米政策協議（第二四～二八回）」2014-2860、外務省外交史料館。

(94)調査企画部企画課「第二五回日米政策企画協議要録（一九七九年十一月六～八日、於伊豆下田プリンスホテル）」日付なし、同前。

(95)外務省アメリカ局「八〇年代の日本の安全保障政策」一九七九年七月、外務省開示文書2013-00355。

(96)「米ソ兵力バランスに関する質疑資料」日付なし、宝珠山昇関係文書一二—一〇、国立国会図書館憲政資料室。

(97)安全保障課「第十一回日米安保事務レベル協議（議事概要）」。

(98)防衛省防衛研究所編『西元徹也オーラル・ヒストリー 上巻』防衛省防衛研究所、二〇一〇年、一八三・一八五頁。

(99)Briefing Memorandum from Lake and Holbrooke to the Secretary, "Strengthening Our Relation with Japan", Dec 19, 1979, Policy and Planning Staff, Office of the Director, Records of Anthony Lake, 1977-1981,RG59, NA.

(100)佐藤行雄氏へのインタビュー、二〇一五年九月十八日。

(101) 衆議院予算委員会、第九号、一九八〇年二月九日、国会会議事録検索システム。
(102) 外務大臣発米国大使宛第六〇〇号「本大臣とマンスフィールド大使との会談（日米安保関係）」一九八〇年二月九日、外務省情報公開 2014-00514-0003。本資料は、山口航氏より提供していただいた。記して感謝申し上げる。
(103) 大賀良平・竹田三郎・永野成門『日米共同作戦―日米対ソ連の戦い』麴町書房、一九八二年、一一二頁。
(104) 「日米防衛協力のための指針」一九七八年十一月二十八日『日本の防衛』一九七九年、二六七―二七二頁。
(105) 『朝日新聞』一九七九年六月一日朝刊。
(106) United States Forces, Japan, *Command History 1977*, pp. 48-49.
(107) 参議院沖縄及び北方問題に関する特別委員会第六号、一九八四年七月二十五日、国会会議録検索システム。
(108) 防衛省防衛研究所編『西元徹也オーラル・ヒストリー 下巻』防衛省防衛研究所、二〇一〇年、二八頁。
(109) 『土地連のあゆみ 新聞集成編』八七七―八七九頁。
(110) 平良幸市回想録刊行委員会編前掲書、二九九頁。
(111) 江上「五五年体制の崩壊と沖縄革新県政の行方」一八二頁。
(112) 若月秀和『大国日本の政治指導 現代日本政治史四』吉川弘文館、二〇一二年、一〇九―一一〇頁。
(113) 自由民主党沖縄県連史編纂委員会編前掲書、三〇三―三〇四頁。
(114) Naha0255, "Assessment of Okinawan Environment for U.S. Military Bases", June 30, 1978, NSA II, JA00417.
(115) 自由民主党沖縄県連史編纂委員会編前掲書、三三九―三四二頁・琉球新報社編『戦後政治を生きて―西銘順治日記』琉球新報社、一九九八年、二六三―二六四頁。
(116) 自由民主党沖縄県連史編纂委員会編前掲書、三四三頁。
(117) 櫻澤『沖縄現代史』一九七―二〇〇頁・佐道『沖縄現代政治史』三九―四一頁。
(118) 外務省調査企画部企画課「第二五回日米政策企画協議要録（一九七九年十一月六～八日、於伊豆下田プリンスホテル）」。
(119) 河野啓「本土復帰後四〇年間の沖縄県民意識」『ＮＨＫ放送文化研究所年報二〇一三』九六頁・ＮＨＫ放送世論調査所編『ＮＨＫ世論調査資料集 五三年版』二八四・三〇九頁。
(120) Naha0300, "Okinawa: Then and Now", May 26, 1983, NSA II, JA0115.

(121) Naha0334, "Okinawa Governor's US Visit: Biographic Assessment and Supplement", May 17, 1985, NSA Ⅲ, JT0520.
(122) 河野前掲論文、九七頁。
(123) Memorandum of Conversation, "Military Accidents on Okinawa", April 15, 1985, NSA Ⅲ, JT0514.
(124) 『琉球新報』一九八五年六月九日朝刊。
(125) 琉球新報社編『戦後政治を生きて』四三一—四三三頁。
(126) Naha210, "Okinawa Governor Plans US Visit", May 04, 1984, NSA Ⅲ, JT0483.
(127) Memorandum for Secretary of Defense from Armitage, "Visit by Governor of Okinawa, Japan", April 22, 1985, NSA Ⅲ, JT00515.
(128) 『琉球新報』一九八五年六月六日朝刊。
(129) Naha0336, "Okinawa Governor's US Visit", May 17, 1985, NSA Ⅲ, JT0527.
(130) 宜野湾市史編集委員会編『宜野湾市史 第一巻 通史編』宜野湾市教育委員会、一九九四年、四七六頁。
(131) Memorandum of Conversation, March 11, 1985, NSA Ⅲ, JT0512.
(132) Memorandum from Armitage, "Okinawa Governor Nishime's Call on SECDEF and Meeting with ASD Armitage", June 05, 1985, NSA Ⅲ, JT0530.
(133) 琉球新報社編『戦後政治を生きて』四三五頁。
(134) State180881, "Deputy Assistant Secretary Sherman's Meeting with Okinawa Governor Nishime", June 14, 1985, NSA Ⅲ, JT0533.
(135) Yokota to Honolulu, "Kato/Nishime Visits", July 02, 1985, NSA Ⅲ, JT0540.
(136) Tokyo13824, "Okinawa Governor Nishime Evaluates US Trip", July 08, 1985, NSA Ⅲ, JT0542.
(137) COEオーラル政策研究プロジェクト『吉元政矩オーラルヒストリー』政策研究大学院大学、二〇〇五年、三五頁。また、大田県政については、大田昌秀『沖縄の決断』朝日新聞社、二〇〇〇年・佐道『沖縄現代政治史』第二章も参照。

終章　施政権返還後の沖縄米軍基地と日米沖関係

一九七二年五月に実現した沖縄の施政権の日本への返還は、戦後日本外交にとって最大の成果の一つであり、戦後日米関係において重要な意義があった。アジア太平洋戦争以来、米国が占領・統治していた沖縄が日本に返還されたことで、日米間における最大の「戦後処理」問題が解決された。また、それによって日米間の同盟内における重大な摩擦要因が除去され、日米安保体制は以前より安定化することになったのである。

ところが、施政権返還後も沖縄には巨大な米軍基地が維持された。さらに、沖縄返還前後の時期に、日本本土の米軍基地が大幅に縮小される一方で、沖縄の米軍基地の縮小があまり進まなかったことから、沖縄に在日米軍基地の約四分の三が集中する。この構図は、その後現在に至るまで、ほぼ変わらないまま続いており、日米安保体制の不安定要因となっている。

このように、沖縄に在日米軍基地の集中が進み、この状態が現在まで維持されていく上で、沖縄返還からその直後の時期は、重要な局面であった。本書では、このような沖縄返還とその直後の一九七〇年代を中心に、米国政府、日本政府、そして沖縄の政治アクターが、沖縄米軍基地に対してそれぞれどのような姿勢をとったのかを検討してきた。以下、本書の議論をまとめてみよう。

一　米国政府と沖縄米軍基地

米国政府は、一九六〇年代末、ベトナム戦争の泥沼化やソ連の軍事的台頭、日本や西欧諸国の経済的競争力の向上など、軍事的・経済的に国際的地位を揺るがす困難な状況に直面していた。それゆえ米国政府は、自国の国際的優位をより効率的に保持するべく、冷戦戦略の見直しに取り組み、その一環として、グローバルな規模で米軍プレゼンスの再編を進めた。

このような中、一九六九年の沖縄返還合意は、米国政府にとって、アジア戦略の再編を進めるための布石としての意味を持っていた。沖縄返還合意を通して沖縄を含む日本の米軍基地を保持するとともに日米関係を強化することは、米国政府が、対中接近や在韓米軍削減といったアジア戦略の再編を実行する上で不可欠だと考えられたのである。沖縄返還合意後、「ニクソン・ドクトリン」の下でのアジアの米軍プレゼンス縮小が本格化する中で、沖縄の基地は、これらの米軍が移転してくるなど、相対的に重要性が高まった。

しかし、沖縄返還が実現すると、米国政府内では、国際的な緊張緩和の進展や「ニクソン・ドクトリン」の方針の下で、沖縄の米軍プレゼンスについても大幅縮小が真剣に検討される。当時、米軍部でさえも、財政的制約や沖縄現地の不満などのため、施政権返還後も沖縄の米軍基地をこれまで通り維持できるとは考えてはいなかったのである。

特に見直しの対象になったのが、沖縄の米軍の中で最大の兵力を有する海兵隊だった。ベトナム戦争後の米国内において、海兵隊は、その存在意義そのものが問われていた。それゆえ米国政府内や議会、シンクタンク、さらには海兵隊内部では、一九七〇年代を通して、在沖海兵隊の全部または一部を、米国本国やマリアナ諸島、韓国、欧州などへと移転させることが何度も提起される。ここでは、沖縄から海兵隊を撤退させることは、軍事的にも経済的にも合理性があると論じられたのだった。もっとも、このような議論に対して、ＪＣＳや海兵隊総司令部は、ソ連への軍事的対抗や組織防衛といった理由から、激しく反発した。

結局、沖縄米軍基地の整理縮小はわずかなものにとどまった。そして、海兵隊も沖縄への駐留を継続する。その理由として、本書が特に注目したのは、日本政府が沖縄の米軍プレゼンスの維持を求めたことである。日本政府の要請は、米国政府内において、その政策決定に大きな影響を及ぼし、沖縄の米軍プレゼンスを維持するという方向性が固められる上で重要な要因となったといえる。この後米国政府は、米軍の維持を望む日本政府から「思いやり予算」といった負担分担を引き出しながら、沖縄を含む在日米軍のプレゼンスを安定的に維持しようとするのである。一九八〇年代には、米ソ対立が激化し新冷戦の時代が始まったことに加え、「思いやり予算」を日本政府が負担することになったこともあり、米国政府内では、在日米軍をさらに縮小するという議論は出なくなっていく。

特に在沖海兵隊は、日本政府がその駐留を重視していたことから、日本政府から協力を引き出す上で「交渉上の梃子」になると米国政府内では考えられた。また同じ時期、米軍内部で海兵隊の役割が再定義されるのと並行して、在沖海兵隊は「戦略的予備兵力」として、アジア太平洋地域はもとより欧州や中東の危機に即時に対応するとともに、極東ソ連への上陸作戦を行うという大きな役割を担うことになる。とはいえ、この時期に在沖海兵隊の役割として重視されたのは、実際の戦闘上の役割というよりも、米国の意思と能力を潜在敵国や同盟国に誇示するというものだった。米国政府は、在沖海兵隊を、日本政府を安心させ同盟の結束を固めるとともに、日本政府から負担分担を引き出すという、同盟外交上の道具として活用したのである。

このような中で在沖海兵隊は、一九七〇年代を通して、むしろ増強される。この時期、沖縄では米陸軍の兵力が削減される一方で、米海兵隊は、ベトナムや日本本土から移転してきたり、陸軍が使用していた基地をその撤退後に新たに使用したりすることになったからである。こうして沖縄の最大兵力である海兵隊が維持・増強されたことは、施政権返還後も沖縄の米軍基地のほとんどが維持される上で大きな意味を持ったのだった。

二　日本政府と沖縄米軍基地

日本政府が沖縄返還の実現を目指したのは、何よりも戦争で失われた領土を回復するためであったことはいうまでもない。その一方で日本政府は、沖縄米軍基地が日本やアジアの安全保障にとって重要であると認識していた。それゆえ日本政府は、米国の戦略再編とそれに伴う国際情勢の変容をにらみながら、沖縄返還交渉に取り組む必要があったのである。

沖縄返還交渉時、日本政府内では、すでにベトナム戦争後の米国のアジア関与縮小が不安視されていた。それゆえ日本政府は、国内世論が求める「核抜き・本土並み」での沖縄返還の実現を目指す一方で、安全保障上の要請から、朝鮮半島有事や台湾有事における在日米軍基地の使用に積極的に協力することで、米国のアジア関与を維持しようとした。とはいえ、沖縄返還とともに、沖縄米軍基地の軍事的役割を相対的に低下させ、巨大な米軍基地を縮小させる必要性も認識されていたのである。

しかし、一九七〇年代前半、日本本土を含めアジアの米軍プレゼンスが縮小されると、日本政府内では安全保障上の不安が高まっていく。そして、米国がアジアに関与し続けるという「証拠」や、有事の際に米軍が確実に来援するよう「人質」としての米軍プレゼンスが維持されるべきだと外務省や防衛庁では考えられるようになった。さらに国際的に緊張緩和が進展し、ベトナム戦争が終結する中にあっても、日本政府内では、アジアにおける米軍のプレゼンスは、「地域安定装置」として意義付けられていく。

こうして日本政府は、沖縄米軍基地の整理縮小をめぐる協議において、米国政府に対し、沖縄の米軍のプレゼンスを維持するよう求めた。特に在沖海兵隊は、在日米軍唯一の地上実戦部隊であり、米国が日本防衛に即時に対応する意思と能力を示す証拠だとして重視されたのである。

一九七〇年代末には、日本政府は、在韓米軍撤退計画や在沖海兵隊配備の見直しなどを不安視し、在日米軍のプレゼンスを維持するべく、在日米軍駐留経費の負担分担、いわゆる「思いやり予算」を本格化する。日本政府による在日米軍への財政支援は、沖縄を含む在日米軍のプレゼンスの安定化という点で大きな役割を果たした。

さらに在沖米軍は、同じ時期に進んだ自衛隊と米軍との協力にも組み込まれていった。「ガイドライン」が策定され、自衛隊と米軍の共同訓練が本格化する中、陸上自衛隊は在沖海兵隊との交流を進め、有事の際の米軍の日本来援をより確実なものにしようとする。また米国側にとっても、在沖海兵隊と陸上自衛隊の交流は、日米防衛協力の発展の基盤になると考えられた。これ以降、陸上自衛隊と在沖海兵隊の交流は積み重ねられていくのである。

三　沖縄と米軍基地

沖縄では、二七年間もの米国による統治・支配に対し、日本への復帰が求められ続けてきたが、日本復帰実現に対しては、巨大な米軍基地が維持されたことに、大きな不満が残ることになった。そして沖縄返還交渉時から返還実現直後、屋良朝苗県政や平良幸市県政といった革新県政は、国際的な緊張緩和や返還後も続く米軍基地に伴う諸問題から、米軍基地への反対姿勢や米軍基地の縮小要求を打ち出した。さらに革新県政は、基地返還後の跡地利用のための様々な施策にも取り組んだ。また当時、海兵隊による実弾演習の実施や岩国からの第一海兵航空団司令部の沖縄への移転に対しても、沖縄では激しい反発の声があがった。

しかし、一九七〇年代中旬以降、沖縄米軍基地の整理縮小が進まず、さらに経済不振が続く中、沖縄社会の中には、基地の維持を望む勢力も現れてくる。まず、沖縄返還以降、日本政府から大規模な軍用地料を得た軍用地主たちは、基地返還後の跡地利用などへの不安などから、米軍基地縮小に反対するようになる。また、沖縄返還から実行されてきた米軍による基地従業員の解雇は、日本政府による「思いやり予算」の負担によって歯止めがかかることになった。実際にはすでにこの時期、沖縄経済の米軍基地への依存度は一割以下へと低下していたにもかかわらず、これらの政策によって、沖縄社会でも米軍基地を受け入れる傾向が強まっていく。さらに施政権返還後、沖縄県民の間では、基地問題よりも経済問題への関心が高まり、革新県政の経済運営に不満が募っていった。

こうした中、日米安保や米軍基地を容認し、日本政府との協力を通した沖縄経済の振興開発を第一に掲げる、自民党の西銘順治県政が革新県政に終止符を打って登場する。西銘は、日本政府とのつながりを生かして莫大な補助金を獲得するとともに、沖縄における米軍基地の安定化を図る。このような西銘県政の影響もあり、一九七〇年代後半から一九八〇年代の沖縄では、保守勢力が優位に立つ中で、米軍基地が徐々に受け入れられつつあるかのように見えたのである。

四　沖縄米軍基地をめぐる日米沖関係

施政権返還後の沖縄米軍基地をめぐる日米沖関係の基本的な構図は、基地を設置し運用する米国政府と基地を受け入れた日本政府との関係と、日本政府と基地が設置された沖縄との関係という、二つの関係によって成り立っている。[1]沖縄米軍基地をめぐるこれら二つの関係の結節点となっているのが、日本政府に他ならない。それゆえ日本政府の姿勢は、沖縄米軍基地のあり方に、極めて重要な影響を与えるといえる。[2]

本書で明らかにしたように、施政権返還後も多くの沖縄の米軍基地が維持されることは、必ずしも自明であった訳ではなかった。当時、沖縄の米軍基地を大幅に縮小しようとする動きが、米国政府・日本政府・沖縄のそれぞれにあったのである。こうした中で、沖縄米軍基地が維持される上で、日本政府が沖縄の米軍基地の存在を重視したことは、大きな影響を及ぼした。米国政府は、ベトナム戦争終結前後の戦略見直しとその一環としての米軍再編の中で、沖縄の米軍基地の縮小を検討したのに対し、日本政府は、沖縄米軍基地の維持を望み、そのための対米協力を進めた。また、沖縄で米軍基地への反発が強い中、日本政府は、軍用地料の値上げや在日米軍維持経費負担、大規模な補助金の投入などによって、沖縄米軍基地の安定的維持を目指したのである。[3]

その背景として、まず、一九七〇年代、米国のアジアからの撤退傾向への不安から、日本政府が、米軍のプレゼンスを「地域安定装置」として再定義するとともに、米国政府による対日防衛コミットメントを確実にしようとしたことがあった。[4]また日本国内では、国民的悲願であった沖縄返還の実現や、日本本土の米軍基地が大幅に削減されたことなどにより、一九七〇年代半ばには、多数の国民が日米安保を支持するようになった。沖縄は、米軍プレゼンスの縮小から取り残され、米軍基地の大部分が維持されたが、それはもはや日本国内全体の問題とは考えられなくなったのである。

ところで、外務省で北米局長などを務めた佐藤行雄は、沖縄返還の実現は、「政治のエネルギー」によってなされた一方で、「返還後の基地の問題については、少なくとも北米局は常に考えていた」と証言する。外務省内では、米軍のプレゼンスはアジア太平洋の「安定材料」と考えられる一方で、「沖縄の基地をどうやって減らすか」は、日米安保の安定的維持のために極めて重要だと認識されていたというのである。しかし、「沖縄に負担がいっぱいかかっているということと、アメリカのアジア太平洋における存在が安定材料になっているというのは、全く次元の違う話」と考えられていた。(5)

本書の議論の文脈でこれを捉え直せば、沖縄返還は、重要な「戦後処理問題」として、広く日本国内全体で関心を集め、佐藤首相はじめ政治家の主導によって取り組まれた課題であった。これに対して、沖縄返還後の沖縄米軍基地の縮小は、外務省の事務レベルでもその必要性は認識されていたものの、国民全体の関心を集めたり、政治家がその実現に意欲を示したりするまでに至らなかった。日米同盟は「事務方同盟」としての性格が強いといわれるが、(6)特に一九七〇年代の日米関係は、事務レベルでの「下からの政策協調」を基調としており、それは目前の課題や交渉にいかに対処するかが重視された。(7)このような中で、米軍のプレゼンスによるアジアの地域安全保障と沖縄への米軍基地の集中という矛盾は、未解決のまま、日米安保体制の構造的な問題となっていったのだといえよう。

こうして、「物と人との協力」としての日米安保体制が日本国内で定着する中、沖縄は「物」＝米軍基地の大部分を引き受け続けることになる。さらに一九七〇年代後半に「ガイドライン」など日米安全保障協力が進展する中、沖縄はその土台となって日米安保体制を支えた。しかし、このような構造は、沖縄の住民の不満を強め、日米安保体制の不安定要因になっていく。そして、「地域安定装置」としての米軍プレゼンスは、その負担の多くを沖縄が担うことでかえって脆弱性を抱えることになったといえよう。

実際、本書で見たように、米軍基地が沖縄で受け入れられつつあると見られた一九八〇年代半ば、米兵による相次ぐ事件によって、沖縄では基地への反対が盛り上がり、西銘県政もこれに対処する必要に迫られた。そして西銘の訪米を通して、普天間基地の返還が沖縄県側から要求される。日米両政府の努力にもかかわらず、沖縄では米軍基地をめぐる問題を是正する声は依然として強く、日米安保や米軍基地を容認する西銘でさえも、これに対応せざるを得なかったのである。

冷戦終結後には、沖縄県内で米軍基地縮小への期待と要望がさらに強まる。一九九二年の世論調査によれば、米軍基地について「全面撤去」または「本土並みに少なく」と回答した人は、前回の一九八七年に比べて四ポイント増えて八一％にも上がった(8)。ところが、一九九五年二月、米国政府によって「東アジア戦略報告」(「ナイ・レポート」)が出され、アジア太平洋地域において一〇万人の米軍プレゼンスを維持する方針が示される。これに対し、沖縄県内では冷戦後も基地縮小の見通しがないことに失望感が高まった。

そして一九九五年九月、沖縄で三人の米海兵隊員による少女暴行事件が起きる。少女暴行事件に対して、沖縄では、十月二十一日に八万五〇〇〇人もの人々が集まる県民決起集会が開催されるなど、米軍基地への不満が爆発する。そこでは、米軍の綱紀粛正や日米地位協定の改定などとともに、米軍基地の整理縮小促進が訴えられたのである。沖縄県民の怒りを鎮静化させるため、一九九六年四月に日米両政府は普天間基地の返還を合意したものの、その移設先をめぐる長い迷走がここから始まる。しかし、当時沖縄県知事だった大田昌秀は、次のように述べる。

あの不幸な少女事件があったから、県民の怒りが爆発し、日米政府に基地の整理・縮小を要求したのではない。県民は復帰以降、粘り強く基地の返還を求め続け、日米両政府の沖縄に対する差別的対応にも耐えてきた。そうした長い交渉の過程で蓄積した不満や怒りが、あの不幸な事件の前には、爆発寸前にまで鬱積していた(9)。

ここまで見たように、沖縄返還直後、沖縄への在日米軍基地の集中化が進み、この間の日米沖関係の展開によって、その状態が現在まで維持されているが、その構造は決して盤石なものではなかった。一九九〇年代以降、沖縄米軍基地は日米関係や日本政治の大きな争点となり続けているが、その土壌は、すでに沖縄返還以後から徐々に形成されてきたものだったのである。

注

（1）平良前掲書、三二二頁。
（2）基地接受国のエリートによる、米国との安全保障関係についての認識を中心に、米軍基地をめぐる米国政府・基地接受国政府・基地接受国社会についての関係を検討したものとして、Yao, *Activists, Alliances, and Anti-US Base Protests*.
（3）カルダーは、基地政治において、強制ではなく、「相当の物質的補償を提供する」ことで基地の安定化を図ろうとする政策を「補償型政治」と呼び、日本における基地政治をその典型例としている。カルダー前掲書、第六章。
（4）土山實男は、「沖縄返還の合意を一九六九年の末に米国からとりつけて幕を開いた一九七〇年代に入ると、日米関係の空気は変化し始め」、米中接近・サイゴン陥落などで「日本の同盟のディレンマは次第に巻き込まれる不安から捨てられる不安へ移り始めた」と論じる。土山實男『安全保障の国際政治学―焦りと傲り　第二版』有斐閣、二〇一四年、二九八頁。
（5）佐藤行雄氏へのインタビュー、二〇一五年十二月十八日。
（6）船橋洋一『同盟漂流　下巻』岩波書店、二〇〇六年、四一五頁。
（7）武田前掲書、二一四―二一六頁。
（8）河野前掲論文、九七頁。
（9）大田前掲書、一五九頁。

主要参考文献

未公刊資料

〔日本〕

沖縄県公文書館

　平良幸市文書

　屋良朝苗日誌

　History of the Civil Administration of the Ryukyu Islands

外務省外交史料館

　外務省外交記録

外務省開示文書

国立国会図書館憲政資料室

　宝珠山昇関係文書

東京大学法学部近代日本法政史料センター

　床次徳二関係文書

〔米国〕

National Archives, College Park, Maryland

　Record Group 59 : Department of State

　　Central Files

　　　Subject Numeric Files

　　Lot Files

Policy Planning Council
Records relating to Japanese Political Affairs, 1960-1975
Subject Files of Office of the Assistant Secretary of State for East Asia and Pacific Affairs, 1961-1974
Record Group 218 : Joint Chief of Staff
Records of Chairman, (Gen) Earl G. Wheeler
Nixon Presidential Library and Museum, Yoba Linda, California
National Security Council File
National Security Institutional File
Gerald R. Ford Presidential Library, An Arbor, Michigan
National Security Adviser
US National Security Council Institutional Files
Jimmy Carter Presidential Library, Atlanta, Georgia
Brzezinski Collection
National Security Affairs
Remote Archives Capture Program

〔豪州〕
National Archive of Australia, Canberra
A1838

公刊資料・定期刊行物

〔日本語文献〕
「いわゆる『密約』問題に関する調査結果」報告対象文書 http://www.mofa.go.jp/mofaj/gaiko/mitsuyaku/taisho_bunsho.html
「いわゆる『密約』問題に関する調査結果」その他関連文書 http://www.mofa.go.jp/mofaj/gaiko/mitsuyaku/kanren_bunsho.html

岡倉古志郎・牧瀬恒二編『資料沖縄問題』労働旬報社、一九六九年
沖縄県企画調査部『軍用地転用の現状と課題』一九七七年
沖縄県総務部広報課『行政記録 第四巻』沖縄県総務部広報課、一九八四年
沖縄県知事公室基地対策課『沖縄の米軍基地及び自衛隊基地（統計資料）』二〇一五年
沖縄県祖国復帰闘争史編纂委員会『沖縄県祖国復帰闘争史 資料編』沖縄時事出版、一九八二年
沖縄社会大衆党史編纂委員会編『沖縄社会大衆党史』沖縄社会大衆党、一九八一年
北岡伸一監修『沖縄返還関係主要年表・資料集』国際交流基金日米センター、一九九二年
国立国会図書館、国会会議録検索システム http://kokkai.ndl.go.jp/
自由民主党沖縄県連史編纂委員会編『戦後六〇年沖縄の政情』自由民主党沖縄県支部連合会、二〇〇五年
宜野湾市史編集委員会編『宜野湾市史 第一巻 通史編』宜野湾市教育委員会、一九九四年
全駐労沖縄地区本部編『全軍労・全駐労沖縄運動史』全駐労沖縄地区本部、一九九九年
土地連三〇周年記念誌編集委員会編『土地連のあゆみ 創立三〇年史 新聞集成編』沖縄県軍用地等地主連合会、一九八四年
土地連三〇周年記念誌編集委員会編『土地連のあゆみ 創立三〇年史 通史編』沖縄県軍用地等地主連合会、一九八五年
土地連三〇周年記念誌編集委員会編『土地連のあゆみ 創立三〇年史 資料編』沖縄県軍用地等地主連合会、一九八五年
東京大学東洋文化研究所田中明彦研究室・松田康博研究室・東京大学大学院情報学環原田至郎「データベース『世界と日本』」
http://www.ioc.u-tokyo.ac.jp/~worldjpn/
中野好夫編『戦後資料沖縄』日本評論社、一九六九年
防衛省・自衛隊『防衛施設庁史』防衛省、二〇〇七年

〔英語文献〕

CINCPAC, *Command History*, http://nautilus.org/
Hattendorf, John B.(ed), *US Naval Strategy in the 1970s: Selected Documents*, Naval War College Newports Papers, No. 30
Marine Corps Gazette
National Security Archive (ed), *Japan and the United States: Diplomatic, Security, and Economic Relations 1960-1976*,

ProQuest Information and Learning, 2000
National Security Archive(ed), *Japan and the United States: Diplomatic, Security, and Economic Relations, Part 2 1977-1992*, ProQuest Information and Learning 2004,
National Security Archive (ed), *Japan and the United States: Diplomatic, Security and Economic Relations Part3, 1961-2000*, ProQuest Information and Learning, 2012
National Security Archive (ed), *US and the Two Koreas*
Poole, Walter S, *The Joint Chief of Staff and National Policy 1965-1968*, *History of Joint Chief of Staff*, Office of Joint History, 2012
Poole, Walter S., *The Joint Chief of Staff and National Policy 1969-1972*, *History of Joint Chief of Staff*, Office of Joint History, Office of the Joint Chief of Staff, 2015
Poole, Walter S., *The Joint Chief of Staff and National Policy 1973-1976*, Office of Joint History, Office of the Joint Chief of Staff, 2015
Reference Section, Historical Branch, History and Museums Division Headquarters, US Marine Corps, *The 3D Marine Division and its Regiments*, 1983
US Department of Defense, *Active Duty Military Personnel Strength*
US Department of States, *Foreign Relations of United States 1964-1968 Volume XXIX Japan*, GPO, 2006
US Department of States, *Foreign Relations of United States 1969-1972*, *Volume XVII China*, GPO, 2006
US Department of States, *Foreign Relations of United States 1969-1976*, *Volume XXIX*, *Part 1*, *Korea*, GPO, 2000
US Department of States, *Foreign Relations of United States*, *1969-1976 Volume E-12*, *Documents on East and Southeast Asia*, *1973-1976*, GPO, 2011
石井修・我部政明・宮里政玄監修『アメリカ合衆国対日政策文書集成一二〜一九期』各第一〜一〇巻、柏書房、二〇〇三〜〇六年
石井修監修『アメリカ合衆国対日政策文書集成二〇期』柏書房、二〇〇七年

日記、回顧録、オーラル・ヒストリー、インタビューなど

〔日本語文献〕
有馬龍夫（竹中治堅編）『対欧米外交の追憶 上巻』藤原書店、二〇一五年
大河原良雄『オーラルヒストリー日米外交』ジャパンタイムズ、二〇〇五年
大田昌秀『沖縄の決断』朝日新聞社、二〇〇〇年
大浜信泉『私の沖縄戦後史―返還秘史』今週の日本社、一九七一年
キッシンジャー、ヘンリー・A（斎藤弥三郎訳）『キッシンジャー秘録 第一巻 ワシントンの苦悩』小学館、一九七九年
楠田實編『佐藤政権・二七九七日 上』行政問題研究所、一九八三年
楠田實（五百旗頭真、和田純編）『楠田實日記』中央公論新社、二〇〇一年
久保卓也ほか『久保卓也・遺稿・追悼集』久保卓也・遺稿・追悼集刊行会、一九八一年
栗山尚一（中島琢磨・服部龍二・江藤名保子編）『外交証言録―沖縄返還・日中国交正常化・日米「密約」』岩波書店、二〇一〇年
栗山尚一「沖縄返還―戦後の終わり（三）戦後日本外交の軌跡三二」『アジア時報』二〇一〇年九月号、二〇一〇年
佐藤栄作（伊藤隆監修）『佐藤栄作日記』第一～六巻、朝日新聞社、一九九七～九九年
佐藤行雄「在韓米軍撤退問題をめぐって」西廣整輝追悼集刊行会編『追悼集 西廣整輝』西廣整輝追悼集刊行会、一九九六年
COEオーラル政策研究プロジェクト『伊藤圭一オーラルヒストリー 下巻』政策研究大学院大学、二〇〇〇年
COEオーラル政策研究プロジェクト『本野盛幸オーラルヒストリー』政策研究大学院大学、二〇〇五年
COEオーラル政策研究プロジェクト『吉元政矩オーラルヒストリー』政策研究大学院大学、二〇〇五年
ジョンソン、U・アレクシス（増田弘監訳）『ジョンソン大使の日本回想―二・二六事件から沖縄返還、ニクソン・ショックまで』草思社、一九八九年
千田　恒『佐藤内閣回想』中公新書、一九八七年
平良幸市回想録刊行委員会編『土着の人―平良幸市小伝』平良幸市回想録刊行委員会、一九九四年
丹波　實『わが外交人生』中央公論新社、二〇一一年
中島敏次郎（井上正也・中島琢磨・服部龍二編）『外交証言録―日米安保・沖縄返還・天安門事件』岩波書店、二〇一二年

西村熊雄『サンフランシスコ講和条約・日米安保条約』中央公論新社、一九九九年
「西廣整輝インタビュー」National Security Archive, US-Japan Project, Oral History Program, http://www2.gwu.edu/~nsarchiv/japan/ohpage.htm.
フォード、ジェラルド（関西テレビ放送株式会社訳）『フォード回顧録―私がアメリカの分裂を救った』サンケイ出版、一九七九年
福永文夫監修『大平正芳著作集　第四巻』講談社、二〇一一年
防衛省防衛研究所編『中村悌次オーラル・ヒストリー　下巻』防衛省防衛研究所、二〇〇六年
防衛省防衛研究所編『西元徹也オーラル・ヒストリー　上・下巻』防衛省防衛研究所、二〇一〇年
防衛省防衛研究所編『オーラル・ヒストリー冷戦期の防衛力整備と同盟政策③』防衛省防衛研究所、二〇一四年
屋良朝苗『屋良朝苗回顧録』朝日新聞社、一九七七年
屋良朝苗『激動八年―屋良朝苗回想録』沖縄タイムス、一九八五年
琉球新報社編『戦後政治を生きて―西銘順治日記』琉球新報社、一九九八年
琉球新報社編『一条の光―屋良朝苗日誌』琉球新報社、二〇一五年
若泉　敬『他策ナカリシヲ信ゼムト欲ス』文芸春秋、一九九四年
大河原良雄氏へのインタビュー、二〇一二年十一月二十一日
佐藤行雄氏へのインタビュー、二〇一五年九月十五日、十二月十八日

専門書・一般書

〔日本語文献〕

明田川融『沖縄基地問題の歴史―非武の島、戦の島』みすず書房、二〇〇八年
朝日新聞安全保障問題調査会『朝日市民教室「日本の安全保障」第六巻　アメリカ戦略下の沖縄』朝日新聞社、一九六七年
新崎盛暉『沖縄現代史　新版』岩波新書、二〇〇五年
粟屋憲太郎編『近現代日本の戦争と平和』現代史料出版、二〇一一年
石井　修『覇権の翳り―米国のアジア政策とは何だったのか』柏書房、二〇一五年

井上正也『日中国交正常化の政治史』名古屋大学出版会、二〇一〇年
NHK取材班『基地はなぜ沖縄に集中しているのか』NHK出版、二〇一一年
NHK放送世論調査所編『NHK世論調査資料集　五三年版』NHKサービスセンター、一九七八年
NHK放送調査所編『図説戦後世論史　第二版』NHKブックス、一九八二年
エルドリッヂ、ロバート・D『沖縄問題の起源—戦後日米関係における沖縄　一九四五—五二年』名古屋大学出版会、二〇〇三年
オーバードーファー、ドン（菱木一美訳）『二つのコリア—国際政治の中の朝鮮半島』共同通信社、二〇〇二年
大賀良平・竹田三郎・永野成門『日米共同作戦—日米対ソ連の戦い』麴町書房、一九八二年
太田昌克『日米「核密約」の全貌』筑摩選書、二〇一一年
川瀬光義『基地維持政策と財政』日本経済評論社、二〇一三年
河野康子『沖縄返還をめぐる政治と外交—日米関係史の文脈』東京大学出版会、一九九四年
我部政明『戦後日米関係と安全保障』吉川弘文館、二〇〇七年
我部政明『沖縄返還とは何だったのか—日米戦後交渉史の中で』NHKブックス、二〇〇〇年
カルダー、ケント・E（武井揚一訳）『米軍再編の政治学—駐留米軍と海外基地のゆくえ』日本経済新聞社、二〇〇八年
川名晋史『基地の政治学—戦後米国の海外基地拡大政策の起源』白桃書房、二〇一二年
神田豊隆『冷戦構造の変容と日本の対中外交—二つの秩序観　一九六〇—七二年』岩波書店、二〇一二年
来間泰男『沖縄経済の幻想と現実』日本経済評論社、一九九八年
来間泰男『沖縄の米軍基地と軍用地料』榕樹書林、二〇一二年
クレア、マイケル（アジア太平洋資料センター訳）『アメリカの軍事戦略—世界戦略転換の全体像』サイマル出版会、一九七五年
黒崎　輝『核兵器と日米関係—アメリカの核不拡散外交と日本の選択　一九六〇—一九七六年』有志舎、二〇〇六年
高　一『北朝鮮外交と東北アジア　一九七〇—一九七三年』信山社、二〇一〇年
小松　寛『日本復帰と反復帰—戦後沖縄ナショナリズムの展開』早稲田大学出版部、二〇一五年
坂元一哉『日米同盟の絆—安保条約と相互性の模索』有斐閣、二〇〇〇年

櫻澤　誠『沖縄の復帰運動と保革対立―沖縄地域社会の変容』有志舎、二〇一二年
櫻澤　誠『沖縄現代史―米国統治、本土復帰から「オール沖縄」まで』中公新書、二〇一五年
佐道明広『戦後日本の防衛と政治』吉川弘文館、二〇〇三年
佐道明広『沖縄現代政治史―自立をめぐる攻防』吉田書店、二〇一四年
佐橋　亮『共存の模索―アメリカと「二つの中国」の冷戦史』勁草書房、二〇一五年
信夫隆司『日米安保条約と事前協議制度』弘文堂、二〇一四年
信夫隆司『若泉敬と日米密約―沖縄返還と繊維交渉をめぐる密使外交』日本評論社、二〇一二年
島袋　純『「沖縄振興体制」を問う―壊された自治とその再生に向けて』法律文化社、二〇一四年
白鳥潤一郎『「経済大国」日本の外交―エネルギー資源外交の形成　一九六七～一九七四年』千倉書房、二〇一五年
平良好利『沖縄と米軍基地―「受容」と「拒絶」のはざまで　一九四五―一九七二年』法政大学出版局、二〇一二年
武田　悠『「経済大国」日本の対米協調―安保・経済・原子力をめぐる試行錯誤』ミネルヴァ書房、二〇一五年
田中明彦『安全保障―戦後五〇年の模索』読売新聞社、一九九七年
崔　慶原『日韓安全保障関係の形成』慶應義塾大学出版会、二〇一四年
当山正喜『沖縄戦後史　政治の舞台裏―政党政治編』沖縄あき書房、一九八七年
豊田祐基子『日米安保と事前協議制度―対等性の維持装置』吉川弘文館、二〇一五年
豊田祐基子『「共犯」の同盟史―日米密約と自民党政権』岩波書店、二〇〇八年
鳥山　淳『沖縄／基地社会の起源と相克』勁草書房、二〇一三年
長尾秀美『日本要塞化のシナリオ』酣燈社、二〇〇四年
中島琢磨『高度成長と沖縄返還　現代日本政治史三』吉川弘文館、二〇一二年
中島琢磨『沖縄返還と日米安保体制』有斐閣、二〇一二年
中野　聡『帝国経験としてのアメリカ―米比関係史の群像』岩波書店、二〇〇七年
野中郁次郎『アメリカ海兵隊』中公新書、一九九五年
波多野澄雄編『冷戦変容期の日本外交―「ひよわな大国」の危機と模索』ミネルヴァ書房、二〇一三年

波多野澄雄『歴史としての日米安保条約―機密記録が明かす「密約」の虚実』岩波書店、二〇一〇年
服部龍二『日中国交正常化―田中角栄、大平正芳、官僚たちの挑戦』中公新書、二〇一一年
林　博史『米軍基地の歴史』吉川弘文館、二〇一二年
福永文夫編『第二の「戦後」の形成過程―一九七〇年代日本の政治的・経済的再編』有斐閣、二〇一五年
船橋洋一『同盟漂流　下巻』岩波書店、二〇〇六年
本間浩ほか『各国間地位協定の適用に関する比較論的考察』内外出版、二〇〇三年
毎日新聞社政治部編『転換期の「安保」』毎日新聞社、一九七九年
前田哲男『在日米軍の収支決算』ちくま新書、二〇〇〇年
増田弘編『ニクソン訪中と冷戦構造の変容―米中接近の衝撃と周辺諸国』慶應義塾出版会、二〇〇六年
宮里政玄『日米関係と沖縄―一九四五―一九七二』岩波書店、二〇〇〇年
村田晃嗣『大統領の挫折―カーター政権の在韓米軍撤退政策』有斐閣、一九九八年
吉田真吾『日米同盟の制度化―発展と深化の歴史過程』名古屋大学出版会、二〇一二年
李　東俊『未完の平和―米中和解と朝鮮問題の変容』法政大学出版局、二〇一〇年
琉球新報社編『世替わり裏面史―証言に見る沖縄復帰の記録』琉球新報社、一九八三年
若月秀和『「全方位外交」の時代―冷戦変容期の日本とアジア　一九七一～八〇』日本経済評論社、二〇〇六年
若月秀和『大国日本の政治指導　現代日本政治史四』吉川弘文館、二〇一二年

〔英語文献〕

Cooley, Alexander., *Base Politics, Democratic Change and the US Military Overseas*, Cornell University Press, 2008
Gaddis, John L., *Strategies of Containment: A Critical Appraisal of American National Security Policy During the Cold War*, Oxford University Press, 2005
Garthoff, Raymond., *Détente and Confrontation: American-Soviet Relations from Nixon to Reagan, revised edition*, Brookings Institution press, 1994
Hanhimaki, Jussi M., *The Rise and Fall of Détente: American Foreign Policy and the Transformation of the Cold War,*

Potomac Books, 2013

Logevall , Fredrik and Andrew Preston (eds), *Nixon in the World: American Foreign Relations, 1969-1977*, Oxford University Press, 2008

Millette, Allan R., *Semper Fidelis: The History of the United States Marine Corps*, Free Pros, 1991

Millette, Allan R. and Jack Shulimson., *Commandants of the Marine Corps*, Naval Institute Press, 2004

Simmuns, Edwin H., *The United States Marines: A History, 4th ed*, Naval Institute Press, 2002

Walsh, David M., *The Military Balance in the Cold War: US perceptions and policy, 1976-85*, Routledge, 2008

Yeo, Andrew., *Activists, Alliances, and Anti-US Base Protests*, Cambridge University Press, 2011

論　文

〔日本語文献〕

伊藤裕子「カーター政権の『人権外交』とフィリピンのマルコス独裁」『アジアの人権状況―アジア研究所・アジア研究シリーズNo.七四』亜細亜大学アジア研究所、二〇一〇年

上杉勇司・昇亜美子「『沖縄問題』の構造―三つのレベルと紛争解決の視角からの分析」『国際政治』第一二〇号、一九九九年

江上能義「沖縄県政と県民意識―復帰二十年を迎えて」『琉大法学』第五二巻、一九九四年

江上能義「五五年体制の崩壊と沖縄革新県政の行方―『六八年体制』の形成と崩壊」『年報政治学』一九九六年

江上能義「沖縄の戦後政治における『六八年体制』の形成と崩壊 上・下」『琉大法学』第五七・五八巻、一九九六・九七年

我部政明「在日米軍基地の再編―一九七〇年前後」『政策科学・国際関係論集』第一〇巻、二〇〇八年

川名晋史「在日米軍基地再編を巡る米国の認識とその過程」『国際安全保障』第四二巻第三号、二〇一四年

菅　英輝「冷戦の終焉と六〇年代性―国際政治史の文脈において」『国際政治』第一二六号、二〇〇一年

河野　啓「本土復帰後四〇年間の沖縄県民意識」『ＮＨＫ放送文化研究所年報二〇一三』二〇一三年

合六　強「ニクソン政権と在欧米軍削減問題」『法学政治学論究』第九二号、二〇一二年

小谷哲男「空母『ミッドウェイ』の横須賀母港化をめぐる日米関係」『同志社アメリカ研究』第四一号、二〇〇五年

小山高司「沖縄の施政権返還前後における米軍基地の整理統合をめぐる動き」『戦史研究年報』第一六号、二〇一三年

阪中友久「米極東戦略の新展開」『世界』第三五七号、一九七五年
櫻川明巧「日米地位協定の運用と変容―駐留経費・低空飛行・被疑者をめぐる国会論議を中心に」本間浩ほか『各国間地位協定の適用に関する比較論的考察』内外出版、二〇〇三年
櫻澤　誠「戦後沖縄における『六八年体制』の成立―復帰運動における沖縄教職員会の動向を中心に」『立命館大学人文科学研究所紀要』第八二号、二〇〇三年
清水文枝「在比米軍基地改定交渉における米国の対比宥和政策」『政治学研究論集』第三〇号、二〇〇九年
瀬川高央「日米防衛協力の歴史的背景―ニクソン政権期の対日政策を中心に」『年報公共政策学』第一巻、二〇〇七年
平良好利「地域と安全保障―沖縄の基地問題を事例として」『地域総合研究』第八号、二〇一五年
高埜　健「ヴェトナム戦争の終結とＡＳＥＡＮ―タイとフィリピンの対米関係比較を中心に」『国際政治』第一〇七号、一九九四年
高橋和宏「ドル防衛と沖縄返還をめぐる日米関係　一九六七―一九六九」『防衛大学校紀要（人文社会科学分冊）』第一〇九号、二〇一四年
高嶺朝一「『核戦争の捨て石』オキナワ―復帰後の米軍基地」『世界』第四三九号、一九八二年
玉置敦彦「ジャパン・ハンズ―変容する日米関係と米政権日本専門家の視線、一九六五―六八年」『思想』一〇一七号、二〇〇九年
長　史隆「米中接近後の日米関係―アジア太平洋地域安定化の模索　一九七一―一九七五年」『立教法学』第八九号、二〇一四年
手賀裕輔「米中ソ三角外交とベトナム和平交渉、一九七一―一九七三」『国際政治』第一六八巻、二〇一二年
中島信吾「佐藤政権期の安全保障政策の展開」波多野澄雄編『冷戦変容期の日本外交―「ひよわな大国」の危機と模索』ミネルヴァ書房、二〇一三年
中島琢磨「中曽根康弘防衛庁長官の安全保障構想―自主防衛と日米安保体制」『九大法学』第八四号、二〇〇二年
中島琢磨「非核三原則の明確化」福永文夫編『第二の「戦後」の形成過程―一九七〇年代日本の政治的・経済的再編』有斐閣、二〇一五年
野添文彬「一九六七年沖縄返還問題と佐藤外交―国内世論と安全保障をめぐって」『一橋法学』第一〇巻第一号、二〇一一年

波多野澄雄「『密約』とは何であったか」波多野澄雄編『冷戦変容期の日本外交—「ひよわな大国」の危機と模索』ミネルヴァ書房、二〇一三年

道下徳成「アジアにおける軍事戦略の変遷と米海兵隊の将来」沖縄県知事公室地域安全政策課調査・研究班編『変化する日米同盟と沖縄の役割—アジア時代の到来と沖縄』二〇一二年

松村孝省・武田康裕「一九七八年『日米防衛協力のための指針』の策定過程—米国の意図と影響」『国際安全保障』第三一巻第四号、二〇〇四年

水本義彦「ニクソン政権のベトナム政策とタイ　一九六九—一九七三年」『ＣＯＳＭＯＰＯＬＩＳ』第八巻、二〇一四年

宮城大蔵「米英のアジア撤退と日本」波多野澄雄編『冷戦変容期の日本外交—「ひよわな大国」の危機と模索』ミネルヴァ書房、二〇一三年

村田晃嗣「防衛政策の展開—『ガイドライン』の策定過程を中心に」『年報政治学』一九九七年

西脇文昭「米軍事戦略から見た沖縄」『国際政治』第一二〇号、一九九九年

山本章子「極東米軍再編と海兵隊の沖縄移転」『国際安全保障』第四三巻第二号、二〇一五年

吉次公介「屋良朝苗県政と米軍基地問題　一九六八—一九七六年」福永文夫編『第二の「戦後」の形成過程—一九七〇年代日本の政治的・経済的再編』有斐閣、二〇一五年

吉次公介「アジア冷戦史のなかの沖縄返還—『ニクソン・ドクトリン』と沖縄返還の連関」粟屋憲太郎編『近現代日本の戦争と平和』現代史料出版、二〇一一年

〔英語文献〕

Eldridge, Robert D, "Post-Reversion Okinawa and US-Japan Relations: A Preliminary Survey of Local Politics and the Bases, 1972-2002", *US-Japan Affairs Series No. 1*, 2004

Kan, Hideki, "The Nixon Administration's Initiative for US-China Rapprochement and Its Impact on US-Japan Relations 1969-1974",『法政研究』七八巻三号、二〇一一年

Yamaguchi, Wataru, "The Ministry of Foreign Affairs and the Shift in Japanese Diplomacy at the Beginning of the Second Cold War, 1979: A New Look", *The Journal of American-East Relations Vol. 19*, 2012

あとがき

今年、二〇一六年は、普天間基地の返還が日米両政府間で合意されてから二〇年目の節目にあたる。普天間基地返還の条件として代替施設を沖縄県内に建設することとされたため、この問題は、二〇年間も未解決のまま迷走を続けている。

しかし、二〇一四年一二月、保革を越えて普天間基地の名護市辺野古への移設に反対するという「オール沖縄」を掲げる翁長雄志沖縄県知事の登場によって、この問題は新たな局面に入ったように思われる。また、この二〇年間で、沖縄での米軍基地をめぐる議論にも変化が生じている。近年、沖縄では、しばしば「抑止力」だと言われる在沖米軍、特にその大部分を占める海兵隊について、実際の機能や運用についての検証が進み、沖縄駐留の必要性が問い直されている。また、那覇新都心や北谷町のアメリカン・ヴィレッジなど米軍基地の跡地利用が経済的に成功する中で、沖縄経済は米軍基地に依存していないし、米軍基地は経済的に阻害要因であるといった論調が目立っている。それらは、なぜ沖縄に米軍基地が集中しなければならないのか、という問いを論理的に提起しているのである。しかし、日本政府や日本社会は、この問いを真正面から受け止めているだろうか。

沖縄米軍基地について研究を始めてから、筆者の頭からは、「日米同盟とは何か」「日本の安全保障とは何か」、そして「日本とはどういう国なのか」という問いが離れなかった。これらは、凡庸な筆者の能力をもってして答えるには大き過ぎ重過ぎる問いだが、本書は、この答えを出すための通過点の一つである。読者が沖縄の米軍基地や日米同盟を考える上で、本書が少しでも参考になれば幸いである。今後も筆者としては、様々な意味で日本の安全保障にとって「最前線」である沖縄という場所から、日米関係や東アジアの国際関係について考え、研究活動を行っていきたいと考えている。

本書は、二〇一二年一月に一橋大学大学院法学研究科に提出した博士論文を起点に、その後の研究を踏まえて発展させたものである。博士論文は、沖縄返還をテーマにしたものであったが、沖縄返還後に残された問題をどう考えるのかという課題が残り、博士号取得後、引き続き研究を進めた。研究成果の一部はすでに学術論文として発表しているが、本書執筆にあたりいずれも大幅に加筆・修正している。初出は次の通りである。

第一章
「米国の東アジア戦略と沖縄返還交渉―対中・対韓政策との連関を中心に」『国際政治』第一七二巻、二〇一三年
「沖縄返還交渉と佐藤外交―東アジア冷戦の変容をめぐって」『沖縄法学』第四三巻、二〇一五年

第二章
書き下ろし

第三章
「沖縄米軍基地の整理縮小をめぐる日米交渉一九七〇―一九七四年」『国際安全保障』第四一巻第二号、二〇一三年

第四章
「ベトナム戦争後の在沖海兵隊再編をめぐる日米関係」『同時代史研究』第八巻、二〇一五年

第五章

『思いやり予算』と日米関係―沖縄米軍の再編と日本政府の対応を中心に」『沖縄法学』二〇一四年
前掲「ベトナム戦争後の在沖海兵隊再編をめぐる日米関係」

拙い著作であるが、本書をまとめるにあたり、これまで多くの方々にお世話になってきた。まず、一橋大学の学部時代から大学院時代までご指導いただいた田中孝彦先生（現・早稲田大学）、クォン・ヨンソク先生、青野利彦先生にお礼を申し上げなければならない。田中先生は、学部が異なる筆者を、快くゼミに迎え入れ、学問の面白さ・厳しさを教えてくださった。博士課程の指導教官であるクォン先生には、アジアに目を向けることの重要性を教えていただいた。青野先生からは、学術論文や研究計画書を書く上で貴重なご助言を数多く頂戴した。高瀬博文、高一、片山慶隆、鶴田綾、増古剛久、長谷川隼人らゼミの先輩諸氏からも多くを学んだ。特に片山先生には、現在でもお世話になっている。

博士論文の審査にあたっては、主査をクォン先生、副査を山田敦先生、秋山信将先生に引き受けていただいた。中北浩爾先生には、大学院時代から、公私にわたって大変お世話になった。

服部龍二先生には、大学院生時代から、元外交官へのインタビューに参加させていただくなど、様々なご高配を賜ってきた。宮城大蔵先生は、訪英中に偶然お会いして以来、人生の節目で貴重なご助言をくださった。中島信吾先生には、報告や論文について貴重なコメントを頂戴した。平良好利先生にも、励ましの言葉をいただいた。

本書のもととなる研究を行う上で、国際政治学会、同時代史学会、沖縄対外問題研究会、戦後外交史研究会などで報告した。討論者を務めたり報告の場に誘ってくださった、井上寿一、植村秀樹、我部政明、菅英輝、楠綾子、河野康子、佐道明広、佐藤晋、杉浦康之、高橋和宏、千々和泰明、中島琢磨、昇亜美子、山口航、吉田真吾の諸先生には、厚くお礼申し上げる。同じ世代の川名晋史、武田悠、齊藤孝祐、白鳥潤一郎、合六強の諸先生には、貴重なアドバイスを頂戴した。豪州国立大学で研究活動を行うにあたっては、テッサ・モリス・スズキ先生やシロー・アームストロング先生とそのご家族に大変お世話になった。

沖縄では、非常に恵まれた環境で研究・教育活動を送ることができている。沖縄国際大学法学部地域行政学科の政治学関係教員の照屋寛之、佐藤学、黒柳保則の諸先生には特に日頃から大変お世話になっている。また、ジャーナリストの屋良朝博氏には、沖縄の米軍基地について多くを教わっている。

本書の刊行にあたっては、吉川弘文館の永田伸、大熊啓太の各氏に大変お世話になった。なお、博士論文とその後の研究を行うにあたり、松下国際財団（現・松下幸之助財団）研究助成、科学研究費補助金特別研究員奨励費、科学研究費補助金若手研究Bの助成を受けた。本書は、沖縄国際大学研究成果刊行奨励費の助成を受けて刊行される。

最後に家族について述べたい。父の文一、母の典子は、不器用でのんびりした息子が東京へ進学すること、そして大学院へ進むことについて、反対せずにただ応援してくれた。心から感謝している。妻であり尊敬できる研究者でもある山本章子は、著者の大学院入学時から今日まで、ずっと応援し、協力してきてくれた。彼女は、本書の原稿にも目を通し、コメントしてくれている。これまでの感謝の気持ちを込めて、本書を妻に捧げたい。

二〇一六年四月　普天間基地を抱える沖縄県宜野湾市にて

野添文彬

索　　　引

I　事　　項

あ　行

か　行

さ　行

た　行

な　行

は　行

ま　行

や　行

ら　行

Ⅱ　人　　名

あ　行

は　行

ま　行

や　行

ら　行

わ　行

Ⅲ 略語一覧

JCS(Joint Chief of Staff) 統合参謀本部
MAF(Marine Amphobious Force) 海兵水陸両用軍
MAU(Marine Amphobious Unite) 海兵水陸両用部隊
NATO(North Atrantic Treaty Organization) 北大西洋条約機構
NSC(National Security Council) 国家安全保障会議
NSDM(National Security Decision Memorandum) 国家安全保障決定覚書
NSSM(National Security Study Memorandum) 国家安全保障検討覚書
PD(Presidential Directive) 大統領指令
PRC(Policy Review Committee) 政策検討委員会
PRM(Presidential Review Memorandum) 大統領検討覚書
RDF(Rapid Deployment Force) 緊急展開部隊
RDJTF(Rapid Deployment Joint Task Force) 緊急展開統合任務部隊
SDC(Subcommittee for Defense Coorperation) 日米防衛協力小委員会
SCC(Security Consultative Committee) 日米安全保障協議委員会
SCG(Security Consultative Group) 日米安保運用協議会
SSC(Security Subcommttee) 日米安全保障高級事務レベル協議
VOA(Voice of America) ヴォイス・オブ・アメリカ

著者略歴
一九八四年　滋賀県に生まれる
二〇〇六年　一橋大学経済学部卒業
二〇一二年　一橋大学大学院法学研究科博士課程修了
現在　沖縄国際大学法学部地域行政学科准教授、博士（法学）
〔主要著書〕
『沖縄と海兵隊―駐留の歴史的展開』（共著、旬報社、二〇一六年）

沖縄返還後の日米安保
米軍基地をめぐる相克

二〇一六年（平成二十八）八月一日　第一刷発行

著者　野《の》添《ぞえ》文《ふみ》彬《あき》

発行者　吉川道郎

発行所　株式会社　吉川弘文館
郵便番号一一三―〇〇三三
東京都文京区本郷七丁目二番八号
電話〇三―三八一三―九一五一〈代〉
振替口座〇〇一〇〇―五―二四四番
http://www.yoshikawa-k.co.jp/

印刷＝株式会社 ディグ
製本＝株式会社 ブックアート
装幀＝河村 誠

ISBN978-4-642-03855-3